现代服装设计与工程专业系列教材

男装结构设计

（第二版）

主　编　戴建国
副主编　杨玉平　叶　泓

ZHEJIANG UNIVERSITY PRESS
浙江大学出版社

图书在版编目（CIP）数据

男装结构设计 / 戴建国主编. —2版. —杭州：浙江大学出版社，2013.5（2021.9重印）
ISBN 978-7-308-11409-7

Ⅰ. ①男… Ⅱ. ①戴… Ⅲ. ①男服—结构设计
Ⅳ. ①TS941.718

中国版本图书馆CIP数据核字（2013）第084721号

内容提要

本书从男性体形分析入手、深入探讨衣片结构与人体的关系，深入浅出地阐述了男装裤子、西装、衬衫、夹克、大衣风衣、休闲便服、礼服等七个大类品种纸样设计的基本原理与要求、纸样设计的方法与步骤。此外还依据服装企业的生产实际，就服装纸样面、里、衬的配置、服装纸样确认的内容、方法与要求进行了详尽规范的介绍。

本书衣片图形准确规范、原理阐述正确到位，不仅可供服装院校师生教学使用，还适合于服装企业的专业技术人员及服装打板爱好者的学习。

男装结构设计（第二版）

戴建国　主　编

责任编辑　王　波
封面设计　续设计
出版发行　浙江大学出版社
（杭州市天目山路148号　邮政编码310007）
（网址：http://www.zjupress.com）
排　　版　杭州好友排版工作室
印　　刷　广东虎彩云印刷有限公司绍兴分公司
开　　本　787mm×1092mm　1/16
印　　张　15
字　　数　374千
版 印 次　2013年5月第2版　2021年9月第11次印刷
书　　号　ISBN 978-7-308-11409-7
定　　价　29.00元

序

我国的服装业源于外贸加工，由加工型企业发展起来了一大批大众品牌，目前正在由大众品牌阶段向设计品牌时代过渡，也正力图实现从世界服装生产大国向世界服装强国的转变。改革开放以来，服装产业的快速发展得到了我国各级政府的充分重视，发展环境不断优化，产业集群和大量服装园区的形成与发展，确立了中国服装业在全球的战略地位。但是我国服装产业长期以来依靠低价格及数量取胜，尽管在面料、加工技术方面我国与国际先进水平的差距已经很小，而产品的附加值和科技含量与发达国家相比仍存在很大差距。创国际品牌、提高产品附加值涉及我国服装业的整体发展水平、设计研发能力等，需要深厚的人文底蕴和历史沉淀，更需要大量高素质的专门人才。

中国的高等服装教育源于上世纪80年代初，只有二十余年的历史，尽管已经培养了一批为服装行业服务的优秀人才，但行业的发展与进步更需要有一批能适应行业进步与发展的人才。如何按照行业的发展与学科建设的需求来培养人才，是我们一直在追求的目标。

浙江省是我国服装制造业的重要基地，所拥有的服装"双百强企业"数位居全国首位。目前行业的发展现状是：截至2004年年末，全省服装行业国有及销售收入500万元以上企业计2423家，从业人员58.58万人。2004年完成服装生产总量24.66亿件，占全国同行业生产总量的20.85%，产量继续保持全国第二位；实现利润47.93亿元，占全国同行业利润总额的31.43%；上缴利税27.26亿元，占全国同行业的25.73%。近年来，浙江服装产业发展迅速，在国内的影响越来越大，已经形成了一批有影响的服装企业和服装品牌。浙江的服装业在经历了群体化、规模化、集约化、系列化的发展历程之后，产品创新求变、生产配套成龙，初步形成了以名牌西服、衬衫、童装、女装为龙头，以男装生产为主，内衣、休闲装、职业服装、羊绒服装、西裤等配套发展的服装产业格局。在空间布局上，已经逐渐显现出区域性发展的脉络，众多区域性品牌凸显，形成以杭、宁、温、绍、海宁为首，化纤及面料、领带、袜业、纺织服装机械等相关行业区际分工配套的多中心网状格局。应该说，浙江省具有优良的服装产业背景，正在打造国际先进服装制造业基地，发展势态呈现出持续发展的良好趋势。

浙江省有中国最早开设服装专业之一的浙江理工大学(前浙江丝绸工学院)等院校,是培养服装设计师、服装工程师的摇篮。浙江理工大学服装学院经过多年的探索与实践,提出了艺术设计与工程技术相结合、创意设计与产品设计相结合、校内教学与社会实践相结合的服装专业教学思路,形成了自己的鲜明特色。2001年获浙江省教学成果一等奖、国家级教学成果二等奖。服装设计与工程专业被列入浙江省重点建设专业,所属学科是浙江省唯一的重点学科并具有硕士点和硕士学位授予权。为服装行业培养了一大批优秀的适用人才,声誉卓著,社会影响力巨大。

这次由浙江大学出版社和浙江省纺织工程学会服装专业委员会共同组织浙江理工大学、中国美术学院等具有服装专业的相关院校编著"现代服装设计与工程专业系列教材",依托浙江省重点建设专业和重点学科,旨在进一步为中国的高等服装教育及现代服装产业的发展与繁荣作出更大的贡献。参加教材编著的成员是浙江省各院校的骨干教师,多年来一直与服装产业紧密结合,既具有服装产业的实际工作经历,又有丰富的服装理论教学经验。我相信这套系列教材的出版,一定会有助于中国现代高等服装教育的发展,为培养服装行业发展需求与适应21世纪要求的高素质的专门人才服务,同时为我国服装产业的提升与技术进步及增强国际竞争力作出应有的积极贡献。

浙江省重点学科"服装设计与工程"带头人
浙江省重点建设专业"服装设计与工程"负责人　邹奉元教授
浙江省纺织工程学会服装专业委员会主任委员

2005年8月

再版前言

随着生活水平的提高，人们对服装的品质要求日益提高，粗制滥造的服装哪怕售价再低也越来越难卖，服装制造者与消费者对服装品质感空前重视。服装的品质与档次并非同一概念，不论生产什么档次的服装都应讲究品质感。

所谓品质感是消费者透过产品感受到的制造者对待自己的态度是尊重还是怠慢、是严谨还是随意、是专心还是马虎的感觉。比如同样一本书的封面，粗糙纸的封面和细心打磨的小羊皮封面当然就是不同的概念；一件服装即使是同样的材料，精致的手工和随意的手工、合体美观的廓型和垮塌歪斜的廓型给消费者的感受是截然不同的。

服装的品质感是由材料质地与做工体现的。材料更多地与成本相关，而做工则更多地与工作态度和技术素养相关。提升产品的品质感不一定要增加成本，因此作为板师应更注重自身工作态度和技术素养的修炼。

服装市场的消费水平在不断提升，板师的技术水平也须不断提升，同样有关服装制板的教材也需不断更新。本教材自2005年8月初版以来，已历时七年有余，书中所主张的有些观点、方法已比较陈旧，书中为制图案例所配置的有些规格尺寸与当今流行也显得不相吻合了。趁再版之际，作者针对上述问题对本教材作了全面修改。

再版书中所介绍的有关裤片结构原理、西装袖配置方法等，是作者近年来的研究心得与成果，相比第一版阐述得更加准确、可操作性更强，期望能给广大读者带来更多益处。

本教材第二、第七、第八章分别由浙江理工大学陈敏之、叶泓、杨玉平编写、第五章由浙江轻纺职业技术学院陈尚斌编写、第十章由杭州职业技术学院徐剑编写，第一、第三、第四、第六、第九、第十一、第十二章由浙江理工大学戴建国编写，全书由戴建国通稿并修改，本书再版由戴建国、叶泓、杨玉平负责构成方法试样验证与文字修改。

浙江理工大学服装学院　戴建国

2013年3月

目　录

第一章　绪　论

第一节　男装的发展与现状

提到男装，最具代表性的当数男西装。随着我国的经济生活日益融入国际社会，西装已成为中国男性出入正式场合的正式装束。另一方面，西装的板型设计与工艺质量要求也是所有男装品种当中最为讲究的，因此西装的历史与发展，既可以代表我国当代男性着装的发展与现状，也可以代表我国当代男装生产技术的发展与现状。

谁都知道，中国原先没有西装，只有中装。"峨冠博带、巨袖长袍"的中式服装一直沿用到清末。直到民国时期服装才有较大的改革，才有中国人开始穿西装。

在我国服装业的历史上，曾出现过三次西装热，期间也经历过两次大萧条。每一次繁荣与萧条，都与当时社会的政治、经济状况密切相关。第一次西装热是抗战胜利至新中国成立这段时间。这期间国内知识界、工商界人士普遍兴穿西装，这种状况在影视作品里随处可见。而且在那时，西装的缝制技术已趋成熟。新中国成立后，国内兴穿中山装、人民装，西装逐渐受冷落。"文革"期间，由于整个社会意识形态上的偏差，西装被认为是资产阶级的装束，因此被打入冷宫，无人敢穿，因此出现西装市场的第一次大萧条。第二次西装热出现在改革开放初期。经过十年动乱，百业凋零，当时老百姓的物质与文化生活极度贫乏。改革开放伊始，国家为了繁荣经济，尽快改善人民生活，决定首先扶持轻纺工业(轻工业与纺织工业)的发展。服装行业在这一时期大规模地引进了西装缝制设备。全国各地的西装生产流水线纷纷上马，西装制造业成为投资热点。但由于刚刚改革开放，整个服装行业也同其他行业一样缺乏对外商务谈判、设备选型等经验，加之国内服装消费市场尚未成熟，特别是因为新中国成立以后西装长期被冷落，西装的设计、打板、缝制技术几近失传；同时还受到西装面料、辅料等方面的制约，所有这些负面影响导致第二次西装热很快变成第二次大萧条。一时间几乎所有引进设备的西装企业产品大量积压，资金周转困难，无力还贷，不少企业甚至因此倒闭；造型难看、缝制粗糙的劣质西装充斥街头，削价处理后仍无人问津。

这种状况一直持续到 20 世纪 80 年代末。

说到第三次西装热，就不能不提及当时我国西装业的领军企业和领军品牌"杉杉"。"杉杉"公司原名宁波甬港服装总厂，创建于 1984 年，它也是在第一次西装热期间引进西装生产流水线的企业。该厂开业以后就遇上西装全行业积压滞销的大环境。迫于资金压力，该企业放弃内销改做外销。但因外销加工费收入微薄，企业入不敷出，连年亏损。投资各方已经对其失去信心，不愿意继续追加投资，以弥补其经营赤字。企业的主管部门在更换过几任厂长仍不见起色的情况，忍痛割爱，把刚刚实现扭亏转赢的鄞县棉纺厂厂长调来甬港服装总厂任厂长。这位厂长到任后不久，就做出了惊人之举，即放弃外销，改做内销。该厂长敢作这样的战略决策，是因为他经过市场调查与企业技术及财务分析，发现自己的工厂拥有先进的西装生产设备，而且经过几年外销西装的生产，在境外的设计师与工艺师的指导下，积累了相当的工艺技术经验，生产出来的西装已能达到国际市场的品质要求，比起国内同类企业生产的产品，在造型与品质上具有明显优势。但是，因为当时外销产品加工费的定价权企业无法自主，因此继续做外销企业将扭亏无望。虽然此时国内服装市场西装还到处在削价销售，处理库存，但该厂长认为这正是自己的企业进军内销市场的绝佳时机，他坚信自己的产品具备竞争优势，西装市场一定会有春暖花开的那一天。于是注册了商标，开始了西服的制造和衫衫品牌的建设。后来的事实证明当时的这一重大决策是正确的。“杉杉”西装取得了巨大成功，曾经一段时间，“杉杉”西装独领中国西装市场的风骚。

榜样的力量是无穷的，“杉杉”的成功又重新燃起了众多投资者投资西装业的热情。紧接着 20 世纪 90 年代初，中国服装业迎来了第三次西装热。经历了十余年的市场洗礼，迄今为止榜上有名的国产西装品牌大都是在 20 世纪 90 年代初投资建设的。第三次西装热与前两次不同，如果我们试着把三次西装热划分为三个不同的阶段的话，可以说第一次是起步阶段，第二次是探索阶段，第三次则是成熟阶段。第三次西装热能经久不衰、繁荣至今的原因，一方面是经过了三十多年改革开放，我国经济获得空前繁荣，人民逐步富裕，服装市场趋向成熟；另一方面是由于对外交流的不断增进，使企业掌握了对外商务谈判的方法与技巧，了解国内外服装工业技术的最新动态，对于西装生产流水线设备的选型与配置更有经验；再一方面是西装设计制作的软技术有了相当的积累与提高。因此第三次西装热期间引进设备、投资西装生产的企业几乎无不例外都取得了成功，不仅投资回报丰厚，而且在品牌建设方面硕果累累。

伴随西装市场的冷冷热热，西装的缝制技术也经历了巨大的变化。西装的缝制方式由最初的纯手工到半机械化，从半机械化到机械化，再由机械化到自动化、电脑程控化的方向不断进步。西装工艺的变革，是在服装机械和服装材料科技成果的双重影响下产生的。20 世纪 50 年代，由于西欧战后技术工人缺乏，为寻求简易的服装缝制工艺而发明了粘合衬。粘合衬的出现又与第二次世界大战以后化学工业特别是高分子化学的飞速发展密切相关。粘合衬既挺括又富有弹性，服装面料经粘合衬粘合加工后，其可缝制性能得到极大改善。粘合衬的使用大大简化了服装缝制工艺。粘合衬西服具有加工效率高、产品保型性好的优点，因此在我国，迄今为止施加粘合衬缝制工艺仍是西装制造的主流技术。

然而近年来，随着人们环保意识的不断增强，西装企业正在对传统的粘合衬工艺进行改革。西装粘合衬一般选用聚酰胺类的热熔胶。因为聚酰胺（PA）粘合衬的弹性和悬垂性很理想，而且其熔点较低，便于粘合加工，其缺点是仅耐干洗不耐水洗，所以粘合衬西服一般要求干洗。而干洗剂中的全氯乙烯（也称 perc 或 PCE）对人体与环境有害。因此一些发达国家又重新对西装的材料与工艺进行新的改进，开始推出不用粘合衬或不以粘合衬作为主衬的可以水洗的西装。这种西装的衬布采用高支高密的黑碳衬和马尾衬，在缝制工艺上对半成品经过二次同步恒湿恒温预缩和免烫处理，改善了产品的抗变形性能，保证了产品的软、挺、薄和洗涤不变形。当今的西装工艺不仅注重产品的软、挺、薄等一般的手感和外观指标，还注重产品具备散热、透气、透湿、抗菌、抗静电、抗皱等性能以及水洗不变形等特殊的物性指标。

就企业的技术装备而言，现在国内一流的西装企业，其装备丝毫不比国外的西装大企业逊色，从西装设计、制板、工艺文件制订到裁剪、缝制、锁钉、整烫都采用了计算机辅助技术，每一道工序都有相应的专用设备(见图 1.1)。

图 1.1 雅戈尔西装生产流水线

我国服装机械方面的专家闻力生教授曾指出，21 世纪的服装企业将是数字化技术企业。包括男装业在内的我国广大服装企业将会广泛采用数字化服装设计和加工系统。服装设计师利用二维 CAD 系统进行服装款式的创意设计、服装衣片结构设计、加放缝份、放码、排料等；利用服装数字化三维 CAD 系统建立人体三维模型、对服装平面纸样进行三维成型效果分析及动态显示等；利用三维非接触人体测量系统全方位精确测量人体各部位的参数、测定人体各个部位的截面形态，为衣片纸样设计和成衣规格设计提供人体参数依据，还可与服装 CAD 系统联机，形成个性化服装加工系统；利用计算机数字控制自动裁剪系统(CAM)，将 CAD 系统的信息直接与自动生产制造系统联机作业，制成数字控制(NC)加工指令，控制自动生产制造系统。

经济的持续增长大大改善了人民群众的生活质量，改革开放与全球经济一体化使我国人民的衣着观念、衣着样式融入了国际潮流之中。西装已成为中国男性出入社交活动、商务活动等一切正式场合的礼仪着装。中国已成为全球服装制造业中心，而浙江宁波与温州则已成为全国乃至全球的男装制造业中心。

第二节 男装的特点

论及男装特点，还得从人类的性别意识说起。所谓性别意识是指社会人对性别角色的社会作用的理解和评价。一般来说社会期望男性和女性具有各自特有的行为模式。性别角色的行为模式是由社会文化和男女两性社会分工形态而形成的。其形成始于原始人类，主要与种属和两性的生理特性有关。随着社会的发展，性别角色的行为模式则随社会文化和男女两性社会分工的变化而演变。

在原始社会，男性从事狩猎和战斗，女性进行采集和养育子女；在农业社会，则过着男耕女织的生活；在封建社会，妇女受到礼教的约束，活动大多限制在家庭内，男性则有更多的社会交往自由。人们广为称道的是“贤妻良母”和“男儿志在四方”的行为模式。

不管是过去还是现在，社会对男女角色分化已形成基本固定的观念。

性别角色的传统观念仍然是男性应有事业心、进取心和独立性，行为粗犷豪爽、敢于竞争，即具有“男性气质”；女性则应富同情心和敏感性，善于理家和哺育子女，对人温柔体贴，举止文雅娴静，即具有“女性气质”。

在这种社会对男女行为模式传统的定义下，无论是男性还是女性若其行为模式与社会所期望的性别角色一致，便会受到社会的接纳和赞许，否则就会遭到周围人群的冷嘲热讽或排斥。因此绝大多数人的思维方式、行为方式和对事情的判断，包括自己的服饰、打扮，都已经习惯于从性别角色的角度加以考虑和处置。

上述男女性别意识在服饰打扮上的表现形成了男装与女装各自不同的特点。

概括地讲，男装的特点主要表现在以下三个方面。

一、男装的功能性

男装造型最大的特点是显示力量与健康。男性的服装在形式与结构设计上大多强调其身体强健和社会地位的优势，这更多地让人联想起工作、品德和功能；而女性的服装则将设计的重点放置于对胸、腰、臀部的强调，这似乎在无意地提醒人们，女性的天职在于生儿育女，繁衍后代。这种由服装样式所表现出来的性格对立是与社会的一般认同相一致的，但在不同的社会背景和文化思潮下，也会显现出违背传统伦理规范的特征。

服装是构成“第二自然界”的物质文化的重要组成部分。从美学范畴看，服装具备艺术制品的所有特征。服装要满足人的生理需要，同时须满足人的精神需要。服装的功能性正是服装使用价值的体现，而男装强调功能性特点则是人们对人类衣着文化的悟性总结。

男装设计强调实用性。外表不甚惹眼，翻开衣里，各种口袋配件功能齐全。功能性设计细致得像精密仪器。

从事服装结构设计的人都知道，在服装结构设计中功能性与装饰性(或者说机能性与合体性)是一对永恒的此消彼长的矛盾。设计师的任务就是协调处理两者的关系，依据设计思想或是强化功能，或是强化装饰，抑或折中处置。但在处理男装衣片结构时，往往需要强调功能优先。男装设计的功能优先是由男性社会分工要求决定的。由于男性承担更多的社会活动，更多的体力劳动，因此相对而言，男装对于时间、场合和目的性的要求更为讲究。即便是强调合体设计的男装也必须充分重视功效与审美的高度统一。

二、男装的程式化

男装较之于女装，显然要沉闷和单调得多，款式变化缓慢，造型基本程式化，这是不争的事实。由于男性更多地参加社会活动，受趋同从众的心理意识的作用，在装束和装扮行为方面须遵循社会约定俗成的“规章”和“禁忌”，以便使自己的礼仪、举止得到社会的认同，这就是男装程式化的社会心理因素。

在服装消费方面，就大部分消费者而言，男性的理智和自信的程度要多些，男性消费行为的目的性较强，不容易受他人或流行广告影响。这也从另一个侧面强化了男装的程式化倾向。

男装的程式化主要表现在：

(1)材料的程式化。男装材料多选用高密织物，讲究质地结实硬朗，不用或少用疏松织物、轻柔且悬垂性强的织物。

(2)用色的程式化。男装常以素色为主,蓝、黑、灰为基本色调,多彩色、花纹、格纹等较少应用。

(3)款式的程式化。男装的整体造型基本恒定,注重细部变化和细节的功能化设计。

(4)结构的程式化。男装衣片结构基本稳定,衣身的形状一般为三开身和四开身两种,领型不外乎立领、翻领和驳领三类,袖型也无非是衬衫、夹克常用的一片袖,西装常用的二片袖和外套常用的插肩袖三种基本类型;男装的衣片结构不用或较少用女装结构设计中经常采用的剪切、展开、褶皱、波浪等造型元素。男装结构的程式化是由男装款式的程式化决定的。

(5)规格的程式化。由于男装设计更注重功效与审美的高度统一,因此在男装规格设计时,出于对服装机能性的考虑,一般多采用中庸的尺寸配置,而很少会为了追求廓型的强烈变化,采用极长极短、极肥极瘦的极端尺寸配置。最近几年随着经弹织物、纬弹织物和经纬弹性织物的开发应用,女装的紧身衣与紧身裤大为流行。街上年轻女子穿着的紧身裤、细腿裤几乎不放一点松量,臀部、大腿曲线一览无余。这种造型样式不仅女性本身喜欢,也迎合男性对女性的审美目光。但是男装却是万万不能这样设计的,若是也像女性一样穿着身体曲线一览无余的紧身裤,不但男性本身会觉得别扭,同样也讨不到异性欣赏的目光。

从目前国内服装品牌建设的情况看,大凡在全国最有名、企业规模与实力最大的企业几乎全都是男装企业。究其原因,这与男装具有程式化的特点不无关系。正是因为男装程式化,男装的材料、款式、工艺与设备变化较少,相对稳定,所以经营风险相对要小,有利于企业专业化生产、规模化经营。

近年来,很多服装设计师试图对男装传统的着装理念和造型样式进行突破,提出"中性化"、"多元化"、"超性别主义"等主张,力图弱化服装的性别差异。这种主张是对长期以来,男装业已形成的刻板、保守、深沉、暗淡甚至有点冷漠特征一统天下的一种修正。

三、男装穿着的严谨性

西装作为男装的代表品种,其形成与发展已有近二百年的历史,西装的着装常识和文化定义已经成为国际常识。在西方发达国家主导世界经济文化的社会大背景下,我国男性的着装礼仪标准也不可例外地受到西方文化的影响。西装穿着的礼仪标准与西装的造型样式是形影相随的。在引进西装的造型样式的同时,我们也引进了西装穿着的礼仪标准。现代男士西服的着装规范基本上是沿袭欧洲传统习惯而形成的,其装扮行为具有一定的礼仪意识,如双排扣西服给人以庄重、正式之感,多在正式场合穿着,适合于正式的仪式、会议等;单排扣西服穿着场所普遍,既可作为工作中的职业着装,也可作为日常生活中的休闲着装。

穿两粒扣西装扣第一粒表示庄重,不扣扣子则表示气氛随意;三粒扣西装扣上中间一粒或上面两粒为郑重,不扣表示融洽;一粒扣西装以系扣和不系扣区别郑重和非郑重。此外,两个纽扣以上的西装款式,忌讳系上全部扣子。双排扣西装可全部扣,亦可只扣上面一粒,表示轻松、时髦,但不可不扣。

西装的驳头眼,本来是用作防寒纽洞的,后演变成插花纽或仅作装饰用;袖扣本为实用,现只是程式化的装饰,1~2 粒表示休闲和运动,3~4 粒表示正规。

西装表面的胸袋以及腰腹部的两个大袋,已演变成徒具形式的装饰符号,其实用功能已向里袋与西装拎包转移，在日常穿着时切忌将口袋塞得鼓鼓囊囊的。

配合西装穿着的衬衣必须保持洁净，下摆必须塞进裤子里，领扣和袖扣必须扣上；衬衣袖口应露出 1 厘米左右，衬衣衣领应高出西装衣领 0.5 厘米，以保护西装衣领，增添美感。

正式场合穿着西装必须系领带。领带的色调要与西装、衬衣的颜色呼应。非正式场合可以不系领带，但应把衬衣领扣解开，以示休闲洒脱，避免给人以忘记了系领带之感。

正式场合西裤一定要与西装上衣同料同色，西裤的裤线需烫挺烫直；非正式场合可用同色系，有深浅；休闲或轻松的场合可采用对比色。

深色西装可配深色腰带，浅色西装则可配深色腰带也可配浅色腰带；此外，皮带的颜色应与皮鞋协调。

马甲可穿可不穿，穿的话表示庄重。马甲一般与上衣同料，也可用腰饰带代替马甲。

穿西装一定要配皮鞋，还必须注意色彩及风格的统一。黑色皮鞋是万能鞋，它能配任何一种深颜色的西装。灰色的鞋子绝不宜配深色的西装，浅色的鞋只可配浅色西装，而漆皮鞋只宜配礼服。

深色袜子可以配深色的西装，也可以配色浅的西装。浅色的袜子能配浅色西装，但不可以配深色西装。忌用白色袜子配西装。袜子长度宁长勿短。

第三节　男装结构设计的特点与要求

通过前一节男装特点分析，我们知道男装从总体上讲具有在结构上强调功能性、在形式上遵循程式化、在穿着上讲究严谨性的显著特点。结构设计的方法与手段必须服从结构设计的目的与要求，因此男装结构设计的特点与要求正是男装的特点在结构设计中的具体体现。

那么男装结构设计究竟有哪些特点与要求呢？

首先就结构设计的方式来讨论。众所周知服装结构设计的方式分平面与立体两大类，比较平面裁剪与立体裁剪各自的适用性，不难发现平面裁剪比较适合宽松、直统、平面几何分割造型服装的结构处理；立体裁剪则更适合于紧身、合体、曲面褶皱造型服装的结构处理，因此男装多采用平面方式来进行结构设计。

平面结构设计又可分为比例裁剪、原型裁剪（或者分为直接比例裁剪与间接比例裁剪）等多种具体形式。比较比例裁剪和原型裁剪各自的适用性，我们还是能够觉察得到：比例裁剪更适用于相对更宽松、直统、衣片分割线少、无需胸省转移的男装结构设计；原型裁剪则非常适用于相对紧身、合体、衣片分割线多、需要胸省转移的女装结构设计，因此我们主张男装结构设计采用平面的比例裁剪的方式，这不仅符合男装结构的特点，也符合国内外服装行业结构设计技术工作的实际。

接着我们就男装结构设计的基本要求进行讨论。俗话说“男装穿品位、女装穿款式”。所谓品味是指服装的品质与韵味。男装因为整体变化小，如果不在工艺精良、结构精当、细部精致上下工夫的话，恐怕就很难再有其他作为，就无法形成较之于女装而言的男装的特色。因此男装结构设计自有其独特的基本要求。从事男装产品结构设计的人应当将这些基本要求自觉转化为指导男装结构设计实践的基本理念，形成自己的风格，创造自己的特色。

在长期的男装结构设计的教学与制板实践中我们总结出以下三点男装结构设计的基本要求：

一、追求工艺精良的技术美

所谓技术美是人在以实用为目的的产品上施加的技术手段使产品符合美的规律的物化反映。技术美能给人在使用过程中带来审美愉悦。服装的技术美是以服装真实的物质形态作为其表现形式的。结构平衡、穿着合体、缝制精细、吃势均匀、止口顺直、熨烫平整等正是服装技术美的具体表现。

结构设计质量对服装工艺方式和最终品质具有很大程度的决定作用。服装结构设计是继服装款式设计后的二次设计。款式设计的要求必须通过结构设计的具体解构才能得以实现，结构设计可以从结构的角度使外观设计更合理、优化、完整。服装的品质可以由很多因素决定，服装材料、服装工艺等都会影响最终的成品质量，但板型是其中最重要的因素之一。打板师可以根据不同的服装面料、工艺和缝制设备调整衣片的结构形态，也可以为特殊的结构选择合适的工艺手段，可见，结构设计与成品质量优劣有着必然直接的关系。

男装的品位在很大程度上取决于工艺的优劣。这是因为男装造型具有程式化特点，与其想在外观形式上取悦于人，不如更加注重结构与工艺的设计质量。如果说女装结构设计追求的是基于外形变化的形式美，要求打板师在进行女装结构设计时首要考虑的问题是对款式的充分理解的话，那么男装结构设计所应追求的则是基于内在品味的技术美，要求打板师在进行男装结构设计时，首要考虑的问题是对产品档次与功用的把握。

二、追求结构精当的功能美

现代产品设计是以功能效用的发挥作为核心和目的的，其美的体现必须以该产品的有利作用为价值基础，在不与实际功效分割的前提下自然流露出来的，而并非是脱离实用功效而凭空拼接和附加上去，用来取悦消费者的手段。服装穿着美观合体，同时又感觉舒适，便于运动，有利健康，这便是服装的功能美。

要赋予服装功能美，结构设计精当是重要前提之一。对于结构“精当”，可从以下两个层面去理解：

所谓“精”，指的是对衣片结构中量的分配的精确把握。

服装最终是要穿在人身上的，因此不仅服装整体大小要依据穿着对象，而且局部尺寸也必须依据人体比例；中码纸样如此，成衣生产的系列纸样的放码也是如此，这就需要打板师精确把握纸样设计所涉及的各种人体参数。纸样设计所涉及的人体参数包括中码标准人体各部位的尺寸、廓型及截面形状，代表号型尺码“号”的身高与身体其他各长度或高度部位如背长、上臂长、下臂长、直裆、膝盖高等的比例关系，代表号型尺码“型”的胸围、腰围与身体其他各围度或宽度部位如肩宽、胸宽、背宽、颈围、腋窝周长、上臂围、肘围、臀围、大腿围、膝围、踝围等比例关系。

另一方面由于人体的复杂性、服装材料的复杂性以及服装造型的多样性，几乎所有的衣片缝合部位并非是简单等长的，而是必须根据人体、材料、样式与工艺手段进行差异匹配设计（差异匹配设计的定义、原理与要求详见上衣结构设计原理），这就要求我们对缝合部位之间的长短大小进行量的匹配。只有匹配得当，才能保证产品造型和机能性的设计要求。

所谓“当”，指的是对衣片结构中形状的恰当把握。

衣片的形状会直接影响服装的造型和机能性，这一点是显而易见的，但究竟如何去理解衣片与人体的关系，把握平面衣片与立体成衣的转换却是一件难事。另外，服装是由多枚衣片组合而成的，因此不仅要把握衣片各自本身的形状，还要把握衣片与衣片之间的形状的相互匹配。

从某种意义上讲，服装结构设计的过程，就是协调服装的观赏性与机能性矛盾的过程；更微观地分析时，我们甚至可以把服装结构设计的过程看作是一个量与型的调整过程。我们知道衣片上任何一个部位的量的改变都会导致型的变化，反之亦然。例如袖山高的降低，袖肥必然增大，如果不断持续这种调整，袖片的形状就会从原先的修长状逐步变为横宽状。袖片如此，其他部位的衣片也一样。服装就是这样从合体到宽松或从宽松到合体、从平面到立体或从立体到平面、从观赏性到机能性或从机能性到观赏性，不断斟酌、反复调整中形成的。

结构精当是赋予男装产品功用性的保证。我们提出男装结构设计要确立机能优先的理念，本意是强调打板师在男装纸样设计中的机能性意识，在制板过程中以确保产品机能为前提，想方设法协调合体性与机能性的矛盾，使产品的造型与功能浑然一体，相得益彰，不能一味为了形似而失之偏颇。

三、追求简练大气之美

何谓简练大气？简练即精练，意指去除冗杂，只留精华；大气即浩气，气格高尚为浩气。“大气”有宏阔、开展之势，充满生命的张力。“大”是先哲提出的一种重要审美概念。《老子》称“大音希声，大象无形”、“大巧若拙，大辩若讷。”说明自古“大”就是重要的审美概念。人们赞美大气，原因就在于“大”象征一种有利于人的生存发展的力量，也代表一种不可战胜的自然伟力，人们崇拜它、向往它、赞美它，并逐渐成为一个审美取向，成为民族传统的美学思想。男装的造型要体现男性的性格特征。在以男性为中心的历史社会，由于谋求生存发展，战胜各种困难，需要勇猛刚强、坚毅勇敢的阳刚之力。社会需要男性的这种性格与形象特征。

造型大气是一种抽象的审美感受。很难具体指出什么样的形状、什么样的线条是大气或是小气的。大气绝非单纯的体积大、面积大，而是指造型所透露出来的一种气势、一种张力、一种对比、一种视觉上的冲击。大气的造型不仅能让人赏心悦目，更能让人的精神为之振奋，情志为其陶冶。大气虽不与阳刚同义，但表现在男装上的大气却是与阳刚紧密相关的。因此男装结构设计中，对衣片形状、大小、位置以及线条刚柔、褶皱疏密等的把握，要遵循“虽弧犹直”、“虽小犹大”、“虽繁犹简”的原则，力求舒展、顺畅、简练、挺拔，切忌矫揉造作。

第四节　从事服装结构设计所需的资质素养

服装结构设计是服装设计的重要环节。结构设计是款式或外观设计的延伸，是工艺设计的前导。

我国服装行业包括服装专业教育的现状是把款式设计与结构设计分为两个不同的工种和两个不同的专业，从事款式设计的人称作设计师，从事结构设计的人称作打板师，这种现状无可厚非。但服装院校及一些服装企业的不少人对这两个工种或专业的作用认识存在着一些误区,重设计轻结构,片面认为服装靠设计。因此在投入上、重视程度上、薪金待遇上厚此薄彼。在这种导向作用下,一些学生只对款式设计感兴趣,不愿意对结构进行深入的学习,甚至误以为服装设计就是画一张效果图,剩下来的就全是别人的事情。由于从事结构设计的人得不到重视,境遇不如搞款式设计的人,工作积极性受挫,因而也不愿花费力气对结构进行深入的学习,以至于很多服装院校毕业的学生做的不如画的好,能画不能做,动手实践能力弱,想要的效果出不来。这种状况制约着我国服装产品的质量与档次,同时也极大地制约着我国服装设计水平的提高。

为什么会存在上述现象呢?显然是急功近利思想在作怪。从目前社会的现状看,搞款式设计容易出名是不争的事实,不少所谓的著名设计师就是靠形形色色的服装设计赛事一夜成名的。加之一些媒体的炒作,使许多年轻人趋之若鹜,把参加各类赛事看做是走向成功的捷径和唯一的途径。与此相反,你若选择从事结构设计,则注定是默默无闻的幕后职业。因此出现上述现象实乃不足为奇。

其实在一些服装设计领先的国家情形并非如此。国际上许多著名品牌的顶级大师,他们不仅有敏锐的感觉、非凡的原创力,同时还具备一流的裁、缝手艺,他们长期实践,厚积薄发,甚至拥有已经成功的产业背景,获奖成名是水到渠成,而不是纯粹靠运气。法国顶级服装大师名片上印的头衔都是高级裁缝师。由此可见服装设计的含义,也可以理解服装结构设计的重要性了。

在这里我们强调服装结构设计的重要性是有充分理由的。接下来让我们考察一下由于服装与服装业特点所形成的服装结构设计的工作现状及其作用。

服装产品要满足的不仅是人的生理需要,同时还必须满足人的精神需要,而且随着经济发展,后者的功能将日趋强化,服装的个性化趋势将越来越明显。因此服装产品特点表现出“选择性、流行性与季节性的同时强烈作用”,这是其他任何产品所没有的。

服装具备艺术制品的特性,其制造业因此具备艺术工业的特性。传统的服装业是纯手工业,尽管科技发展到今天,许多其他制造业已经进入大机器、自动化,大力发展规模生产的时代,但服装业到目前为止还必须采用机器化的手工生产方式。服装产业准入门槛较低,市场竞争激烈;另一方面由于经济的持续增长,我国衣着消费市场正在发生深刻的变化,不同消费群体的形成,其衣着追求、文化水平、消费能力的差异带来了服装市场的细分和立体化发展的态势。因此与其他制造业追求规模经营的情形截然相反,服装业倡导、追求的是“小批量、多品种、快交货”的经营模式。服装业从产品设计、加工制造、生产管理到经营销售的运作方式都有别于其他制造业。

在诸多有别于其他行业的特点中,与结构设计直接相关的是产品设计、开发到制造的运作方式。由于批量小、品种多、交货急,加上前面所说的设计师对结构与工艺不熟的原因,导致服装行业的实际情形是:产品设计极不完备。款式设计仅仅是一张草图,而且大多是既无规格指示,又无工艺说明,甚至连使用什么材料、怎么使用材料的交代都是模糊不清的。在这种情形之下,要求打板师准确无误地理解款式设计意图,合理设置成衣规格,并根据穿着对象、材料性能和工艺条件设计衣片结构和工艺参数,把款式草图变成一份用来实施生产的规范严谨的技术图纸,其工作的重要与难度是可想而知的。由此可见,想要成为一名称职的打板师是必须具备以下知识结构与职业素养的。

(1)结构知识。打板师首先必须具备有关服装结构设计的理论知识与实践技能，掌握服装结构设计的基本原理、变化规律和应用技巧，深刻理解各种结构类型和结构风格，能根据结构设计对象的要求熟练使用比例、原型、立体等各种结构设计手段。

(2)美学修养。美学修养特别是形式美学知识对任何从事造型设计的人来说是必不可少的前提知识。服装结构中的点、线、面的处理需要凭借打板师的美学修养，衣片结构设计的过程可以说就是对平衡、对称、对比、谐调等形式美学法则的应用过程。另一方面，对流行的把握也不光是款式设计师的事情，作为打板师也必须关心流行，感悟变化，依据流行趋势不断调整结构形态与尺寸配置。打板师应当从绘画雕塑、音乐舞蹈等相关艺术门类中经常不断地汲取养分，提高自身的"眼光"，只有"眼高"才能"手高"。

(3)服装人体。打板师应当深刻理解服装是给人穿的，服装结构设计的基本依据是人体。因此打板师必须透彻地掌握人体的基本特征、人体各部位的基本参数、人体变化规律、不同性别不同年龄的体形差异、人体运动的规律及因运动引起的各部位参数变化规律、衣片结构与人体的关系、衣片结构与服装机能性的关系等等。

(4)服装材料。结构设计既要遵循材料的客观性，又要利用与超越材料的客观性。款式设计上任何大胆的设想、新奇的构思都必须受到服装工艺技术规律的检验，都必须符合现阶段驾驭材料的总体水平，只有这样才有可能成功实现设计的物化。所以，结构设计要得到成功，比起款式设计受着更多的制约，打板师必须戴着物质规定性这一镣铐，在有限的自由中去争取创造活动的广阔天地。

前面我们曾经提到过，由于人体与材料的复杂性，客观要求衣片的各个缝合部位都必须依据内外径分析进行差异匹配设计，而不是简单等长设计。因为人体所有部位都是由曲面组成的，而衣片本身是平面的，要使平面的衣片与曲面的或者说是立体的人体相符，就必须采用服装造型特有的工艺手段——归拔手段。所谓归拔是指利用服装材料的伸缩性能，对缝边进行拉伸或缩短，使衣片局部由平面状态转为立体状态，从而达到服装立体造型的目的。这就要求打板师具备丰富的材料知识与经验。

(5)服装设备。随着科技进步，服装机械的发展日新月异。在服装工业生产中的服装结构设计，特别是工业纸型设计离不开工艺装备的前提条件。服装 CAD 的广泛应用，也向打板师提出了掌握计算机应用的知识、技能的新要求。

(6)服装工艺。作为结构设计工作成果的衣片样板是裁剪、缝制工艺的规定性图纸，生产部门将按此施工。缝份的大小、对位记号、里衬配置等都与缝制工艺密切相关。毫无疑问图纸的质量会直接影响生产质量与生产效率，因此打板师必须非常熟悉工艺流程与工艺要求。很难设想一个对于缝制工艺不甚了解的人会是一名一流的打板师。

(7)责任心与严谨的工作作风。打板师通常在服装企业技术部工作，技术部是企业的技术中枢，而打板师的工作性质与任务又决定他处于中枢中的核心。服装样板设计是一项极为艰苦细致的工作，要求打板师既要具备艺术工作者的气质，感觉敏锐，富有创新精神，又要具备技术工作者严谨细致、一丝不苟的工作作风，坚忍不拔的实践探索精神，具有强烈的工作责任心，能以自己的工作质量确保产品设计质量。由于结构设计工作在企业中所处的承上启下的特殊地位和其工作结果对产品质量的总体决定性、不可逆转性的特殊性质，因此有必要特别强调打板师责任心与严谨的工作作风，责任心不强、工作作风不严谨的人是无法胜任服装结构设计工作的。

以上所说有关从事服装结构设计所需的资质与素养，既是服装行业对打板师提出的客观要求，也是有志于从事服装结构设计的人实现自我提高与发展所不可或缺的。

第二章　男性体形特征及其与女性的主要差异

服装依附于人体，如同人的“第二皮肤”，服装与人体关系的密切程度是其他一般产品所不能比的。

在服装消费日益讲究的时代，服装的合体性、舒适性和审美性越来越受到人们的重视。要制作高品质的服装，就必须充分认识人体体形特征、掌握人体基本参数、了解人体运动规律、理解服装与人体的关系。只有这样才能使服装的结构形态、尺寸配置符合穿着者的体形和运动要求，才能使服装既好看又好穿。

作为职业男装打板师最希望获取的资讯无疑包括男性体形特征及与女性的主要差异，男性一般体形的身高、胸围与身体其他部位的比例关系，男性一般体形各部位尺寸数据等。

由于服装与人体的特殊关系，因此可以说，对人体的认识与研究，是学习服装结构设计的首要问题。

第一节　男女体形轮廓的差异分析

由于生理结构不同，男女人体的骨骼形态、肌肉、脂肪的分布呈现出不同的状态，从而导致了男女体表形态的明显差异。下面我们从正面、侧面以及截面等视角来分析青年男、女体形轮廓的差异性。

1. 正面视角

正面视角即通过观察人体的正面投影，分析人体体形轮廓的纵横比例关系（如图 2.1 所示）。

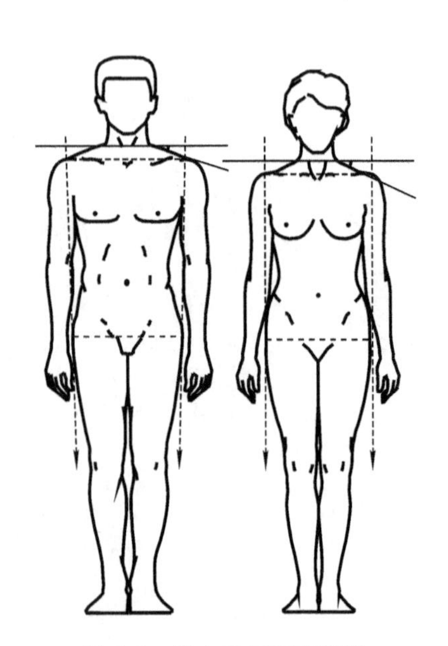

图 2.1　男女体正面投影图

从总体上来看，男体骨骼粗壮，肌肉发达，体表线条硬朗。其中，颈部粗而短，颈根围度较大；肩部宽阔且相对平坦，肩肌强健，肩膀浑厚结实；臀宽较窄，躯干部分形成明显的倒梯形；腰宽、臀宽相近，使得侧腰弧度变化较小，腰线显低、背长显长，腰臀距相对较近。上半身长比例相对较大。

而女体体表平滑、线条柔和，颈部细而长；肩部窄且斜度相对偏大；骨盆宽大，特别是髋关节处突出，使臀宽变宽，形成了强烈的腰臀宽差异对比，侧腰弧线曲率较大，腰线明显，上半身长比例相对较小。

2. 侧面视角

通过对人体侧面的投影，能清晰地反映出男女人体侧面体表的形态差异。

从图 2.2 中可以看出：

(1)在前半身，男体体表曲线变化缓和，坚挺的胸肌、腹肌形成结实的胸廓和平坦的下腹，使胸部与腹部的连线几呈垂线；而女体由于乳房的隆起，前颈至胸点、胸点至下胸围形成明显的斜面，造就了女性前半身侧面轮廓，腹部因脂肪覆盖，形成缓和的弧面。

(2)后半身躯干部分的曲面主要是由肩胛骨的突出、后背的吸腰、臀部的翘起所引起的。与前半身相反，男体的后半身曲面的形状比女体更为显著，这是因为男体背部肌肉较为发达，肩胛突起十分明显，再加上腰部截面主要位于人体侧面轴线的前侧，致使肩胛至腰的背部斜度十分明显。同时，由于男体骨盆较小、臀肌发达，虽然总臀围不大，但腰臀距较短，臀翘明显，背部与臀部的连线也几乎成垂线。而女体后身曲线相对柔和，肩胛骨突出程度小于男体，臀部因皮下脂肪的堆积而显得丰满，且臀围通常大于胸围，使得女体臀部鼓出于背部垂线。

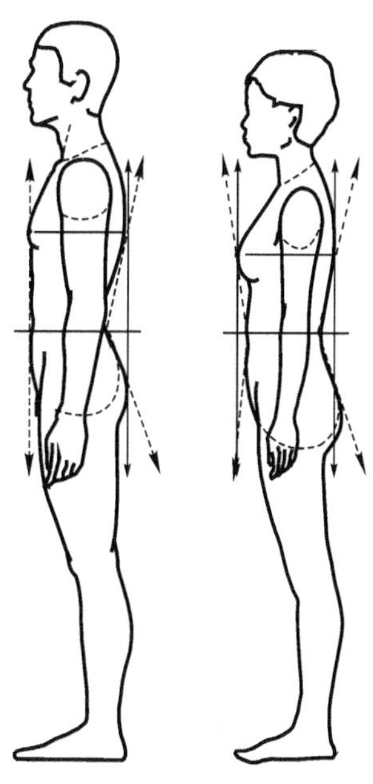

图 2.2　男女侧面投影图

3. 截面视角

如图 2.3 所示，取男女体肩点、胸围、腰围、中臀围、臀围等处的截面进行对比，可以看出：胸线处(2)女体截面的矢横径较男体大，说明其胸部厚度相对较大。但女体胸部的厚度主要来源于乳房的局部突起，而男体主要源于发达的胸肌。因而，对比胸围(2)与肩点(1)两处的截面图，可以看出女体厚度迅速减小，男体则变化较小。此外，男女体腰围截面的扁平程度相近(矢横径比约 0.73)，但从腰到臀，男体躯干的扁平度变

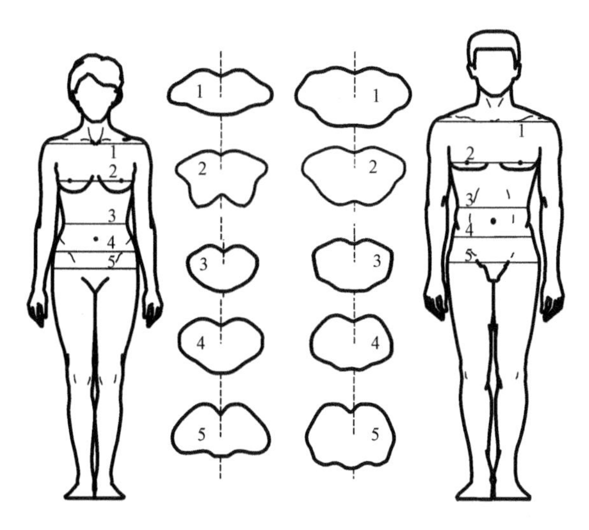

图 2.3　男女人体截面图

化较小，而女体扁平程度明显增大，造成了女体的正面体表变化幅度大，而男体正面体表曲线缓和。

第二节　男子号型及体形参考数据

CB 1335—81 标准是经国家技术监督局批准发布施行的我国第一部《服装号型》国家标准。该标准以我国 21 个省、市、自治区 40 万人的体形调查作为制定依据。调查的部位以人体净体的高度、围度等数据为主，涉及人体 17 个部位，其中经过数据的汇总和筛选后，男体采用了 12 个测量数据，比女体采用数据少两个部位。所测量的数据，经过整理、计算，求得各测量部位的平均值、标准差等相关数据，形成了服装号型标准。

CB 1335—81 标准经过 10 年时间的实施，服装号型标准已深入人心，广泛地被服装企业和消费者所了解和掌握。但随着人民生活水平的不断提高，服装款式日趋多样化，同时我国人体体形也发生了一些变化。为了使我国的服装号型标准能跟上时代变化的要求，我国于 1991 年和 1997 年先后两次对国标进行修订，将人体体形按照胸围与腰围之差划分为 Y、A、B、C 四种体形类别，设定了标准中间体，同时对测量部位有了更为明确的描述，使修改后的服装号型更客观地反映了我国人体体形变化规律，为现代化的服装工业提供较为全面、细致的数据支持，极大地促进了服装合体性的提高，具有较强的科学性和实用性。

一、号型的定义

"号"指人体的身高，以厘米为单位。因为人体身高与颈椎点高、坐姿颈椎点高、腰围高以及全臂长等人体长度尺寸有着密切的相关性，因而"号"可作为设计服装长度的依据。

"型"指人体的净体胸围或腰围，以厘米为单位。对于上装来说型代表胸围，而对于下装则代表腰围。它们与人体净体肩宽、臀围、颈围等人体围度、宽度尺寸有着密切的相关性，因而"型"可作为设计服装围度的依据。

需要指出的是，号型是人体净体数值的概念，不同于服装的规格。服装号型代表的是该号型服装所适合穿着的人体的净体尺寸，而服装规格则是根据款式风格、面料性能、流行趋势等具体要求，在服装号型所表示的人体净体尺寸基础上，加上相应的放松量所获得的成衣尺寸。

二、体形的划分

服装号型标准，将我国人体体形分为 Y、A、B、C 四类。分类依据人体的胸腰差，即净体胸围减去净体腰围的差数来确定(如表 2.1 所示)。

表 2.1　人体体形分类　　(单位:厘米)

体形分类代号	男子胸腰差值	女子胸腰差值
Y	22～17	24～19
A	16～12	18～14
B	11～7	13～9
C	6～2	8～4

1. 各类体形男体正面观察分析

图 2.4 所示是各类体形男体的正面形态。

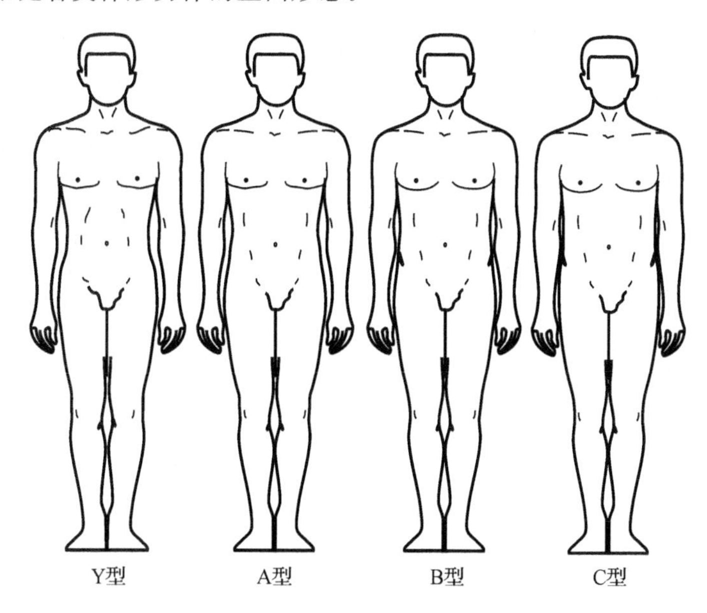

图 2.4 各类体形正面比较

Y 型　年龄段一般为 18—25 岁，胸腰差非常明显，躯干部分瘦且扁平，骨感明显，腰腹部十分平坦，肩点与臀宽的连线呈明显倒梯形，大腿结实且细长，体形轮廓线条硬朗。

A 型　年龄段一般为 25—35 岁，胸腰差明显，躯干最宽点为肩点，肩点与臀宽的连线明显呈倒梯形，全身肌肉圆润隆起，体形轮廓线条转折分明。

B 型　年龄段一般为 35—50 岁，胸腰差变小，躯干最宽点仍为肩点，但肩点与臀宽的连线渐呈长方形，全身肌肉开始松弛，体形轮廓线条趋向圆滑。

C 型　年龄段一般为 50 岁以上，胸腰差较小甚至为负数，躯干最宽点仍为肩点，但肩点与臀宽的连线已呈长方形，全身肌肉松弛，腰部赘肉增多，腰臀宽接近，体形轮廓线条柔和。

2. 各类体形男体侧面观察分析

图 2.5(a)所示是男子 A 型体形(25—35 岁年龄段)的侧面形态，从前半身看，胸部挺起，腹部内收，胸腹连线内倾；从后半身看肩背部结实，臀部肌肉紧张，背部与臀部连线垂直；从横侧面看，胸部至背部的横径大于腹部至臀部的横径，略呈倒梯形。

图 2.5(b)所示是男子 B 型体形(35—50 岁年龄段)的侧面形态，从前半身看，胸部挺起，腹部平坦，胸腹连线呈垂直并有外倾趋势；从后半身看，肩背部结实，臀部肌肉圆浑，背部与臀部连线垂直；从横侧面看，胸部至背部的横径等于腹部至臀部的横径，呈长方形。

图 2.5(c)所示是男子 C 型体形(50 岁以上年龄段)的侧面形态，从前半身看，胸部丰满，腹部隆起，脂肪堆积，胸腹连线明显外倾；从后半身看，肩背部厚实，臀部圆浑丰满，背部与臀部连线内倾；从横侧面看，胸部至背部的横径小于腹部至臀部的横径，呈梯形。

图 2.5(d)所示是 A 型与 C 型体形剪影重叠比较，可以清楚看出，男子体形随年龄变化而变化的规律。图形显示了体形变化的主要部位及状态。

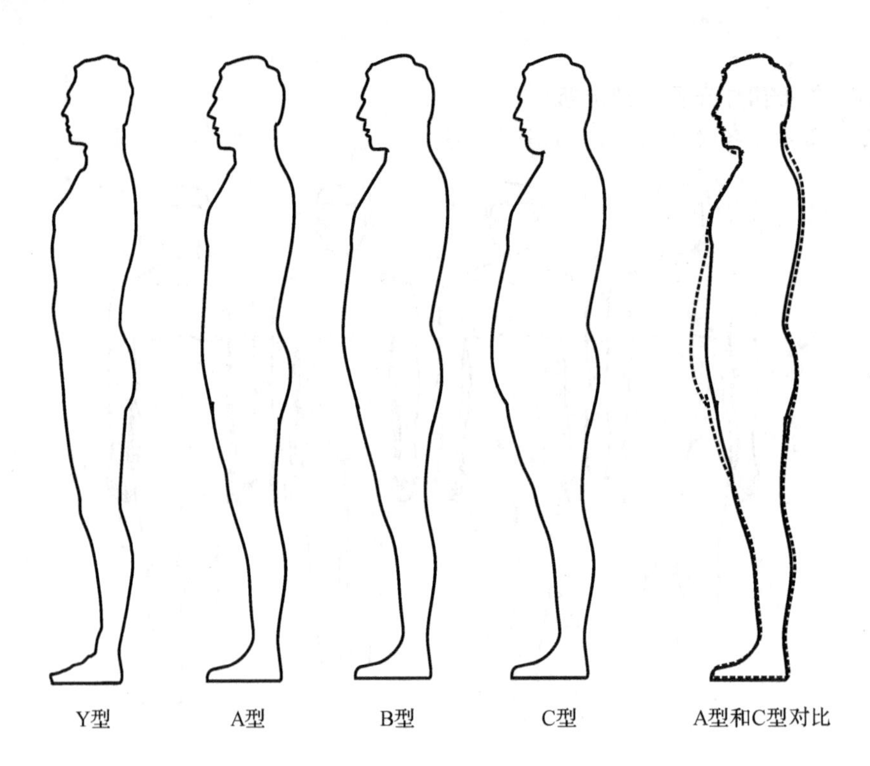

图 2.5　各类体形侧面比较

三、号型标志

国家标准规定，商品服装上必须有明确的号型标志。号型标志由号、型以及体形分类代号组成，其中号与型之间用斜线分隔开。例如：175/92A(上衣)，175/78A(下装)。

四、号型系列

将人体的号和型有规则地分档排列，便形成了号型系列。按照国标的规定，身高以 5 厘米分档；胸围以 4 厘米和 3 厘米分档；腰围以 4 厘米和 2 厘米分档，以各体形的中间体为中心向两边递增或递减，组成 5・4 系列或 5・2 系列。其中，上装采用 5・4 系列，下装采用 5・4系列和 5・2 系列(如表 2.2 所示)。

表 2.2　男装号型各系列分档数值　　(单位：厘米)

体形	Y										A									
部位	中间体		5.4 系列		5.3 系列		5.2 系列		身高、胸围、腰围每增减 1 厘米		中间体		5.4 系列		5.3 系列		5.2 系列		身高、胸围、腰围每增减 1 厘米	
	计算值	采用值	计算值	采用值	计算值	采用值	计算值	采用值	计算值	采用值	计算值	采用值	计算值	采用值	计算值	采用值	计算值	采用值	计算值	采用值
身高	170	170	5	5	5	5	5	5	1	1	170	170	5	5	5	5	5	5	1	1
颈椎点高	144.8	145.0	4.51	4.00	4.51	4.00			0.90	0.80	145.1	145.0	4.50	4.00	4.50	4.00			0.90	0.90
坐姿颈椎点高	66.2	66.5	1.64	2.00	1.64	2.00			0.33	0.40	66.3	66.5	1.86	2.00	1.86	2.00			0.37	0.40
全臂长	55.4	55.5	1.82	1.50	1.82	1.50			0.36	0.30	55.3	55.5	1.71	1.50	1.71	1.50			0.34	0.30
腰围高	102.6	103.0	3.35	3.00	3.35	3.00	3.35	3.00	0.67	0.60	102.3	102.5	3.11	3.00	3.11	3.00	3.11	3.00	0.62	0.60
胸围	88	88	4	4	3	3			1	1	88	88	4	4	3	3			1	1
颈围	36.3	36.4	0.89	1.00	0.67	0.75			0.22	0.25	37.0	36.8	0.98	1.00	0.74	0.75			0.25	0.25
总肩宽	43.6	44	1.97	1.20	0.81	0.90			0.27	0.30	43.7	43.6	1.11	1.20	0.86	0.90			0.29	0.30
腰围	69.1	70.0	4	4	3	3	2	2	1	1	74.1	74.0	4	4	3	3	2	2	1	1
臀围	87.9	90.0	2.99	3.20	2.24	2.40	1.50	1.60	0.75	0.80	90.1	90.0	2.91	3.20	2.18	2.40	1.50	1.00	0.73	0.80

续表

体形	B										C									
部位	中间体		5.4 系列		5.3 系列		5.2 系列		身高、胸围、腰围每增减 1 厘米		中间体		5.4 系列		5.3 系列		5.2 系列		身高、胸围、腰围每增减 1 厘米	
	计算值	采用值	计算值	采用值	计算值	采用值	计算值	采用值	计算值	采用值	计算值	采用值	计算值	采用值	计算值	采用值	计算值	采用值	计算值	采用值
身高	170	170	5	5	5	5	5	5	1	1	170	170	5	5	5	5	5	5	1	1
颈椎点高	145.4	145.5	4.54	4.00	4.54	4.00			0.90	0.80	146.1	146.0	4.57	4.00	4.57	4.00			0.91	0.80
坐姿颈椎点高	66.9	67.0	2.01	2.00	2.01	2.00			0.40	0.40	67.3	67.5	1.98	2.00	1.98	2.00			0.40	0.40
全臂长	55.3	55.5	1.72	1.50	1.72	1.50			0.34	0.30	55.4	55.5	1.84	1.50	1.84	1.50			0.37	0.30
腰围高	101.9	102.0	2.98	3.00	2.98	3.00	2.98	3.00	0.60	0.60	101.6	102.0	3.00	3.00	3.00	3.00	3.00	3.00	0.60	0.60
胸围	92	92	4	4	3	3			1	1	96	96	4	4	3	3			1	1
颈围	38.2	38.2	1.13	1.00	0.85	0.75			0.28	0.25	39.5	39.6	1.18	1.00	0.90	0.75			0.30	0.25
总肩宽	44.5	44.4	1.13	1.20	0.85	0.90			0.28	0.30	45.3	45.2	1.18	1.20	0.90	0.90			0.30	0.30
腰围	82.8	84.0	4	4	3	3	2	2	1	1	92.6	92	4	4	3	3	2	2	1	1
臀围	94.1	95.0	3.04	2.80	2.28	2.10	1.57	1.40	0.76	0.70	98.1	97	2.91	2.80	2.19	2.10	1.46	1.40	0.73	0.70

第三节 男子体形分析

国标中列出的男子体形控制部位的数据仅 11 个，这是根据标准制定当时的实际需要确定的。但在服装消费水平提高，服装款式多样化、个性化发展的今天，要达到较为精确的制板，仅有这些数据是不够的。

无论是在国内还是在国外，无论是用比例裁剪方式还是用原型裁剪方式，纸样设计的成品规格或局部尺寸的确定的依据均为人体比例。比例不仅应适用于衣片纸样设计，还应适用于后续的纸样放码。因此比例公式的确定应以人体比例为基本依据。比例公式的确定包括两个方面，一是要确定比例的对应关系，即哪个部位与哪个部位比；二是要确定比例的量比关系，即相比部位之间的比例大小。

深入分析身高与身体各长高部位、胸围与身体各围度和宽度部位的关系，不仅能为服装成品规格设计，更为重要的是能为衣片纸样中无明确规格指示部位的尺寸控制提供可靠的数据支持。

衣长、袖长、裤长等服装成品规格与身高比例的关系，国标中已经解决，但纸样中不少关键控制部位，如背长、肘点、股上、股下、臀围线位置、中档线位置、袖肥等国标中没有给出比例数据。数据不全给纸样设计带来很大不便。

为此有必要在国标的基础上深入研究，细化身高、胸围与身体其他部位的比例关系。以下我们就男子体形整体与局部的比例关系、人体比例与衣片纸样控制部位的关系展开分析。

一、长度比例关系

人体整体与局部的形态存在着一定的比例关系。从数字和视觉两方面来把握人体各长度部位的比例，对于衣片结构的合理采寸，以及创造具有美感服装款式来说，具有十分重要的意义。

国标研究已证实人体各长度部位与身高存在着密切相关性，为了更全面考证男体各局部高度和长度尺寸与身高的比例关系，我们以江浙男子体形为例，选取身材均匀的中间体男子体形作为样本，测量与分析结果如图 2.6 和表 2.3 所示。

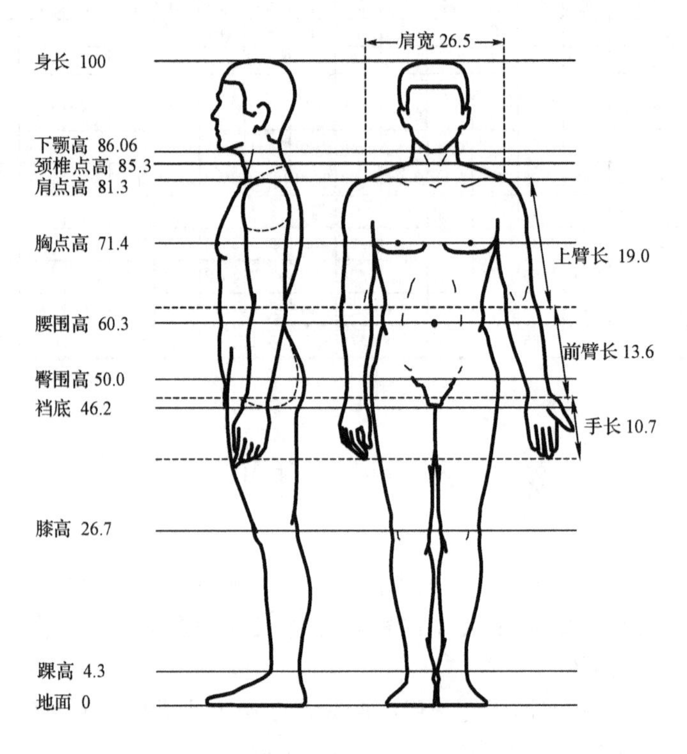

图 2.6　男体长度比例图(单位:厘米)

表 2.3　各长度尺寸与身高胸围的比例关系　　(单位:厘米)

部位	中间体参考值	身高每增减 1 厘米	结构制图中的作用
身高	170	1	上装规格设定的基础
颈椎点高	146	0.90	
肩宽	45	0.3	肩宽尺寸设定的基础
臂长	55	0.30	袖长尺寸设定的基础
背长	47	0.23	腰节位置设定的参考
股下	78.5	0.50	裤长尺寸设定的参考
腰臀距	16.6	0.2	臀围位置设定的参考
腰节高	102	0.60	下装长度设定的基础

二、围度比例关系

除了长度方面的尺寸，在服装结构设计中，围度方面的尺寸也十分重要。各关键部位的围度采寸不仅影响服装最终的款式风格，它们还直接影响服装的可穿脱性与舒适性。对人体各净体围度尺寸的准确把握是衣片结构合理采寸的基本依据。

与服装制图相关的人体围度尺寸，除国标中所列出的如胸围、腰围、臀围、颈围四个控制部位以外，还有很多，常用的如图 2.7 所示。

根据国标我们知道人体大部分的围度尺寸与胸围有着密切的关系。通过同上样本的人体测量分析，可得表 2.4 所示的比例关系。

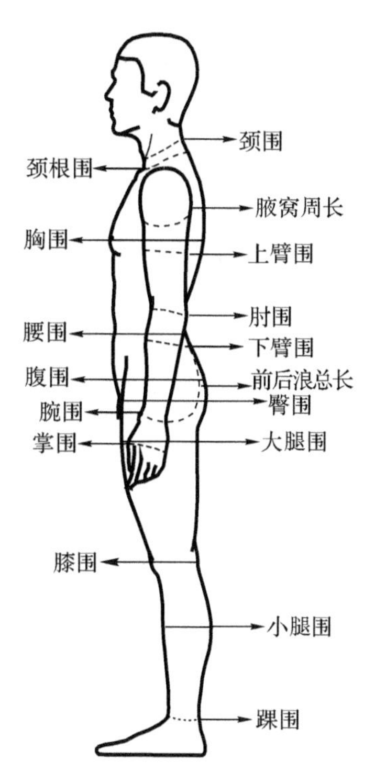

图 2.7　人体围度尺寸

表 2.4　各围度尺寸与胸围的比例关系　（单位：厘米）

部位	中间体比例关系	中间体参考值	胸围每增减 1 厘米采用值	结构制图中的作用
胸围	B	88	1	上装规格设定的依据
腰围	0.84B	74	1	
臀围	1.02B	90	0.80	臀围尺寸设定的依据
颈围	0.42B	37	0.25	领围规格的设定依据
颈根围	0.45B	39.5	0.25	领圈尺寸控制的依据
腹围	0.90B	79.4	1	腰、臀围尺寸设定的参考依据
腋窝周长	0.46B	40.3	0.35	袖窿周长控制的参考依据
腋窝净直径	0.13B	11.3	0.06	袖窿深设定的参考依据
腋窝净横径	0.12B	10.4	0.14	袖窿宽设定的参考
上臂围	0.30B	26.5	0.35	袖片尺寸设定的参考
肘围	0.28B	24.3	0.19	
下臂围	0.29B	25.4	0.19	
腕围	0.19B	17.1	0.1	袖口尺寸设定的参考依据
掌围	0.27B	24.1	0.1	袖口尺寸设定的参考依据
前后浪总长	0.74B	64.9	0.35	龙门尺寸设定的参考依据
大腿围	0.60B	52.8	0.37	横裆尺寸设定的参考依据
膝围	0.42B	37	0.19	中裆尺寸设定的参考依据
小腿围	0.42B	37	0.23	裤口尺寸设定的参考依据
踝围	0.30B	26.5	0.008	裤口尺寸设定的参考依据

三、男体立体形态分析

众所周知，人体是立体的，原本平面的布料，通过衣片分割、省缝设计、归拔工艺等手段，缝制成为与人体立体曲面相吻合的具有立体形态的服装，以符合人体着装的要求。

但人体的立体形态极为复杂，人体整体及局部均非规则的立体几何形态。因此衣片分割线设置得当与否、各部位的省缝的位置、大小、形状设计得当与否，将直接影响服装的合体性。

下面通过对男体各主要体表曲面的角度测量，结合纸样设计，分析男体体表立体形态与纸样形态的关系。

(1)肩斜(如图 2.8 中∠7 所示)　男体平均净体肩斜为 22°，小于 22°称为平肩或端肩；反之则称为溜肩。在样板制作中，该尺寸决定服装肩线的倾斜程度。

(2)胸省　在女装中，胸省是因为乳房的局部隆起而产生的。男装则不同，其胸省是因男体胸廓的整体突出，在前胸至前颈之间形成约 20°坡面(∠5)所引起的。

(3)肩省　由于肩胛突起，造成后颈部至肩部形成坡面而引起的。男体肩胛骨突出十分明显，凸点到肩线形成约 24°夹角(∠6)，使得肩省量较大。因而，男装中常有肩育克的设计，将肩省转至育克线中，以满足男体后背立体造型的需求。

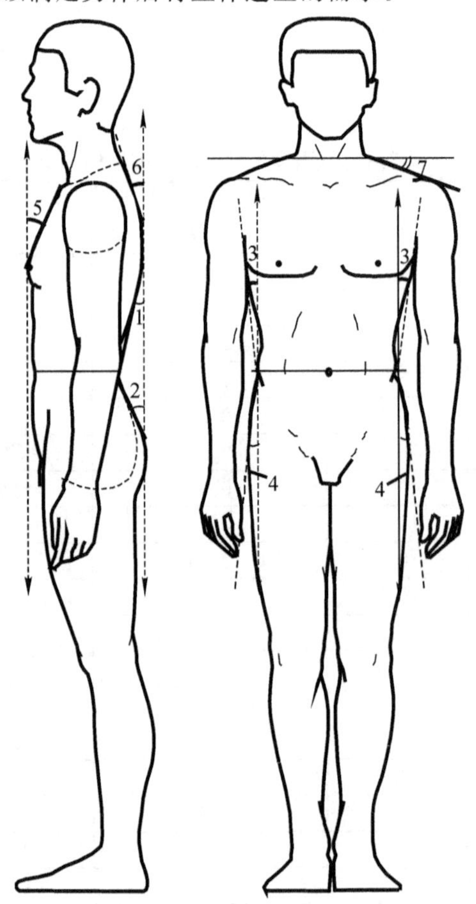

图 2.8　男性立体形态

(4)腰省的分配　以人体的腰线为界,上半身服装腰省量主要来源于胸腰差;下半身的腰省则因臀腰差而产生。而局部围度差较大的部位,即人体曲面角度大的位置省量越为集中。

从图 2.8 图中可以看出,男体前面腰线以上,胸到腰之间比较平直,所形成的角度不大,因而所需省量较小;侧腰处形成约为 10°的倾角(∠3),收省量适中;后背处则因为肩胛的突起形成约为 12°的斜面(∠1),由于上下围度间距离较远,横向跨度大,要求后片上的省缝较长且量大。

同理,在腰线以下,由于男体前面小腹平坦,*A* 型体形几乎不用收省,侧面臀宽较小(侧腰形成角度∠4 约 6°),后臀结实、挺翘(后腰角度达到约 18°),因而臀腰差省主要集中在上衣或裤子的后片上。

附：随机测量男子体形数据

（单位：厘米）

编号	1	2	3	4	5	6	7	8	9	10
年龄	23.00	26.00	24.00	23.00	24.00	31.00	36.00	50.00	24.00	32.00
体重	53.00	57.00	59.50	65.00	70.00	71.00	70.50	69.00	64.50	70.50
身高	169.00	166.80	170.30	176.00	184.00	172.50	168.00	169.00	181.00	185.50
号	170	165	170	175	185	175	170	170	180	185
型	84	88	88	92	88	92	96	92	84	92
体形	Y	Y	A	A	A	B	B	B	B	B
胸围	85.52	86.50	87.00	90.00	88.50	91.00	95.00	90.50	85.50	91.50
腰围	68.74	67.44	74.77	75.01	76.36	84.07	86.63	80.72	78.39	81.00
坐臀围	86.17	90.01	91.92	95.86	95.63	98.25	98.69	99.02	93.46	95.83
坐臀围高	83.2	80.04	84.01	86.01	89.5	86.47	82.53	79.54	90.55	92.49
上胸围	88.43	87.04	94.26	98.04	100.66	100.15	104.19	99.91	93.98	103.22
肚围	79.00	74.50	82.00	78.50	87.50	94.50	96.00	93.50	87.00	91.00
腹围	76.62	75.00	76.50	79.00	78.35	84.98	96.00	85.00	78.50	82.00
大腿围	47.55	48.80	51.90	51.88	53.31	53.43	56.57	50.84	52.45	54.82
前后浪总长	60.69	61.07	64.91	63.28	72.34	68.43	67.13	66.87	65.04	67.83
膝围	33.19	30.96	35.17	37.16	36.43	36.55	39.59	38.41	35.79	39.37
小腿围	31.68	36.08	37.14	35.43	37.29	36.20	38.98	38.23	36.75	38.57
踝围	24.03	23.42	26.1	26.47	26.62	24.68	26.03	25.07	27	28.38
脚围	24.36	23.99	26.05	23.62	23.37	23.93	22.61	23.83	22.73	27.66
右脚跟围	31.14	30.14	32.87	33.92	35.08	31	33.07	33	34.03	35.52
领围	39.12	39.33	39.23	39.37	44.13	41.45	41.92	40.56	42.59	44.6
上领围	36.25	36.26	36.11	36.62	40.91	38.79	39.04	38.53	38.63	38.3
领宽	13.18	13.9	13	13.09	14.63	13.2	14.06	12.5	13.45	13.06
肘围	22.81	22.94	22.53	24.89	25.37	24.66	26.99	26.10	24.46	24.84
下臂围	23.48	24.64	24.53	26.51	26.21	26.85	29.12	27.05	25.59	27.12
腋窝周长	38.50	40.00	40.00	39.50	43.00	42.50	46.00	43.00	43.00	44.00
上臂围	24.27	24.36	24.56	26.93	26.60	28.82	30.40	29.08	27.80	30.10
腕围	15.15	15.91	16.52	17.17	17.56	16.89	18.90	17.17	16.68	18.02
掌围	23.50	23.00	24.00	24.00	25.50	25.50	24.00	25.00	24.00	26.50
腹围	76.62	75.00	76.50	79.00	78.35	84.98	96.00	85.00	78.50	82.00
肩宽	40.50	40.50	41.50	39.50	47.00	44	44	43.5	45.00	44
颈椎点高	143.00	139.50	144.30	149.50	153.50	147.50	144.00	142.00	151.50	156.50
下额高	147.7	143.79	147.26	153.51	157	149.72	143.02	145.04	159.55	160.49
前腰高	98.27	93.61	98.58	101.08	106.07	101.74	97.60	94.31	105.62	107.56
肩高	140.20	133.79	139.01	145.26	150.75	143.22	137.27	136.29	146.55	151.24
背长	44.00	44.00	46.00	48.00	50.00	46.00	46.00	47.50	48.00	50.00
臂长	50.00	51.00	53.50	56.00	60.00	56.00	54.50	52.50	57.00	59.50
外长	102.25	97.71	99.04	105.33	110.01	103.55	101.99	94.84	108.5	111.42
内长	75.7	70.54	73.01	77.01	78	75.97	71.03	69.04	80.55	81.99
前直裆	26.28	26.88	25.6	27.88	31.68	27.2	30.78	25.2	27.68	29.2
膝围高	47.7	33.54	45.01	47.01	49	46.97	45.03	44.04	49.55	49.99
小腿围高	33.7	27.54	32.01	34.01	35	34.97	31.02	36.04	34.55	35.99
腰臀距	18.68	17.42	14.56	18.89	20.29	16.84	19.43	14.87	18.05	19.06
袖窿宽	10.49	10.6	9.16	11.42	11.36	11.65	12.06	11.96	10.55	11.9
袖窿高	12.385	10.26	11.02	11.985	11.78	12.065	12.1	11.87	10.98	12.135

第三章　裤装结构设计原理与方法

第一节　裤子结构与人体下肢的关系分析

裤片的形状是依据人体下肢的形态设计的。图 3.1 是我们日常所穿裤子平面展开的基本形状与部位名称的示意图。本书中裤片结构部位的名称采用图 3.1 所规定的名称。

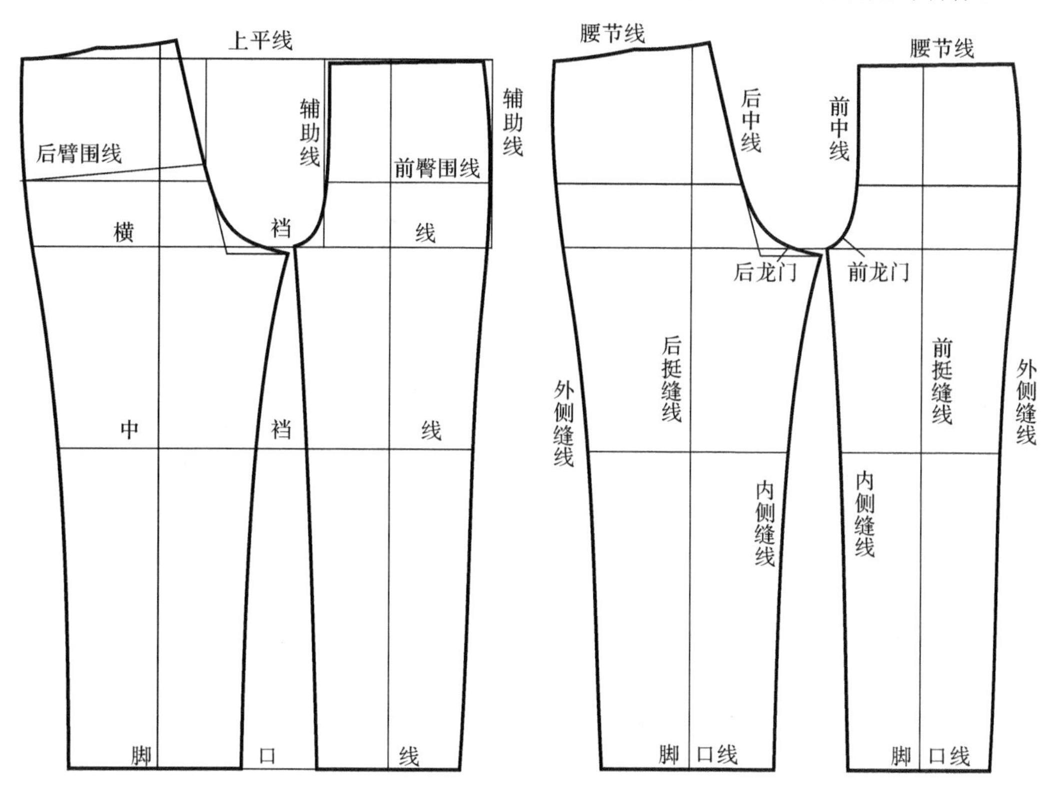

图 3.1

裤片的形状为什么是这样的？它与下肢的关系怎样？这些问题是初学结构设计的人最为关心的，我们可以通过图 3.2 和 3.3 所示的下肢表皮剥离实验来弄清这些问题。

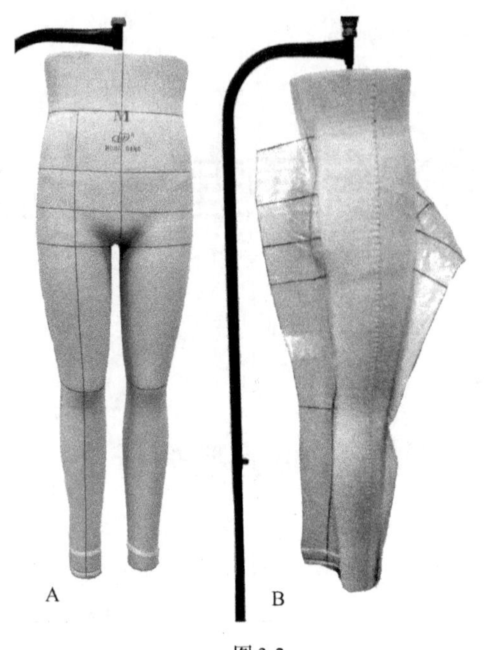

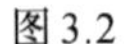
图3.2

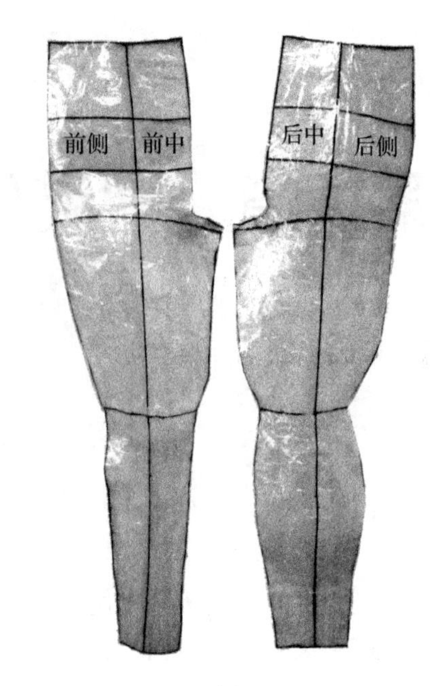

图3.3

首先按图 3.2A 所示，在下肢模型上标上腰节线、臀围线、横档线等所有裤长基准线，然后用一层透明胶带纸紧密覆盖下肢模型。完成第一层覆盖后，在胶带纸上按模型基准线做上记号。接着再在上面覆盖一层或更多层。多层覆盖的好处有三点：一是将来从模型上揭离时不易变形；二是标记做在二层胶带纸的中间，可确保标记永久清晰。此时模型上的胶带层如同下肢的表皮。

完成上述步骤后，按图 3.2B 所示，沿外侧缝剪开胶层，将胶层从模型上揭下来，然后再沿内侧缝将胶层剪开。此时前后裤片如图 3.3 所示，呈立体形态，而不是平面的，这种形态应该是非弹性材料制成的完全紧身裤型的半成品形态。

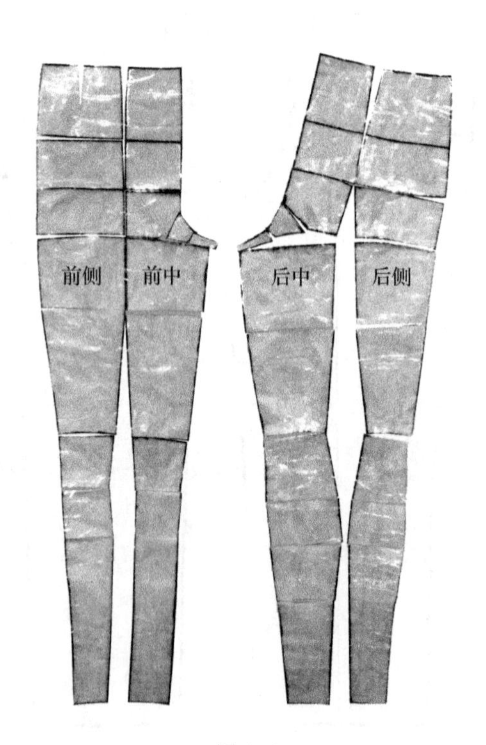

图 3.4

要将图 3.3 所示的裤片形态展平，可在凹凸部位打剪口，打完剪口，将裤片完全展平，此时读者会发现，剪口处或张开，或重叠。这提示着若是完全紧身型，该处剪切分割线形状的细节要求；同时也提示着若要求裤子合体又不作剪切分割，该处所需的归拢量或拔开量。（归拔量的概念详见第四章第二节中的相关介绍。）

由于日常裤子大都放有松量，且裤片通常只做前后左右四片分割，因此图 3.3 所示的形态和上述在凹凸部位任意剪切分割的方法还不能直接应用于日常裤的裤片设计。因此须经过如图 3.4 所示的整体调整，加放松量后，才能形成如图 3.1 所示的常规裤片形状。

第二节　男裤的种类与规格设计

通常认为的男装变化少只是相对女装而言的，实际上男装的种类样式还是纷繁复杂的。光是裤子种类就有西裤、牛仔裤、休闲裤、沙滩裤、马裤、睡裤、内裤等，具体的款式更是数不胜数。我们不可能针对每个具体款式逐一讨论，因此有必要将其归纳分类，按其种类，分析其共同的特征与规律。作为打板师，首先应从大类上掌握不同造型种类的总体结构设计的要求，这对于指导每个特定的款式的规格设计与结构设计是会有帮助的。后面的其他男装品种我们也将采用这种方式，先对各个品种作总体分析，然后再对其中有代表性的样式进行详细讨论。

一、男裤的种类与特点

男裤的种类可以从设计功能、造型样式、穿着形态等多种角度加以区分。从功能角度可以分为正装裤、休闲裤、运动裤、内裤等；从造型角度可以分为长裤与短裤等；从宽紧形态角度可以分为紧身型、合体形与宽松型。说到底裤子的种类是由裤子的造型样式特征体现的，不同的裤子种类的结构设计要求是不同的，而造型的不同归根结底是因为规格设计的不同，或者说不同的裤子种类其规格设计是不同的。

内裤因为贴身穿着，舒适性是结构设计的首要目标。如果不是弹性材料，成品规格一般都是宽松设计，虽然内裤贴身穿着，而其直裆尺寸与臀围放松量都与外穿裤子相当，甚至更大。

运动裤如马裤、高尔夫裤等因为需要满足特定运动姿势等的穿着要求，因此机能性是结构设计的首要目标。传统马裤款式就是胯部宽松，下腿收紧，裆部和腿部内侧增加防磨层，骑乘时不妨碍动作，膝关节部位采用衣片剪切分割，增强关节部位活动的机能性。

日常外穿男裤的造型主要有锥型（V 型）、直统型（H 型）、喇叭型（A 型）三种（如图 3.5 所示）。

如果把 H 型裤作为男裤的基本型的话，那么 V 型裤是在 H 型基础上，臀部扩展脚口收缩，中裆线下移，股上加长股下缩短。由于臀部扩展使得腰部的褶量和省量增加，一般 V 型裤前片左右各做两个褶，后片左右各做两个省。

而 A 型裤则相反，它是将臀部收紧脚口放宽，中裆线上移，股上缩短股下加长。同样由于臀部收缩，使得腰部的褶量和省量减少。一般 A 型裤前片无褶，后片左右各做一个省。

日常外穿男裤的廓型变化一般就这三种形状，其变化规律是上宽则下紧、上紧则下宽，形成宽窄对比；上紧下宽中裆线上移、上宽下紧中裆线下移；裤子越是宽松，裤片的内外侧缝线越趋于平直，反之越是紧身合体其内外侧缝线的曲率就越大。这样做是符合形式美学法则的。臀部宽松脚口也宽松的造型，单就裤子本身造型而言会显臃肿，除非是在配合紧身衣的场合才用；臀部紧身脚口也紧身的男裤只有在芭蕾舞等特殊场合才见得到，日常不用，因为这样的造型不符合人们业已形成的男装审美习惯。

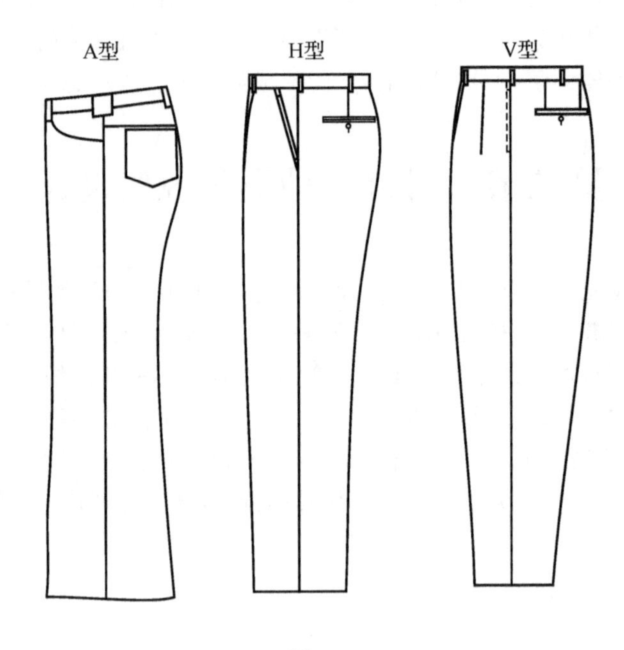

图 3.5

二、裤子规格设计

产品规格是纸样设计的直接依据。绝大部分服装企业从产品设计到投产过程的规格设计的程序是，先确定样品的中码规格，经过试样确认，再将中码规格扩展为成衣系列规格。

中码规格设计常用的方法有两种，一种是采寸法规格设计；另一种是推算法规格设计。采寸法是根据服装造型设计要求，在实际测量穿着对象身材的基础上，凭借经验加放松量而确定规格；推算法是根据服装造型设计要求，依据人体各部位的相关比例，凭借经验推算确定。男裤的中码号型一般选择 175/78A。采寸法规格设计较多用于服装定制，推算法则更多用于成衣生产。下面分别介绍上述两种方法在男裤规格设计中的应用。

1. 采寸法男裤规格设计

以 A 型紧身裤、H 型合体西裤、V 型宽松裤为例。

(1)测定裤长

从裤腰穿着位置向下量取需要的长度。

裤子的长度不单与穿着对象身高有关，也与裤腰穿着的高低位置有关。大部分男性裤子都不穿在腰节最细处，而是穿在髋骨上约 3 厘米处。

(2)测定腰围

腰围测量位置一定要与裤长测量起始位置一致。腰围一般在只穿一件衬衣基础上测量，在裤腰穿着部位水平绕量一周加 0～2 厘米松量。

(3)测定臀围

臀围测量要注意被测者的当时的穿着情况，以在只穿一条单裤基础上测量为基准，在臀部最丰满处水平围量一周基础上根据裤型加放适当松量，H 型加放 12 厘米左右，A 型加放

6 厘米左右，V 型加放 18 厘米左右。

(4)测定直裆

直裆可采取坐姿测量，量取髋骨上 3 厘米处至座凳表面的高度，加放适当松量，H 型加放 3 厘米，A 型加放约 0.5 厘米，V 型加放约 4 厘米。

(5)测定脚口

男裤的脚口一般都比较宽松，不要求与踝部呈适体状态，因此脚口尺寸大小主要取决于裤子总体造型的视觉要求，所以不必测量，只需参照流行尺寸直接配置就行。

2. 推算法男裤规格设计

以紧身型牛仔裤、合体形西裤、宽松锥型裤为例，见表 3.1。

表 3.1 推算法男装规格设计 (单位：厘米)

	紧身型牛仔裤(A 型)	合体形 H 型西裤(H 型)	宽松型锥型裤(V 型)
裤长	6/10 号－1	6/10 号	6/10 号－1
腰围	型＋1～3	型＋3～4	型＋0～2
臀围	腰围＋17 左右	腰围＋22 左右	腰围＋28 左右
直裆	1.2/10 号＋6.5 左右	1.2/10 号＋9 左右	1.2/10 号＋10.5 左右
脚口	可按流行自行决定	可按流行自行决定	可按流行自行决定

表 3.1 中，号表示身高，型表示身体的腰围，腰围表示裤子的腰围。

上述男裤规格的推算方法是依据男性人体各部位与身高或腰围相关比例确定的。

H 型西裤的长度主要取决于穿着者腰节离地面的高度，或者说取决于穿着者腰节离地面高度占身高的比例，因此采用 6/10 号。

腰围按型＋2.3～3 计算，这是因为号型中的型指的是腰部最细处，而男性裤腰大都不是穿在腰节最细处，而是穿在腰节略下、髂骨略上处，该处与腰节最细处的差约 2.5 厘米。因此按型推算，腰围须加放 2.5～3 厘米松量。

臀围与腰围呈正比，腰围大臀围也大，但不同体形的人腰臀比例系数是不同的。随着腰围增大、腰臀差逐步趋小。因此上表中，按腰围加放定数设计臀围规格的做法，严格说来，只适合于中码规格设计，不适合所有尺码的规格设计。若按此方法设计所有尺码的臀围规格，则意味着腰臀差是固定不变的。关于这一点，请参见男裤系列规格设计中的有关说明。

直裆采用 1.2/10 号＋9，其中 1.2/10 号表示两层关系，首先表示直裆的长短与号相关与型无关，即与身高有关与腰围无关，其次表示直裆部位的身体长度占身高的比例。有些书上把直裆与臀围联系在一起，这是不妥的。因为裤片上的直裆尺寸测量的是腰节线至横裆线之间的垂直距离，因此是由人体对应部位的长度占身高的比例决定的；同一身高的人上述对应部位的垂直距离是基本稳定的，因肥胖臀围增大，不大会改变这个部位的垂直距离，只会使这个部位的周长增加，臀围增大主要引起的是臀部厚度变化。而调节厚度变化的方法是加大或缩小裤片的前后龙门宽度。直裆推算经验公式中所加的定数，根据流行情况或设计要求可作微调。

以上裤子规格推算公式都是经验公式，看似简单，但符合男性体形变化规律，与国家服装号型标准吻合，非常实用，特别适用于成衣生产中的男裤规格设计。

三、男裤成衣系列规格设计

前一节我们讨论的是男裤中码样品的规格设计。在服装企业生产实际中光有一个中码的规格是不够的,哪怕再小的批量,至少要生产大、中、小三个尺码。一些大企业生产的批量大,规格设置相对也全,这样产品销售就会比较便利。成衣系列规格设计就是以中码号型的规格为基准,依据一般体形变化的规律,按号型系列尺码,把中码样品规格扩展为成衣系列规格。

以号型为 175/78AH 型西裤为例,假设该号型样品规格为:裤长 105 厘米,腰围 78 厘米,臀围 105 厘米,直裆 30 厘米,脚口 23 厘米,且经过试样确认是合适的,那么我们可以参照国家服装号型的有关标准来进行系列规格的设计。表 3.2 所示是把 175/78A 号型规格扩展为 160/72A 至 185/84A 系列规格的具体方法。

表 3.2 男裤系列规格设计 (单位:厘米)

部位	系列规格扩展方法	160/72A	165/75A	175/78A	180/81A	185/84A
		缩小	←	基准规格	→	放大
裤长	身高±1,裤长±0.6	100	102	105	108	111
腰围	型±1,腰围±1	75	78	81	83	87
臀围	型±1,臀围±0.8	97.2	99.6	102	104.4	106.6
直裆	身高±1,直裆±0.12	28.8	29.4	30	30.6	31.2
脚口	型±1,脚口±0.5	22.7	22.85	23	23.15	23.3

表 3.2 中的型指穿着对象身体的腰围。

臀围规格扩展的情况比较特殊,人体体形变化的一般规律是:腰围趋大臀腰差趋小。由于年龄、生活习惯等原因,人体各围度部位中腰围的变化是最突出的,这是因为腰部脂肪最容易堆积。绝大部分人,特别是到了中老年,腰围的增长一般都大于臀围的增长。因此表中采用以腰围为基准,按腰围±1,臀围±0.8 的比例来配置臀围的规格。这意味着按此规格制作的样板,在前后裤片的褶与省量不变的情况下,尺码越大即腰围规格越大、外侧缝腰节与臀围处的连线就越趋向于平直;反之若外侧缝的腰节与臀围连线的斜率不变,则前后裤片的褶与省量变小。事实上腰臀差变小,裤片的褶、省量和外侧缝、前后中缝的斜率都应相应变小。裤片的这种形态变化与第二章男性体形变化规律分析的结论是一致的,因此这个经验公式比较适合于配置面向所有成年男性的裤子系列规格,它与国家号型推荐标准是相吻合的。但倘若是生产面向特定年龄段的裤子,比如军裤、学生装的裤子等,因为穿着对象的体形同属 A 型体或 Y 型体,换句话说如果穿着对象臀腰差基本是在同一范围之内,在这种场合宜采用腰围±1,臀围±1 的比例来配置臀围的规格。按此方法设置的系列规格所制作的裤片纸样的外侧缝,无论是大码还是小码其形态始终是相似的。

四、裤子成品规格测量方法与极限误差允许范围

现行的男女西裤国家标准 GB/T 2666—2001 是 2001 年 8 月颁布,2002 年 2 月 1 日起实施的。新标准对裤子的成品规格测量方法和极限偏差允许范围的规定由过去的裤长、腰围、臀围、直裆、脚口五个控制部位改为裤长与腰围两个。但企业生产实际中对裤子成品规格的控制还是原来的五项。表 3.3 中的第一、第二项为新标准,三至五项为旧标准。

表 3.3　男女西裤成品规格测量方法与极限误差允许范围

序号	部位	测　量　方　法	极限误差允许范围(厘米)
1	裤长	由腰上口沿侧缝摊平垂直测量至脚口	±1.5
2	腰围	扣上裤钩(纽扣),沿腰宽中间横量(周围计算)	±1.0
3	臀围	由侧缝袋下口处,前后分别横量(周围计算)	±2
4	直裆	由腰上口沿前中缝,放平整垂直测量至前龙门	±0.5
5	脚口	裤脚管摊平横量	±0.3

第三节　裤子结构设计的基本原理与要求

一、裤腰的形状与宽度

图 3.6 中的长方形裤腰形状是男裤裤腰最常见的形状。采用长方形主要是为了缝制方便和提高材料利用率,却不是合体的设计。合体的裤腰形状严格地说应该是因人而异的,总体上呈如图 3.6 所示的Ⅱ型扇环状。这是因为男裤一般都穿在腰节稍下髋骨稍上的位置,而这个位置正好近似上小下大的圆台体;随着腹部变大,这个部位的形体发生变化,扇环状的裤腰就会渐渐向图的Ⅲ型形状过渡。这一点可以通过观察不同体形的人用久了的皮腰带形状来加以验证。由此我们可以对裤腰的形状做下述结论:合体裤腰的形状与臀腰差大小有关,臀腰差越大扇环状裤腰的内外径差也越大。

关于裤腰的宽度,由于人体裤腰着装部位是复杂的曲面体,而不是规则的圆柱体或圆台体,因此无疑线的接触比起面的接触更容易贴合,所以窄的裤腰比宽的裤腰更容易合体。但因为男裤规格相对较大,局部造型的尺寸也需要与整体谐调,因此通常男裤裤腰的宽度多为3.5～4 厘米。

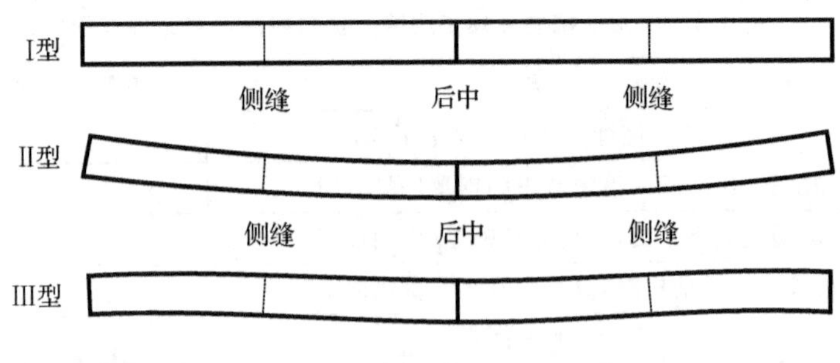

图 3.6

二、直裆深、后翘与前浪、后浪

关于直裆的长度与身高有关与臀围大小无关的道理我们已经在男裤规格设计一节中做过分析，这里着重要讨论的是直裆深浅与裤子机能性的关系。

为了便于讨论，先要澄清两个容易混淆的概念。本文所谓的直裆长度，是指直裆的长短，它与穿着对象的身材和裤子造型有关；本文所谓的直裆深浅则特指裤子裆底与人体股底部位的间隙与松量，它与裤子的机能性有关。

日本人把裤子横裆线以上部分(直裆)叫做股上，把横裆线以下部分叫做股下。若裤长一定，则股上股下的关系是此长彼消的关系，横裆线是股上与股下的分界线。在此情况下直裆深浅与裤子机能性的关系，可以用我们日常握筷子的情形来表示，筷子握得越高筷尖展开幅度越大，反之越小。

腿部的日常动作如行走、跑步、蹬高、跨越等，无一例外都会引起大腿内侧表皮伸展，所以要求与此对应的裤子内侧缝长度越长越好。由此可见对上述动作而言，直裆开深不需要松量，在不勒紧身体的前提下，越是贴近身体其机能性越好。这里必须强调的是这个结论只是对上述行走、跑步、蹬高、跨越等动作而言的，当人处于坐姿、俯身状态时情况并不如此，关于这一点我们将在后翘设计中一并讨论。

接着我们来讨论后翘设计。刚才我们分析的只是腿部前后、横向的动作，实际上腿部还有坐姿、下蹲、俯身、屈膝等动作。人在进行这些动作时，大腿内侧表皮呈收缩状态，而后中缝对应的臀部表皮则是呈伸展状态的。由于一般服装材料的弹性都大大低于人的皮肤，因此为了满足活动量，后中缝不按与对应身体部位等长设计，而必须把后中缝处的腰节线提高，把后中缝延长，形成后翘。后翘高则机能性好，但在直立穿着状态下合体性就差，因此后翘量的设定要恰当。确定后翘量的大小应当考虑以下两点，一是后中缝的斜率，后中缝越斜后翘的绝对量应越大，后中缝越斜意味着穿着对象的臀部越丰满、臀腰差越大，因为不管怎样后中缝与后腰线的夹角要保持等于或略大于 90°；二是直裆的长短，直裆越短需要的后翘相对量就越大，因为后翘可使后中缝增长，直裆深也会使后中缝增长，而短裆裤一般是紧身造型，裆底贴身没有松量，因此只有靠提高后翘来改善裤子的机能性。

综上所述，我们可以把直裆深浅与后翘高低对裤子机能性的影响归纳为以下几点：

(1)直裆越浅，裤子的行走、抬腿机能越好，但俯身、下蹲机能变弱，反之亦然；

(2)紧身裤直裆宜短浅，宽松裤直裆宜长而稍深；

(3)臀腰差越大、后中缝越斜，后翘量越大；

(4)直裆越是短浅，后翘量越是要大；

(5)后翘量越大,俯身、下蹲相关的机能性越好,但直立穿着状态的合体性会变差。

前浪与后浪是控制与检测直裆深浅及后翘高低的另一种方法,在外销服装中经常涉及。前浪是指前裤片直裆长度与龙门宽度所形成的前中缝总长;后浪是指后裤片直裆长度与龙门宽度所形成的后中缝总长。前浪与后浪的规格主要是用来控制和检测裤子成品的前后中缝总长用的。因为裤子成品规格一般是没有前后龙门宽和后翘高这三个项目的,这三项尺寸在纸样上很容易控制与测量,而成品却无法准确测量,有了前浪与后浪的规格,成品检验就容易多了。

三、臀围线的位置与臀围

纸样上臀围线的位置必须与裤子成品臀围的测量部位一致,这样才能既保证成品规格,又能使产品合体美观。这个看似简单的道理却不是谁都理解的。

原男女西裤的国家标准 GB 266—81 对于裤子臀围的测量部位与方法是这样规定的:由侧缝袋下口处前后分别横量(周围计算)。这就有问题产生了。首先侧缝袋的形状各异,大小不一,这样臀围测量位置就可上可下,于是臀围的高低就不是由体形决定而是由裤子的款式决定了,如果裤子没有侧缝袋,臀围测量部位就无法按标准确定;而且横量的说法也不严谨,缺乏可操作性。为了避免争议,新的男女西裤的国家标准 GB/T 2661—2001 干脆删除了对臀围等部位成品规格测量方法的规定。尽管国家标准对臀围规格不作规定,但实际生产中臀围规格作为企业标准仍然是不可少的。

很多裁剪书包括许多服装结构设计方面的教材,把裤子臀围的测量部位定为:从裤片的横裆线往上量,按裤片直裆的 1/3 确定。这样的规定在适用性上还是存在问题的。如果所有的裤子直裆长度都不变,且直裆长度正好等于臀部最丰满处至股底垂直距离加上必要松量的三倍的话,那么这个规定是可以适用的,但实际上直裆的尺寸因裤型不同是变化的,低腰裤、高腰裤的造型区别主要就在于直裆的长短。如果不论哪种裤型、也不论直裆尺寸本身设计合理与否,一律按直裆 1/3 来设定臀围线的话,产品出问题是必然的。

那么臀围线位置究竟应该怎样设定呢?我们认为裤片臀围线位置应设在臀部最丰满处,也就是臀部最突点在裤片上所对应的位置;无论是高腰裤还是低腰裤,只是裤子腰口在身体上穿着位置高低发生变化,而臀部最突点的位置是不会变的。换句话讲,同一个人可以在不同场合有时穿高腰裤,有时穿低腰裤,因为直裆长短造型不同,裤子腰口在其腰部的位置会有上下变化;但是无论是高腰还是低腰,其臀部最突点至股底的距离是不会变的,也就是说不论什么样的裤子也不论直裆尺寸怎么改变,裤片的臀围线都应当与身体上的臀部最突点吻合。

基于上述分析,我们可以看出臀部最突点的位置高低从总体上讲与身高有关,与裤子直裆尺寸本身没有直接关系,而且因为裤子的裆底与身体的股底合体程度稳定,这一点已在上一节中做过分析,所以从横裆线往上按身高的一定比例确定是合理而且可操作的。根据第二章男性人体长度比例分析可知,股底至臀高的垂直净距离约为身高的 4%,考虑适当的松量,为此我们确定:前裤片上臀围线距横裆线的经验公式为身高 1/20+0.5。

需要说明的是,后裤片臀围线位置与前片是不完全相同的,后裤片臀围线的位置在外侧缝一侧至横裆线的距离与前片相同,但不是水平的而是与后翘大致平行的,这是为了与人体臀围测量的部位保持一致。

关于裤片前后片臀围大小的分配，我们可以先看看图3.7所示的人体腰部与臀部截面关系图。此图是利用三维非接触人体扫描仪扫描成形的。如果我们分别以 a 点为前中缝、以 c 点为后中缝、以 b 点和 d 点为左右侧缝，显然后片的臀围要大于前片。后片大于前片还有一个好处就是可使侧缝袋适当向前偏，便利口袋使用。所以 H 型西裤前后片臀围大小分配的一般方法是：前片按 1/4 臀围－1 厘米，后片按 1/4 臀围＋1 厘米。但这不是绝对的，前后片的差量有时要根据裤子造型的需要适当调整，基本原则是，裤子越紧身前后片差量越小。牛仔裤之类的紧身裤可调整为：前片按 1/4 臀围减 0.7 厘米，后片按 1/4 臀围加 0.7 厘米。这样的调整是出于增强裤子合体性的考虑。因为越是紧身裤，裤子后片外侧缝的倾倒量越是需要小，而前后裤片臀围差越小，其倾倒量亦越小。

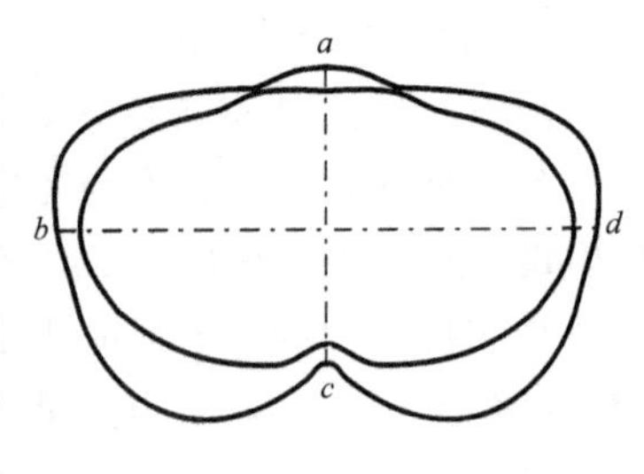

图 3.7

四、中裆线位置

设置中裆线的本意是为了指明裤片上膝盖部位的位置，但因日常穿着的男裤很少有裤管部位紧身设计的造型，因此中裆线的设置与其说是为了调节裤子与下肢合体度的需要，不如说是为了调节裤片自身形态的需要，在裤管宽松设计的场合，中裆线甚至可有可无。尽管如此，我们还是应该正确掌握中裆线的设置方法。因为只有确切了解中裆线本来的位置，才能做到心中有数，变化有据。

关于中裆线的位置，国内许多教材采用按臀围线至脚口线长度的二分之一，再上提若干厘米的方法来确定。这个方法有明显的缺陷，因为此方法确定的中裆线位置没有直接与身高挂钩，而是直接与裤长相联系，在裤长一定的情况下此方法适用，当裤长有变化时，中裆线的本来位置就会难以确定。

横裆线恰好是直裆深部位，正如前面所讨论过的，这个部位与身体的离合关系最为稳定，不像裤脚口随流行变化可长可短；若穿着对象身高一定，其膝盖至股底的距离不会因其所穿裤子的长短而变化。因此从中裆线的位置按身高的比例，以横裆线作为基准线向下测定是可行的。

从本书第二章男体各长度部位比例示意图可知，男性股底至膝关节占身高比例约为20%，因此中裆线的位置可从横裆线向下量取身高的 2/10 减 5 厘米（裆底至股底的松量）确定的。

上面我们讨论的是 H 型西裤中裆线设置的情况，当裤型变化时，为了追求造型效果，中裆线的位置必须围绕膝关节上下移动，其一般规律是紧身裤（A 型）中裆线的位置向上提，越是上紧下松的造型，中裆线越高；宽松裤（V 型）中裆线的位置向下降，越是上宽下紧的造型，中裆线越低。

五、前中缝与后中缝

图 3.8 是前中缝与腰节线连接状态示意图。图中虚线是前中缝与前腰节线的辅助线。一般来说若是适合 A 型体形穿着的裤子，辅助线上的 A 点与裤片上的 a 点之间都会有垂直和水平两个方向的差存在。关于垂直方向差的作用与量的控制我们将在下一节中结合腰节

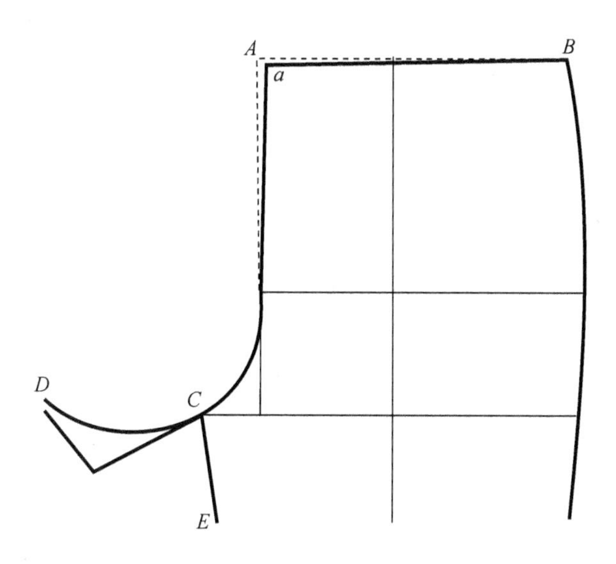

图 3.8

线一起讨论，因此这里只讨论水平方向差的作用与量的控制。A 点与 a 点之间的水平差量，服装行业习惯称作前中劈腰量。劈腰量的作用有两个方面，一是用来调整前中缝腰腹部位形态；二是用来调整臀腰差。正常体形从侧面观察，前腹部一般略突于前腰部。不过正常体形腰腹部位的弧度比较平缓，而且柔软，所以对于是否有劈腰处理并不讲究；而在协调裤片臀腰差的时候，劈腰倒是常用手段。从刚才的论述中我们不难发现，劈腰量不是固定的，它的大小原本是由人体腰腹部的形态决定的，但同时受裤子成品规格的影响。正常体形的前中缝在腰节处是内倾的，劈腰量通常在 0～0.7 厘米之间；腹部高挺的非正常体形裤片的前中缝不但不能内倾，反而应该是外倾的。

前中缝的下端是与前龙门相连的，前龙门弧线的曲率须与人体相应部位的形态相似，同时还须注意其与内侧缝所形成的角度。参看图 3.8，在确定前片角 aCE 时，应结合后片龙门角 DCE 考虑，即前后裤片内侧缝缝合后，前后中缝连接要求顺畅。

图 3.9 是后中缝倾斜状态示意图。虚线 AB 是与后挺缝线平行的辅助线。据实验分

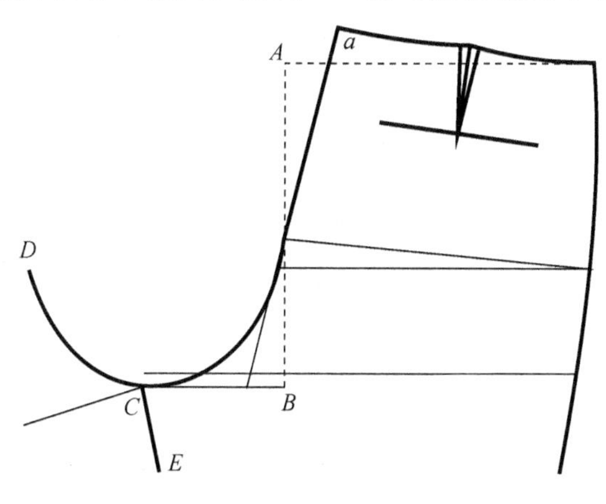

图 3.9

析，适合 A 型体形的后中缝倾斜程度，以后中缝与辅助线呈 12°夹角为宜。臀腰差越大，要求后中缝越斜，反之亦然。后中缝与后腰节线的角度关系，我们已经在第 2 节中做过分析。与前片同样道理，后龙门的曲率须与人体相应部位的形态相似，在做后片龙门角 *aCE* 时必须考虑与前片龙门角 *DCE* 的配合。

六、外侧缝与内侧缝

裤片外侧缝与内侧缝是表现裤子造型最重要的两条缝边，裤子的形态基本上是由这两条缝边决定的。这两条缝边线条长而且弧形起伏复杂，对初学者来说要处理到位有些难。作裤片内外侧缝时需要考虑的因素很多，既要考虑形式美，缝边的线条要优美流畅；又要考虑合体性，规格尺寸要符合要求；还要考虑缝制工艺与材料特性。

下面我们仍以 H 型西裤为例，对裤子外侧缝与内侧缝设计的基本原理及其变化规律进行介绍。

1. 前裤片的外侧缝与内侧缝

H 型西裤前裤片外侧缝的基本特征是与下肢外轮廓线相似的弱 S 形，裤型不同，外侧缝的形态自然会有所不同，但日常裤的外侧缝的基本形态总是相似的。为了深入分析，我们可以把外侧缝以臀围线为界分成股上段与股下段。由于日常男裤无论紧身还是宽松，股上部分总按体型适体设计的，因此外侧缝股上段的形态与其说是裤型决定的，不如说是体形决定的，只要穿着对象体形不变，日常裤的裤型再怎么变其形态还是基本稳定的。股下段则不同，因为日常男裤股下部分的造型与人体通常呈分离状态，也就是说裤管与下肢很少有适体设计的，特别是裤管中裆线以下部分更是如此。因此外侧缝股下段的形态可以说与体形无关，与裤型密切相关。《衣服解剖学》作者、日本功能服装设计专家中泽愈先生把外侧缝的 *AC* 段称作贴合区、*CD* 段称作功能区、*DF* 段称作设计区。我们非常认同他的这一见解。

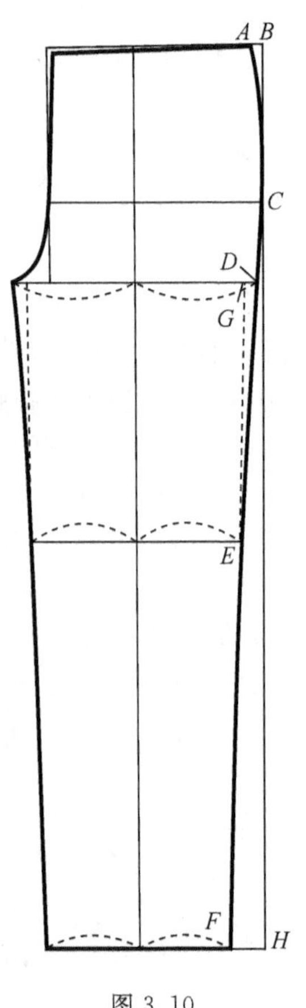

图 3.10

外侧缝股上段在臀围线 *C* 点处最外凸；*A* 较 *C* 点内倾，形成外侧缝劈腰 *AB*；*D* 点较 *A* 点也呈内倾状态。这里要注意的是外侧缝劈腰 *AB* 量的控制。外侧缝劈腰量取决于穿着对象的臀腰差，但又受裤子规格臀腰差的影响，前者是决定性的，后者是微调性的。控制 *AB* 量并非是目的，真正要控制的是 *AC* 连线的斜率。从图 3.10 中我们不难看出，当外侧缝股上段 *AC* 的斜率按体形要求确定不变的情况下，劈腰量 *AB* 仍然会随股上（直裆）长短而变化。因此 *AB* 量是变数，只有外侧缝股上段 *AC* 的斜率与弧形，在一定体形条件下是不变的。但服装行业的习惯做法是控制劈腰量。据实验分析，*A* 体形人体侧部腰臀体表角度约为 6°，其斜率比值约为 1.7∶16，即 *AB* 为 1.7 时，*AC* 为 16。

另外当裤子规格臀腰差较大时，可适当增加褶与省量来调和臀腰差大的矛盾，也应控制劈腰量，尽量保持外侧缝股上段 *AC* 的正常角度。只有在紧身无褶裤的场合，为了满足成品规格，才能作外侧缝股上段 *AC* 的斜率略大于体形对应部位斜率的微调处理。

外侧缝股上段 CD 的斜率主要取决于裤管的造型要求，一般西裤 D 点比 C 点内倾 0.6 厘米左右，裤型不同内倾量会有微量变化，无须刻意控制，但形态必须符合裤子造型要求，且与外侧缝股下段顺畅优美连接。

外侧缝股下段 DF，一般来说完全取决于裤管的造型要求，其中 EF 基本是直线形态，DF 是弧线与 EF 相切。为了便于初学者画好外侧缝股下段，这里顺便介绍一种便捷的画法。参看图3.10，在定出前裤片脚口尺寸并画完外侧缝股上段后，可在横裆线上先确定一个辅助点 G，用长尺，连接 G 点与 F 点，按住尺子从 F 点画直线至中裆线，这样 E 点就自然形成，而且中裆的宽度一般情况下都比较合适，然后用弧线连接 D 点与 E 点就行了。辅助点 G 点与外侧缝 D 点的距离 H 型西裤(H 型)一般控制在 2.0 厘米左右，A 型裤可大些，约 2.3 厘米左右；V 型裤可小些，约 1.7 厘米左右。此方法较适用于画一般体形的裤子，若是非一般体形或规格配置特殊的场合，则应根据具体情况适当调整。

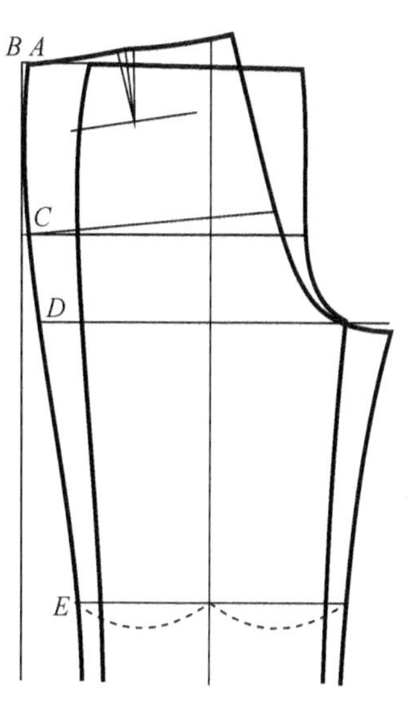

图 3.11

前裤片的内侧缝通常按前挺缝线与外侧缝 DF 这一段对称即可。

2. 后裤片的外侧缝与内侧缝

图 3.11 是 H 型西裤后片与前片按挺缝线叠合后，后片内外侧缝与前片差异状况示意图。首先看外侧缝，后片的外侧缝较之前片，自中裆线开始明显向外倾斜，这种外倾态势服装行业专用术语叫做后裤片烔势，也称后裤片倾倒量。

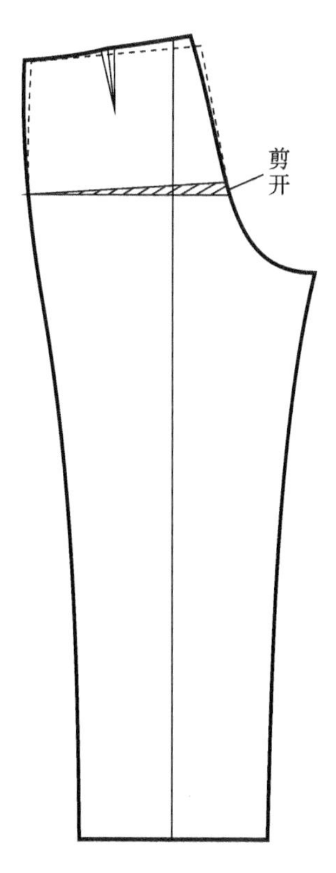

图 3.12

烔势处理的主要目的是为了增强裤子机能性，同时也是为了调整后裤片横裆部位左右的宽度，使左右宽度趋于基本平衡。后片侧缝若不作烔势处理，就会出现要么后中缝斜率不够，影响机能性，产生夹裆等问题；要么因后片内侧缝一侧过宽，裤子会因此烫不平整，影响穿着舒适与美观。除了工艺要求不高的睡裤、沙滩短裤之类为使工艺简易不作烔势以外，一般的裤子都宜作烔势处理。后片外侧缝与前片的差异主要是由烔势引起的。烔势量指后片外侧缝股上段与前片相比偏离平行的程度，烔势量的大小与裤子的机能性有关。烔势量越大，后中缝会越斜，起翘量相应增加，后浪增长，因此机能性越好，与此相伴的是烔势量增加势必会增加后裤片中裆部位的宽度，成品后会影响裤子臀部下方及膝关节背部的合体性。图 3.12是烔势量形成原理及与机能性关系的示意图。烔势量一般在臀围线处控制加放，经验公式为裤子臀围的 1/40，具体加放方法以前后片外侧缝脚口部位的横向差为基准，若前后片外侧缝脚口处并齐，横向差为 0，则后片外侧缝臀围线处外倾 0 加臀围的 1/40 厘米，若前后片外侧缝脚口处横向差为 2 厘米，则后片外侧缝臀围线处外倾 2 加臀围的 1/40 厘米。

经过按此经验公式烟势处理的后裤片，沿后挺缝线纵向对折后，龙门一侧的横裆宽度仍会大于外侧缝一侧的横裆宽度，而且两侧宽度的差会保持在（裤子规格）臀围的 0.2/10 左右，经实践验证后裤片这样的形态是比较容易实现归拔造型的。参见图 3.13。

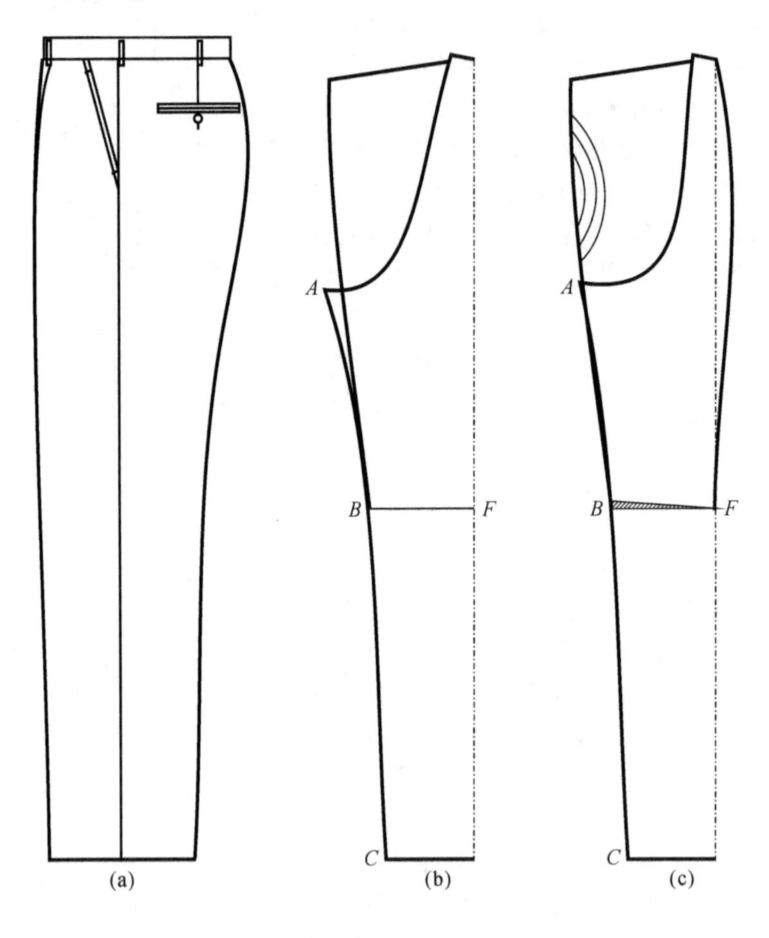

图 3.13

后片内侧缝一般要求中裆线以下部分与外侧缝对称，龙门至中裆线部分不宜与外侧缝对称。若要使内侧缝与外侧缝横裆线以下完全对称，只要增大烟势量即可办到，但这种形态的后裤片，其合体性、美观性会不好；合体设计裤子的后片内侧缝的长度应与前片内侧缝有差异设计，后片内侧缝长度必须短于前片，这个长度差就是后裤片内侧缝的拔开量。拔开量的大小总的来说取决于裤型设计要求，紧身合体裤型拔开量相对要大，宽松裤型拔开量相对要小，甚至可以不设拔开量。但拔开量受材料性能的制约性很大，因此必须按裤型要求和材料性能合理设计拔开量。

归拔工艺是服装行业前辈们总结留传下来的传统的而且是非常重要的服装塑型技术，时至今日这种技术不仅没有被削弱，反而因为人们穿着要求的提高而日益讲究，只不过手段进步了，从前是用熨斗手工操作，现在是专用设备机械化操作，效率大大提高的同时归拔效果与均质性也大大提高了。

裤子的归拔在某种程度上讲甚至比上衣都讲究，裤片未经归拔直接缝合而成的裤子成品，曲直、凹凸形态不能转换，穿着是不舒服的，外形是不美观的。

图 3.13(a)是 H 型西裤成品形态。图中前挺缝线、外侧缝线基本呈直线状；后挺缝线则明显呈弧线形，臀部鼓起，膝关节背部微微收紧，与人体曲线相似，看上去既舒适又优美；内侧缝虽然看不见，但按裤子整烫工艺的一般性规定，内侧缝一定是处在外侧缝同一位置，与外侧缝叠合，也呈直线状态。

图 3.13(b)所示是后裤片按后挺缝线纵向对折的形状。与图(a)所示的成品形态正好相反，后裤片内外侧缝呈弧线形态、挺缝线呈直线形态。那么裤片的侧缝、后挺缝线与成品侧缝、后挺缝线的形态是怎么转换的呢？

因为前裤片内外侧缝是对称的，裤子成品整烫时又要求内外侧缝重叠在同一条直线上，所以必须把图 3.13(b)中后龙门的 A 点右移至外侧缝上，即如图 3.13(c)所示那样，把内侧缝弧线 AB 段与外侧缝叠齐，而且 BC 段仍须保持不动。这就必须拉伸 AB 段内侧缝的长度并使其变形，否则内侧缝与外侧缝是无法叠合在一起的。最简单的办法便是如图 3.13(c)所示的那样，把内侧缝沿 BF 剪开，阴影部分的展开量就是后片的拔开量。后片内侧缝因为要拔开，所以要短于前片。拔开量越大后挺缝线成型曲率越大，裤子越合体。但拔开量受材料性能制约，一般的西裤拔开量控制在 1～1.3 厘米范围内比较合适。经过上述工艺处理之后，后挺缝线开始变成弧形，再经过外侧缝股上段的归拢推移和腰部收省等加工，后挺缝线臀部的形状将越来越接近成品形态，而外侧缝则逐渐趋向于直线形态。

综上所述，日常裤子内外侧缝设计的基本要求可以归纳为以下几点：

(1)外侧缝股上段的斜率与曲率应依据体形而定；股下段可依据造型要求设计。

(2)为了改善裤子的机能性与舒适性，裤子后片应作牐势处理，牐势量控制要得当。

(3)前后片内侧缝长度要有差异设计；后片短于前片的差异量应考虑材料性能。

七、腰节线、腰围与裤腰

要了解裤子腰节线的形状，特别是外侧缝、前后中缝以及褶与省缝合后装裤腰前的腰节线整体的形状，只要观察一下裤腰穿着部位的形体就会一清二楚。更简单的办法是观察一下用久了的皮带形状，因为皮带如同裤腰，整天密贴于腰部，因此用久了的皮带不仅为我们指明了最合体设计的裤腰形状，同时也指明了裤子腰节线的正确形态。不同体形的人所用过的旧皮带展开的形状是有细微差异的，图 3.14 所示是不同体形人用久了的皮带展开形状差异示意图。实线是 A 型体形、虚线是 C 型体形人皮带展开的形状，B 型体形则应介于这两者之间。

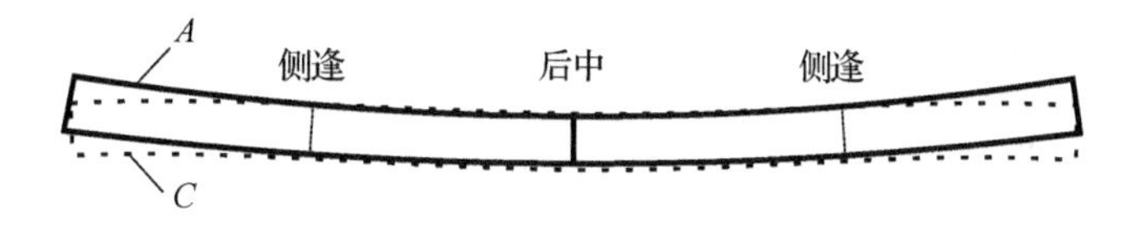

图 3.14

在市场上我们所见到男裤裤腰形状大多是长方形的，这主要是为了工艺简便和节省用料。长方形的裤腰对腰部接近圆柱体的 C 型体形的人来说是基本合体的，但对 A 型体形的人来说，裤腰上口一定起空，只是因为系上皮带，大家不怎么注意罢了。扇环形的裤腰在紧身设计的女裤中之所以应用极广，就是因为女性穿紧身裤常常不系皮带的缘故。

知道了裤腰的形状，再来认识裤片的腰节线就容易了。经过上面分析，我们已知A型体型人的合体裤腰的展开呈扇环形，这就要求裤子在装腰前的腰线呈与扇环形裤腰相应的弧线形态。

裤片腰线要呈弧线形态关键是要注意腰线与侧缝、前后中缝、及褶、省所形成的夹角，如图3.15中的角a、b、c、d、e、f、g、h、i、j。对于A型体形的人来说，原则上这些角都要求略大于90°，或者两个互补角缝合后略大于180°。在处理与褶、省相交部位腰线的时候，若觉得不大有把握，可先将纸样上的褶、省叠合，在叠合状态下再画腰线，这样会既快捷又准确。

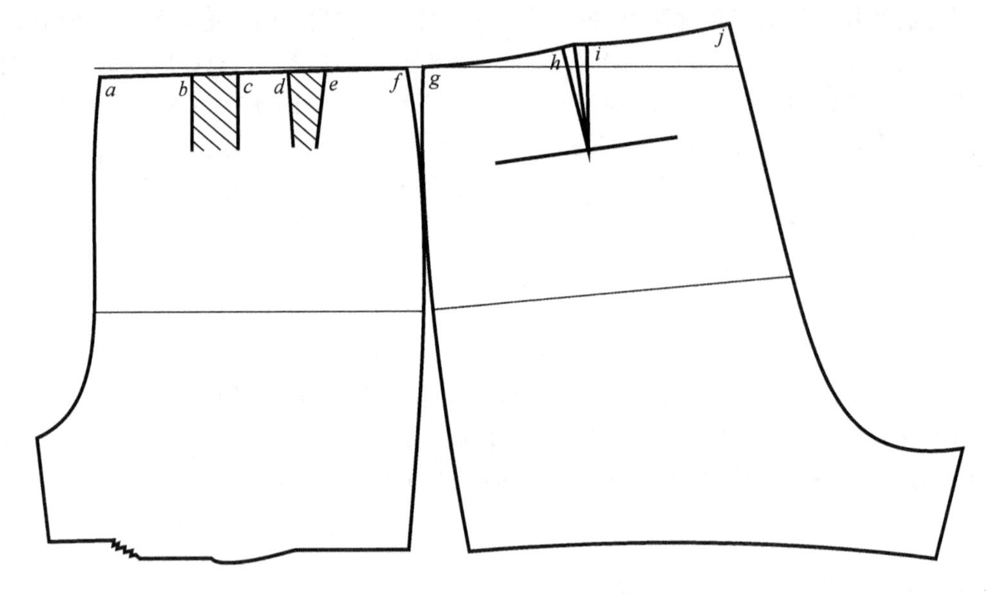

图3.15

另外与腰线相关的还有腰节线的后翘与前降的问题。后翘的问题我们已经在前面做过分析，现在来讨论一下前降。前降指的是图3.15中前中缝处腰线与辅助线(上平线)之间的垂直下降量。顾名思义，前降与后翘是一对矛盾的两个侧面，在后翘绝对量不变的情况下设置前降可增加后翘的相对量，这对于协调后翘量在静态与动态两种穿着场合的矛盾是十分有效的。前降对于改善裤子抬腿、下蹲动作时膝盖部位的舒适性有明显的作用，因为前腰线下降，穿着时受裤腰与皮带的作用，前裤片腰线被上提，会使膝部裤片与膝盖之间增加空隙，从而便于抬腿与下蹲动作，反之如果前腰线也像后腰线一样起翘的话，裤片会压迫膝盖使抬腿、下蹲吃力。此外，裤片的前降处理，还能明显改善前挺缝线的悬垂状态，使裤子穿着更加美观。对前降的上述作用大家不妨用双手稍稍同时拎起裤子的两条前挺缝线看看，再抬腿试试，一定会有更深的体会与理解。

至于裤子腰围的前后片分配，H型和V型裤(前片有褶、后片有省的裤型)一般可遵循与臀围分配相协调的原则，即前片按1/4腰围减、后片按1/4腰围加，加减量与臀围相一致的方法。只有在A型裤(前片无褶的裤型)的场合，为了调节前中缝的斜率，可采用前片按1/4腰围加、后片按1/4腰围减的方法，使前中缝不至于因为前片无褶而过于倾斜。

八、脚口

比起其他部位，脚口的结构设计很简单，只要对脚口线与侧缝的夹角稍加控制即可。角度控制是为了使前后裤片内外侧缝缝合后，脚口连线呈平直状态，这就要求前后裤片的脚口线与侧缝的夹角各自都基本保持 90°，或基本保持 180°互补。

H 型西裤脚口线最简单是作直线处理，要讲究的话，可以处理成如图 3.16 所示，前片略往上提后片略往下降的弧线状。前高后低的脚口线处理是为了既缓和因脚背隆起对前挺缝线悬垂状态的影响，又顾及后面脚口盖及鞋跟的男裤穿着习惯。此外喇叭裤与锥形裤，为了基本保持脚口线与侧缝的 90°角，脚口线则必须作适当的弧线处理。

下面介绍一下最常见的三种脚口结构形态。

图 3.17 中的 A 型是最普通的平脚口、B 型是常见的卷脚口、C 型是常见的半卷脚口。

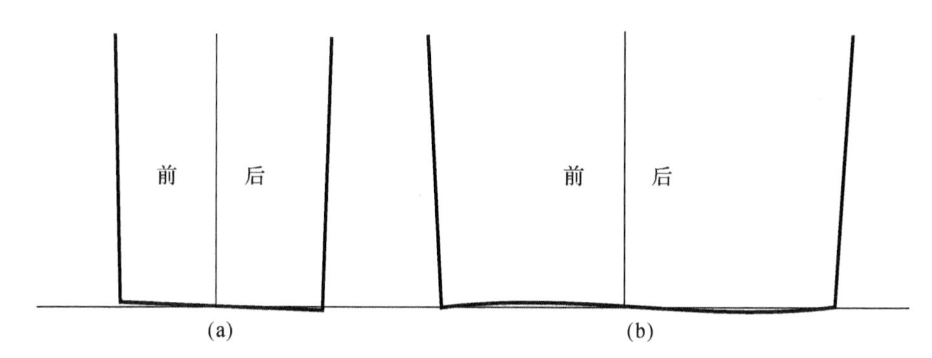

图 3.16

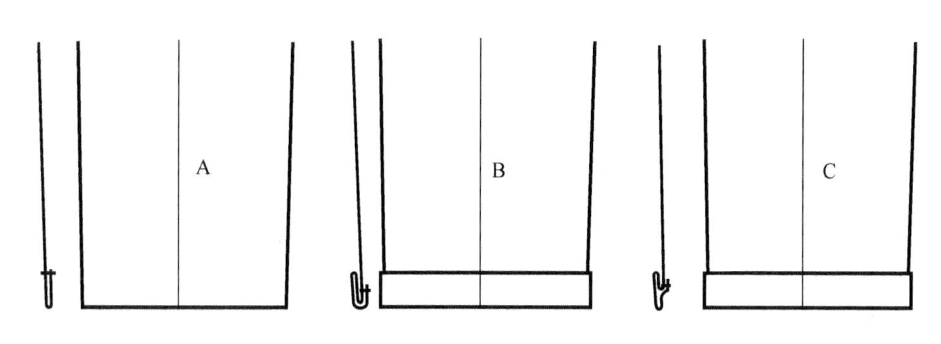

图 3.17

九、褶与省

裤子的褶与省有两个作用，一是调节臀腰差，二是装饰。

裤子前片通常用褶来调节臀腰差和装饰。褶的灵活性很大，可深可浅，稍深稍浅关系不大。在裤子臀腰差规格发生变化的情况下，为了保持前后中缝、外侧缝的形态，或保持裤片腰线与侧缝、前后中缝及褶、省所形成的夹角，往往可以通过调整褶的深浅来实现。

褶的形态如图 3.18 所示主要有平行褶和锥形褶两种。

平行褶有褶棱发射端点，没有褶棱消失点。发射端点在腰线上，褶棱与前挺缝线合而为

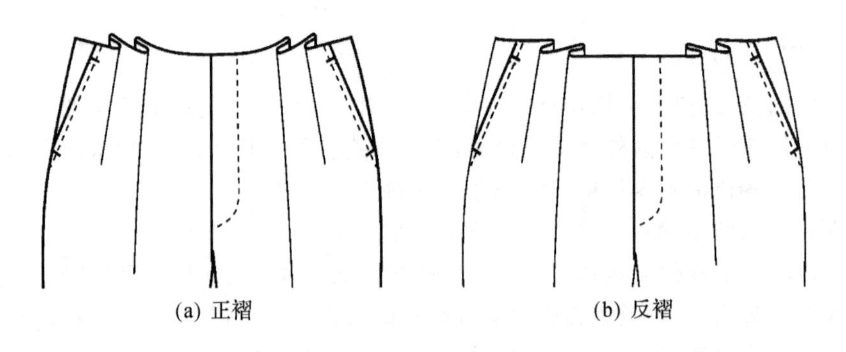

图 3.18

一，因此褶棱线一直延续到脚口。

锥形褶有褶棱发射端点，有褶棱消失点。发射端点在腰线上，褶棱消失点在臀围线附近，不超过臀围线。

褶的折法也有正折与反折两种，也称正褶与反褶。图 3.18(a)所示为正褶，褶棱线正面向中间倒；图 3.18(b)所示为反褶，褶棱线正面向侧缝倒。

这里需要提示的是，正褶与反褶在裤片上的位置是稍有差异的，请比较图 3.19(a)所示的正褶位置和图 3.19(b)所示的反褶位置，并注意两者平行褶与前挺缝线位置差异。

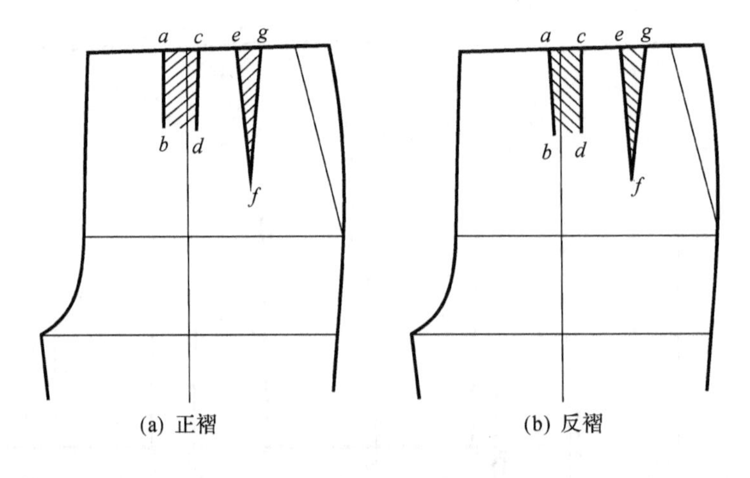

图 3.19

正褶因为正面褶棱倒向中间，所以褶棱 cd 叠向 ab，gf 叠向 eg。如果 cd 的位置正好在前挺缝线上，则 ab 的位置势必更靠近前中缝，这样成品后会因左右裤片褶棱过于靠近，在视觉上显得局促；又因前裤片皮带襻的位置习惯上与褶棱放齐，也会使左右皮带襻过近而使系皮带不便。因此做正褶通常要将褶棱 cd 位置适当按挺缝线后移，一般后移 1～1.5 厘米。反褶的位置则正好相反处理，理由亦相反。由于平行褶端点的上述处理，平行褶的褶棱实际上局部是不完全平行的，若是硬要平行的话，要么放弃上述处理，要么会使前挺缝线整体偏移。所谓的平行褶只是相对于锥形褶而言，强调的是它没有褶棱消失点。合体裤一般前片设一个平行褶或平行褶与锥形褶各一个，宽松裤一般前片设平行褶与锥形褶各一个或平行褶一个锥形褶两个。在只设一个平行褶的场合，褶量一般为 4.5～5 厘米；在平行褶与锥形褶各一个的场合，一般前者 4 厘米左右，后者 3.5 厘米左右。

裤子的后片通常用省来调节臀腰差和装饰。省因为是缝合的所以其灵活性很小，单个省的省量大小调节范围极其有限，因此调节后裤片臀腰差主要是考增减省的个数来实现，通常后裤片至少设置一个省，臀腰差大的宽松裤一般设置两个。要注意的是省量的大小不能只看省端的缝合量，而要特别在意省尖的角度。省端缝合量是相对的，因为在省尖角度不变的情况下，省端缝合量是随省缝的长短变化的；省尖角度则不同，它是绝对的，因为裤片省尖部位隆起的程度是由省尖角度决定的，而不是由省端缝合量或省缝长短决定的。裤子后腰省的形态总的来说必须根据臀部的形态来设计，但也应结合裤子造型的具体样式来确定。收一个省的场合：若省尖允许穿过后袋口，省尖位置可收至袋口线下 3 厘米左右，省尖角度控制在等于或略小于 13°；若省尖不允许穿过后袋口，省尖角度最大不超过 12°(这种情况最好有缝制工艺配合，用电熨斗将省尖过于隆起的形态分散)。收两个省的场合：单个省不宜超过 11°，省长若无袋口限制，靠后中缝一侧的省尖宜收至距臀围线约 6 厘米处，靠外侧缝的省尖收至距臀围线约 8 厘米处为宜。为使收省更加合体平服，省尖的形状也有讲究的必要，图 3.20 所示是省的三种形状。我们称 a 为胖省，b 为直省 c 为瘦省。通常后腰若收两个省，靠后中缝的一个收胖省，靠侧缝的一个收瘦省；若只收一个省，一般折中收直省。

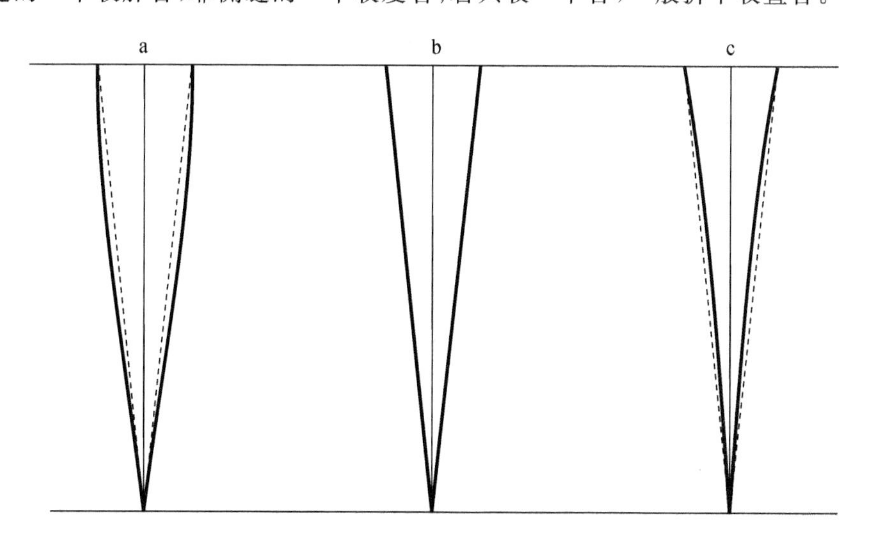

图 3.20

由于人体表面形态都是由曲面组成的，因此直省无论在裤子还是在上衣紧身合体结构设计中很少使用。胖省与瘦省是省的合体设计，胖省的外凸形态与人体相应部位的内凹相对应；瘦省的内凹形态与人体相应部位的外凸相对应。

请仔细观察图 3.21 所示的人体后腰省对应部位的形态。

先看省位 ab，若用直线连接 ab 两点，从侧面看的话，因臀围大于腰围所以 ab 连线呈倾斜状，其斜率大小由臀腰差及腰臀距所决定。将体表的 a，b 两点用直线连线，直线与体表之间会有空隙，这是因为这个部位的体表不是平面的，而是中间微微内陷的曲面。因此，如果收直省，内陷位部位就会起空，所以要收胖省。

而省位 cd 的情况正好相反，将体表的 c，d 两点用直线连线，直线与体表之间会有负空隙，这是因为这个部位的体表也不是平面的，而是中间微微外凸的曲面。若收直省，外凸部位就会绷紧，因此要收瘦省。顺便提示一下，在上衣的省形处理中道理也是一样的，只要大家深入观察分析体形与衣片的关系，自然就会明白何处用胖省，何处用直省。

另外在紧身裤的场合，后腰省也经常采用剪切转移的方法，使省量融入裤片的分割线之中。请参见本章的A型裤纸样设计。

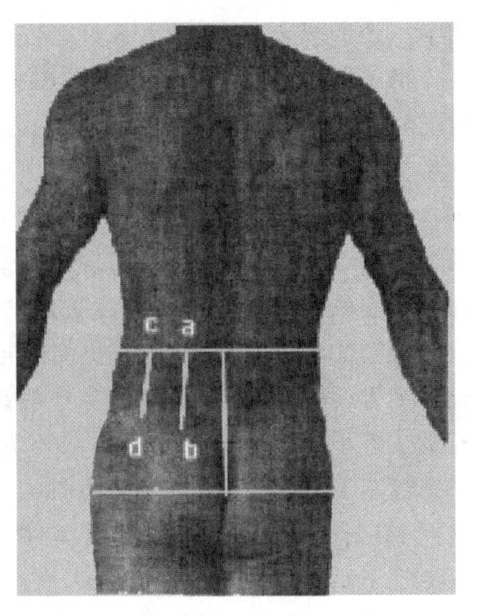

图 3.21

十、裤袋与袋布

男裤的裤袋最基本的是侧袋与后袋，此外还有设在前腰节上的表袋、设在膝盖部位外侧缝上的装饰袋、功能腿袋等。

侧袋的基本样式有斜插袋、直插袋、横插袋及贴袋。

1. 斜插袋

如图3.22(a)所示，斜插袋袋口长（指上封口至下封口的距离），可按1/20臀围＋11厘米来确定。上封口距腰线一般为2厘米，高腰裤的封口可略低些，低腰裤可略高些。下封口通常正好缝在袋口斜线与侧缝的交点处。决定袋口斜率的 *cd* 宽度可按款式要求自由确定，但一般控制在3～5厘米为宜。

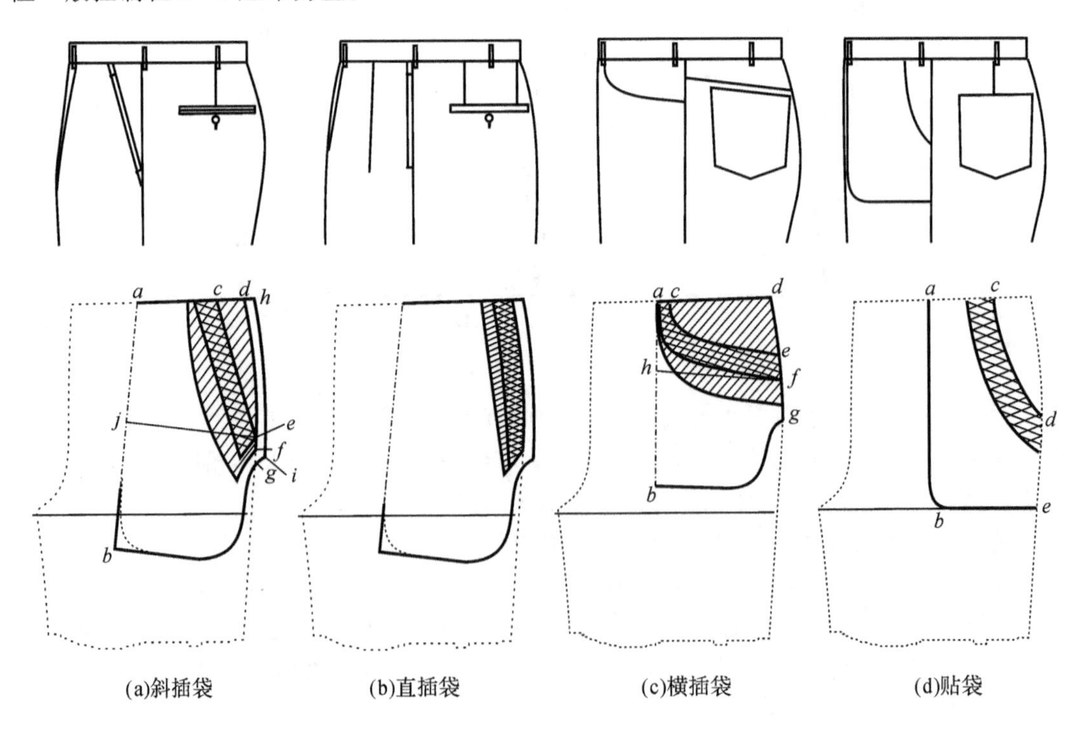

(a)斜插袋 (b)直插袋 (c)横插袋 (d)贴袋

图 3.22

图中斜线阴影部分是袋垫的形状，袋垫的作用是遮住袋布。袋垫的宽度无特别规定，但至少要宽于袋口斜线，用料允许的话适当宽些最好；袋垫长度的要求是：f 点必须长于封口 e 处 1 厘米（无需再加缝份）；袋垫的丝缕要与裤片一致。

图中菱形线阴影部分是袋口贴边的形状，贴边的宽度以 2～3 厘米为宜，贴边的丝缕必须是径向的；斜插袋也可以不另装贴边，即在裤片上保留图中 cde 三角部分，折转作贴边用。

袋布可以分成两片，也可以连为一片。分两片的话，大的一片为 $ahib$，比侧缝放宽 1 厘米是为了缝袋时将袋布 hf 折光再与侧缝缝合的工艺需要；小的一片为 $acegb$，其中 ceg 无需再加缝份。袋布分成两片 b 点应处理成圆角，缝袋布一般采用滚边工艺；袋布连着为一片的话，只要将上述两片在 ab 连接就行，连着为一片的袋布 b 点是直角，缝袋布一般采用来去缝工艺；袋布的长与宽：je 的宽可按臀围的 1/20 加 11.5 厘米、ab 按臀围的 1/20 加 27 厘米控制，此外要注意 g 点必须比 e 点长 2.5 厘米左右。

2. 直插袋

如图 3.22(b)所示，直插袋是利用侧缝开口做口袋，其与斜插袋比较，只是因袋口斜率不同，引起袋垫、袋布形状的细微差别而已，因其构成方法与要求与斜插袋完全相同，这里不再重复。图示的方法与内容与图 3.22(a)同。

3. 横插袋

如图 3.22(c)所示，横插袋的结构与斜插袋也是相同的，但因口袋横向设置，所以尺寸控制的要求有所不同。袋口 ce 的横向宽度，一般可正好为前挺缝线至侧缝，但不超过前挺缝线；袋口纵向深度 de 原则可根据款式要求自由设定，但一般宜控制在 7 厘米左右，因为口袋宽度已经有限制，所以过浅的话，袋口的绝对宽度怕不够，再低的话，又差不多变成斜插袋了。袋布宽 hf 可参照斜插袋控制，袋布长主要控制袋深 eb 的垂直距离，一般不浅于 14 厘米。

4. 贴袋

贴袋主要是形状设计，比较简单（如图 3.22(d)所示），在此从略。

5. 后袋

后袋主要有挖袋与贴袋两种。裤子的后挖袋的款式有带盖的、不带盖的、单嵌线的、双嵌线的，但其结构与工艺大致相同，这里仅以图 3.23 所示的无盖嵌线袋为例进行介绍。

后袋离腰线的距离一般为 7 厘米左右并与腰线平行，高腰裤可适当降低一些，低腰裤可酌情提高一些。后袋的左右位置以在后片居中略偏侧缝为宜，袋口大小以臀围的 1/20 加 8 厘米为宜。图中斜线阴影部分是后袋的袋垫，袋垫的丝缕与裤片要一致，袋垫 eg 必须比袋口左右各宽 1 厘米（无需再加缝份），纵向 ef 宽 5～6 厘米；菱形线阴影部分嵌线，嵌线的丝缕一般取经向，嵌线的净长＝袋口大，嵌线的净宽度应为嵌线表面净宽的一倍。

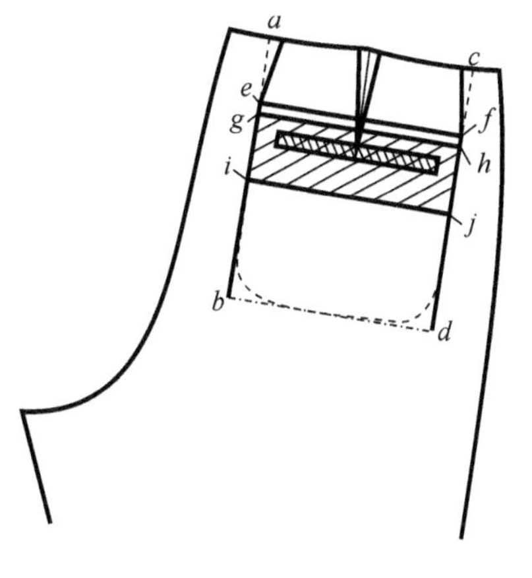

图 3.23

袋布两层表层为长方形 $abdc$，内层 $ebdf$，两层袋布分为两片的话，b,d 两个角要处理成圆角。袋布内层 ef 应高于袋口 3 厘米左右，ef 宽＝袋口＋2，eb 深＝17 左右。

6. 前腰节表袋

以前的毛料裤子大都做有表袋，现在不是很流行。但作为裤袋设计的一种样式，仍有推陈出新的价值。图 3.24 是腰节表袋结构的示意图。袋口 ab 正好设在腰节缝上，即袋布的 ab 与裤片的 ab 相缝合。袋口 ab 宽一般为 6 厘米。袋布有两层，其中一层用裤子面料，这样就不需要另加袋垫了。

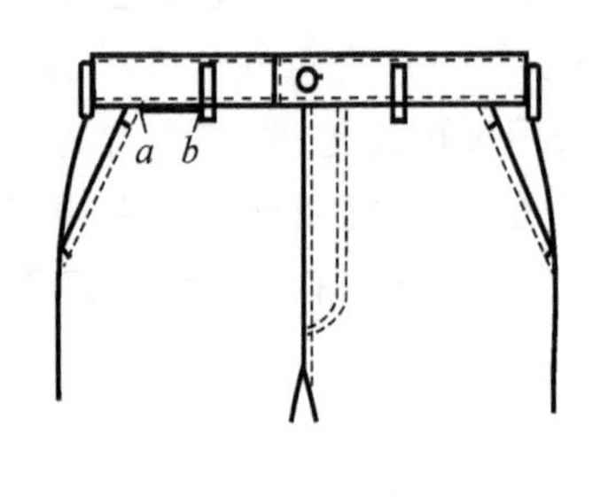

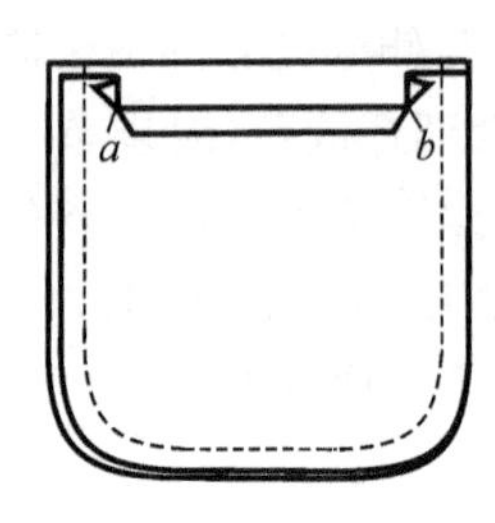

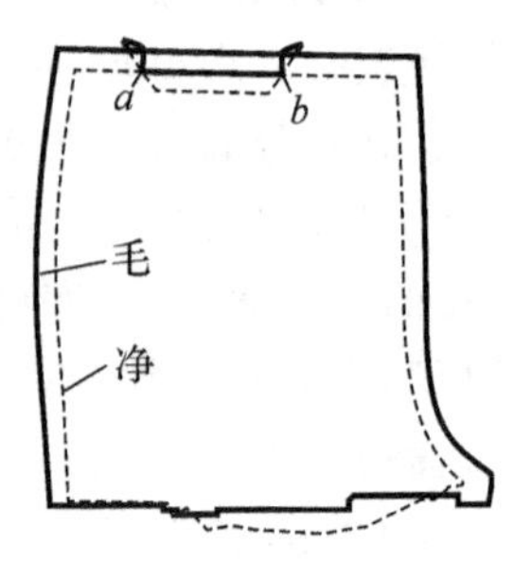

图 3.24

十一、门襟与里襟

1. 门襟

图 3.25(a)所示为门襟与裤片关系的示意图。门襟宽一般为 3.7 厘米，a 点距横裆线的距离可控制在 7 厘米左右，a 点不宜定得太高，因为男裤不同于女裤门襟开口只是为了裤子的穿脱。注意门襟因为只需一片，所以有方向性，正反面不可搞错。

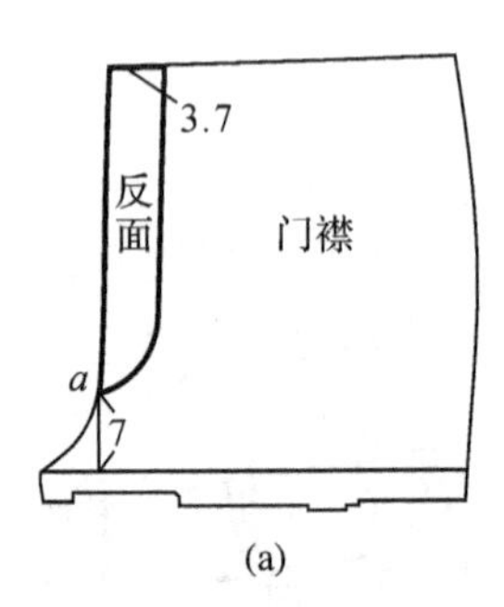

(a)

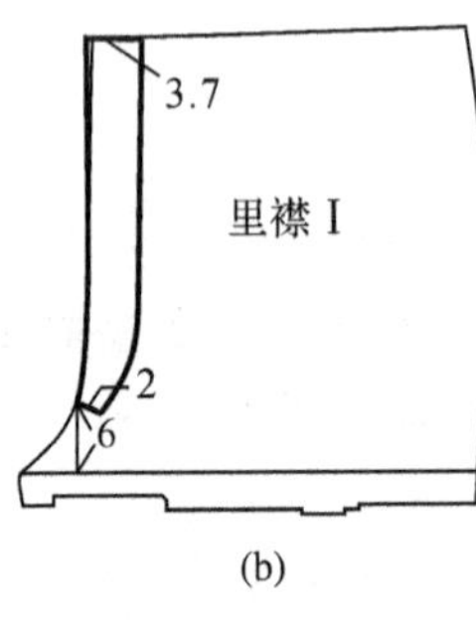

(b)

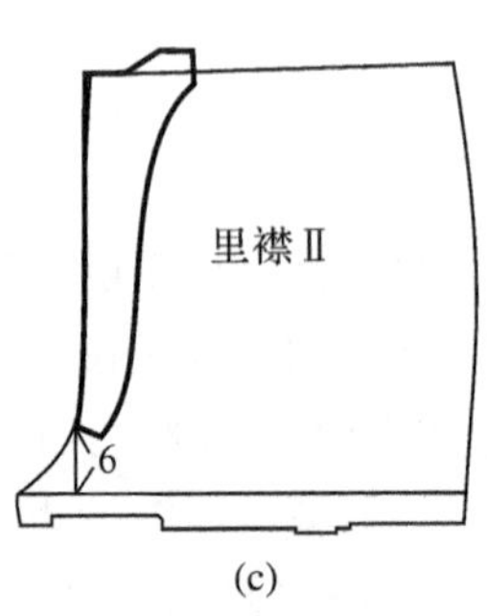

(c)

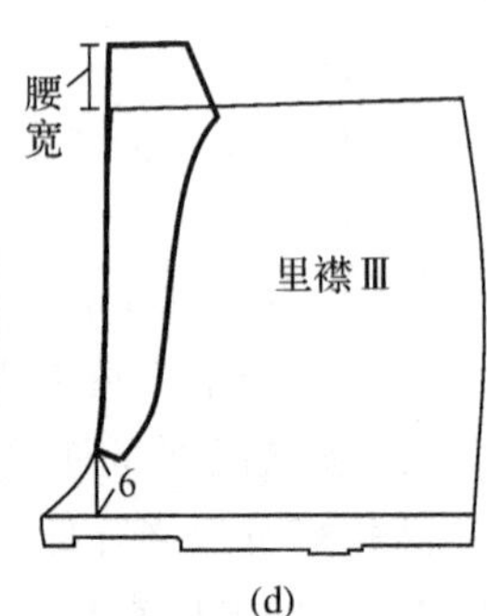

(d)

图 3.25

2. 里襟

里襟的基本样式有如图 3.25(b)，(c)，(d)所示的Ⅰ、Ⅱ、Ⅲ三种，这三种样式只是里襟上端有变化，其下端是一样的。普通的、工艺不是很讲究或是为了成本低廉的裤子常采用Ⅰ型里襟；Ⅱ型和Ⅲ型是工艺讲究的做法。详细请参照本章 H 型西裤结构制图。

第四节　男裤结构制图方法

一、H 型裤纸样设计

号型为 175/78A，制图规格如表 3.4 所示。

表 3.4　H 型男裤结构制图规格　　（单位：厘米）

裤长	腰围	臀围	直裆	脚口
105	81	102	30	23

1. 前裤片制图方法与步骤（单位：厘米）

(1)作辅助线 AB 与 AC，AB 垂直于 AC。

(2)定横裆线：AE＝直裆－腰宽＋前降量（腰宽通常 3.5 或 4，前降量约 0.6）。

(3)定臀围线：ED＝号 1/20＋0.5。

(4)定中裆线：EF＝号 2/10－6。

(5)定脚口线：AC＝裤长－腰宽（腰宽通常为 3.5 或 4）。

(6)定劈腰量：Aa＝1.7 左右。

(7)定前腰围：ab'＝腰围 1/4－1＋褶量（单褶一般 4～4.5）。

(8)定前降量：b 点距 b' 点＝前降量（前降量约 0.6）。

(9)定前臀围：Dc＝臀围 1/4－1，过 c 点作铅垂线 se。

(10)定 d 点：d 点至辅助线 AC 距离 0.5～0.7。

(11)定前龙门：ef＝臀围/20－1。

(12)定前挺缝线：g 点是 fd 间距的 1/2 均分点，过 g 点作与辅助线 AC 平行的前挺缝线 hi。

(13)定脚口宽：ik＝ij＝（脚口－2）/2。

(14)定中裆宽：先设定 n 点和 m 点，fn＝dm≈2，用直线分别连接 n、k 点和 m、j 点。nk 连线与 mj 连线与中裆线分别相交于 p 点和 o 点。

(15)连接侧缝：用弧线连接内外侧缝各点，注意外侧缝上 a、D、d、o、j 五点弧线连接要顺畅，与内侧缝 fpk 连线尽量对称。

(16)连接前中线 bcf：参照图示，bc 段根据腰臀差情况，可直线也可用平缓弧线连接，cf 段弧线参照图示。

(17)连接腰节线：用平缓的弧线连接 b 点与 a 点，注意角 cba、角 baD 应等于或略大于 90°。

(18)定褶裥位和袋位：参照图示。侧缝袋口大可按臀围 1/20＋11 控制。

2. 后裤片制图方法与步骤（参见图 3.26）

(1)作辅助线：延长前裤片的上平线、臀围线、横裆线、中裆线、脚口线，并作与上述延长线垂直的后挺缝线 bp，bp 与臀围线相交于 e 点。

(2)定后中线：先作 ci 辅助线，g 点距 e 点＝前片 c 点至挺缝线距离－2.5，过 g 点作与后挺缝线成 12°夹角的 ci 连线。i 点距横档线下 0.8～1，c 点距上平线 2.5～2.7，作为后翘量。

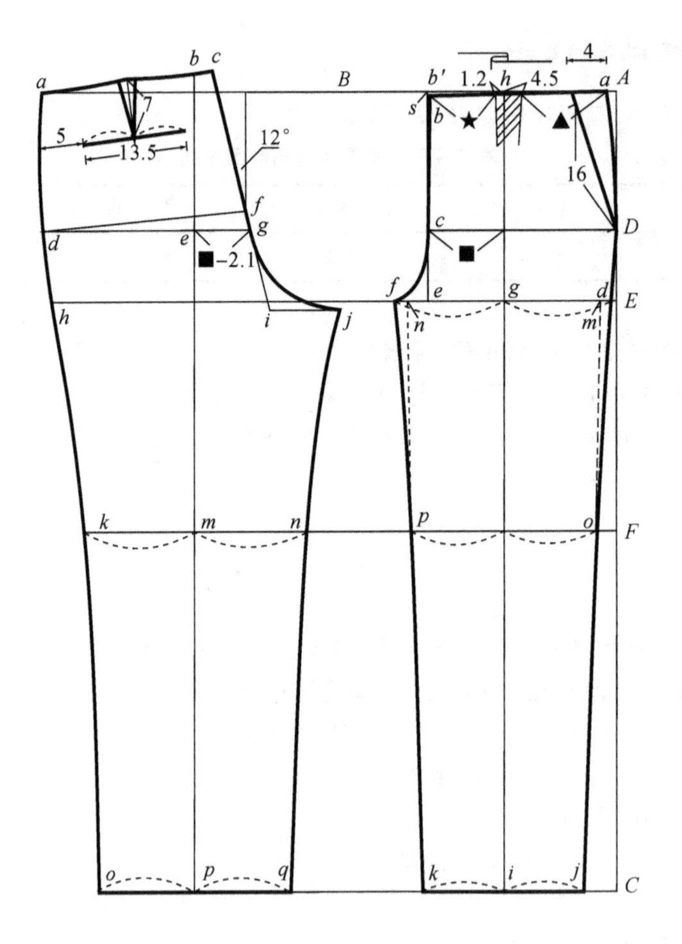

图 3.26

(3)定后腰围：ac＝腰围 1/4＋1＋省量(单个省省量约为 2 厘米)。

(4)定后臀围：df＝臀围 1/4＋1，后臀围测量位 df 连线应基本保持与后腰节线平行。

(5)定后龙门：ij＝臀围 1/8－3.5。

(6)定中档宽：mk＝mn＝前片 p 点至挺缝线距离＋2.4 左右。

(7)定脚口宽：po＝pq＝前片 ki＋2。

(8)连接侧缝：用弧线连接内外侧缝各点，注意弧线连接要顺畅，ko 段与 nq 段要对称。

(9)定后袋位：后袋距腰节线 7 左右，与腰节线平行，袋口至侧缝距离≈臀围 1/20，袋口大＝臀围 1/20＋9 左右。

(10)定腰省位：省尖对准后袋 1/2 处，与腰节线垂直。

(11)连接腰节线：可先将纸样腰省叠合，然后用平缓的弧线连接 a 点与 c 点，注意确认角 dab、角 bcf 应等于或略大于 90°。

(12)连接后龙门,参照图示,弧线连接 g 点与 j 点,注意确认后片的角 gjn 是否能与前片的角 cfp 互补。否则可调整前后龙门的弧线曲率,也可适当调整前后片内侧缝的弧线形态。

3. 零部件(参照图 3.27)

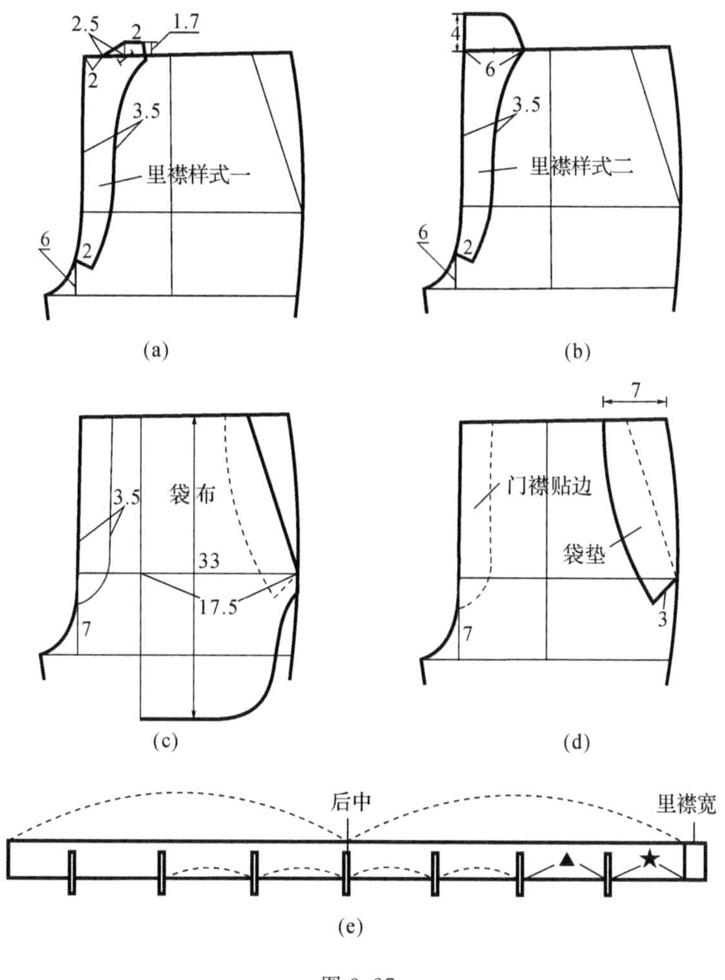

图 3.27

二、A 型裤纸样设计

号型为 175/80A,制图规格如表 3.5 所示。

表 3.5 A 型男裤结构制图规格 (单位:厘米)

裤长	腰围	臀围	直裆	脚口
104	82	98	27.5	26

1. 前裤片制图方法与步骤(参见图 3.28,单位:厘米)

(1)作辅助线:AB 与 AC,AB 垂直于 AC。

(2)定横档线:AE=直裆−腰宽+前降量(腰宽通常为 3.5 或 4,前降量约为 0.7)。

(3)定臀围线:ED=号 1/20+0.5。

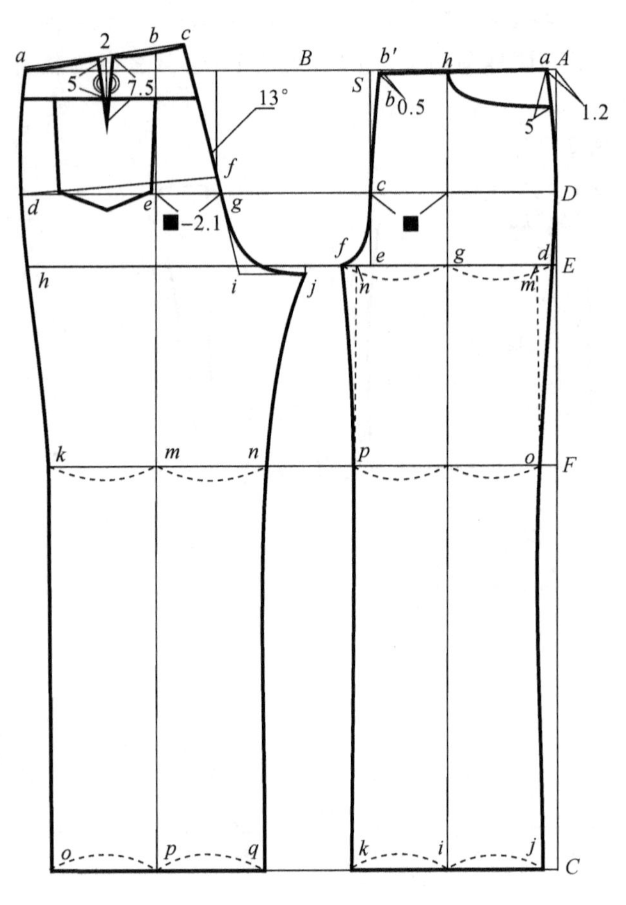

图 3.28

(4)定中档线：EF＝号 2/10－9。

(5)定脚口线：AC＝裤长－腰宽(腰宽通常为 3.5 或 4)。

(6)定劈腰量：Aa＝1.7 左右。

(7)定前腰围：ab'＝腰围 1/4＋0.7 左右。

(8)定前降量：b 点距 b' 点＝前降量(前降量一般为 0.7 左右)。

(9)定前臀围：Dc＝臀围 1/4－0.8，过 c 点作铅垂线 se。

(10)定 d 点：d 点至辅助线 AC 距离 0.5～0.7。

(11)定前龙门：ef＝臀围 1/20－1.2。

(12)定前挺缝线：g 点是 fd 间距的 1/2 均分点，过 g 点作与辅助线 AC 平行的前挺缝线 hi。

(13)定脚口宽：ik＝ij＝(脚口－1.6)/2。

(14)定中裆宽：先设定 n 点和 m 点，fn＝dm＝2.3，先用直线分别连接 n、k 两点和 m、j 两点。nk 连线与 mj 连线与中档线分别相交于 p 点和 o 点。

(15)连接侧缝：用弧线连接内外侧缝各点，注意外侧缝上 a、D、d、o、j 五点弧线连接要顺畅，与内侧缝 npk 弧线尽量对称。

(16)连接前中线 bcf：参照图示，bc 段根据腰臀差情况，可直线也可用平缓弧线连接，cf 段弧线参照图示。

(17)连接腰节线:用平缓的弧线连接 b 点与 a 点,注意角 cba、角 baD 应等于或略大于 90°。

(18)定袋位:参照图示。

2. 后裤片制图方法与步骤(参见图 3.28,单位:厘米)

(1)作辅助线:延长前裤片的上平线、臀围线、横档线、中档线、脚口线,并作与上述延长线垂直的后挺缝线 bp,bp 与臀围线相交于 e 点。

(2)定后中线:先作 ci 辅助线,g 点距 e 点=前片 c 点至挺缝线距离−2.1,过 g 点作与后挺缝线成 13°夹角的 ci 连线。i 点距横档线下 0.8～1,c 点距上平线 2.7～3,作为后翘量。

(3)定后腰围:ac=腰围 1/4−0.7 左右+省量(省量一般为 1.5～2 厘米)。

(4)定后臀围:df=臀围 1/4+0.8,后臀围测量位 df 连线应基本保持与后腰节线平行。

(5)定后龙门:ij=臀围 1/8−3.7。

(6)定中裆宽:mk=mn=前片 p 点至挺缝线距离+2.3 左右。

(7)定脚口宽:po=pq=前片 ki+1.6。

(8)连接侧缝:用弧线连接内外侧缝各点,注意弧线连接要顺畅,ko 段与 nq 段要对称。

(9)定后腰分割线:后腰节 1/2 处下 5 左右处,作水平分割。

(10)定后袋位:参见图 3.29,后袋口与分割线齐,至侧缝距离=臀围 1/20 左右,袋口大=臀围 1/20+9 左右。

(11)定腰省位:省尖对准后袋 1/2 处,与腰节线垂直,省量 2,省长 7.5。

(12)连接腰节线:可先将纸样腰省叠合,然后用平缓的弧线连接 a 点与 c 点,注意确认角 dab、角 bcf 应略大于 90°。

(13)连接后龙门,参照图示,弧线连接 g 点与 j 点,注意确认后片的角 gjn 是否能与前片的角 cfp 互补后略大于 180°。否则可调整前后龙门的弧线曲率,也可适当调整前后片内侧缝的弧线形态。

(14)腰省转移:参见图 3.29。

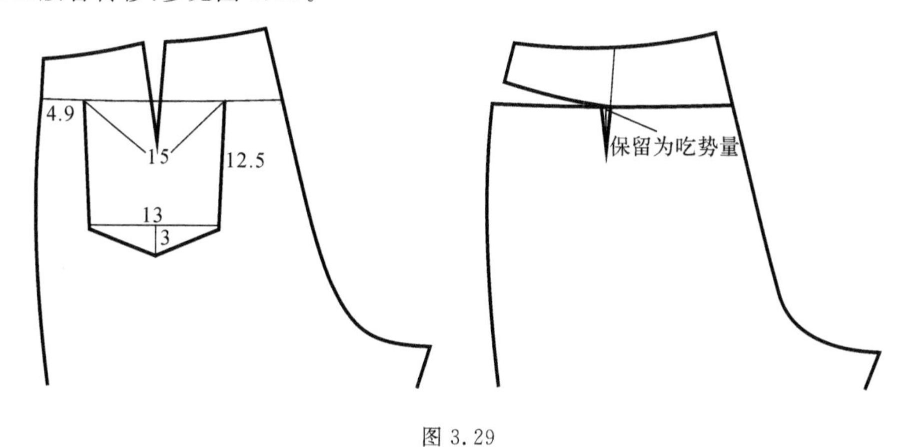

图 3.29

三、V 型裤纸样设计

号型为 175/78A,制图规格如表 3.6 所示。

表 3.6 V 型男裤结构制图规格 (单位:厘米)

裤长	腰围	臀围	直裆	脚口
104	80	108	31	20.5

1. 前裤片制图方法与步骤(参见图 3.30,单位:厘米)

(1)作辅助线 AB 与 AC,AB 垂直于 AC。

(2)定横裆线:AE=直裆－腰宽＋前降量(腰宽通常为 3.5 或 4,前降量为 0.6)。

(3)定臀围线:ED=号 1/20＋0.5。

(4)定中裆线:EF=号 2/10－3。

(5)定脚口线:AC=裤长－腰宽,(腰宽通常为 3.5 或 4)。

(6)定劈腰量:Aa=1.7 左右。

(7)定前腰围:ab'=腰围 1/4－1＋褶量(双褶一般前褶 4,后褶 3)。

(8)定前降量:b 点距 b' 点=前降量(前降量为 0.6)。

(9)定前臀围:Dc=臀围 1/4－1,过 c 点作铅垂线 se。

(10)定 d 点:d 点至辅助线 AC 距离约 0.5。

(11)定前龙门:ef=臀围 1/20－0.8。

(12)定前挺缝线:g 点是 fd 间距的 1/2 均分点,过 g 点作与辅助线 AC 平行的前挺缝线 hi。

(13)定脚口宽:$ik=ij$=(脚口－2)/2。

(14)定中裆宽:先设定 n 点和 m 点,$fn=dm$=1.7,用直线分别连接 n、k 两点和 m、j 两点。nk 连线与 mj 连线与中裆线分别相交于 p 点和 o 点。

(15)连接侧缝:用弧线连接内外侧缝各点,注意外侧缝上 a、D、d、o、j 五点弧线连接要顺畅,与内侧缝 fpk 弧线要尽量对称。

(16)连接前中线 bcf:参照图示,bc 段根据腰臀差情况,可直线也可用平缓弧线连接,cf 段弧线参照图示。

(17)连接腰节线:用平缓的弧线连接 b 点与 a 点,注意角 cba、角 baD 应等于或略大于 90°。

(18)定褶裥位和袋位:参照图示。侧缝袋口大可按臀围 1/20＋11 控制。

2. 后裤片制图方法与步骤(参见图 3.30)

(1)作辅助线:延长前裤片的上平线、臀围线、横裆线、中裆线、脚口线,并作与上述延长线垂直的后挺缝线 bp,bp 与臀围线相交于 e 点。

(2)定后中线:先作 ci 辅助线,g 点距 e 点=前片 c 点至挺缝线距离－2.5,过 g 点作与后挺缝线成 11°夹角的 ci 连线。i 点距横裆线下 0.8 左右,c 点距上平线 2.3～2.5,作为后翘量。

(3)定后腰围:ac=腰围 1/4＋1＋省量(两个省省量一般为 3 左右,1.5×2)。

(4)定后臀围:df=臀围 1/4＋1,后臀围测量位 df 连线应基本保持与后腰节线平行。

(5)定后龙门:ij=臀围 1/8－3.3。

(6)定中裆宽:$mk=mn$=前片 p 点至挺缝线距离＋2.5 左右。

(7)定脚口宽:$po=pq$=前片 ki＋2。

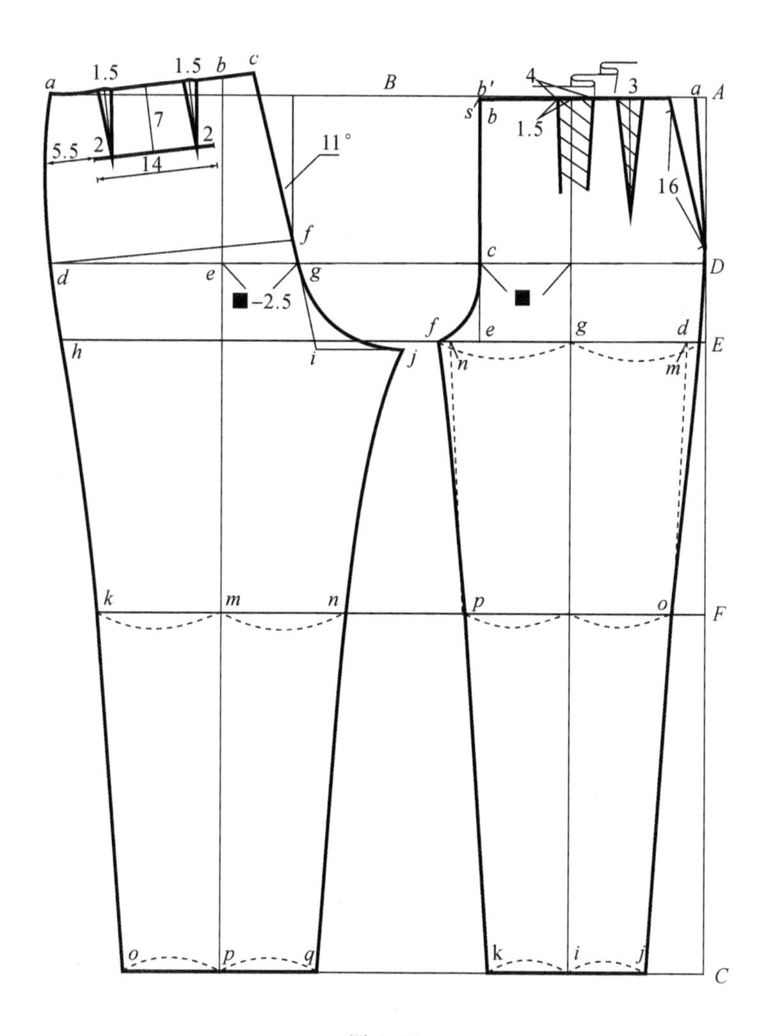

图 3.30

(8)连接侧缝:用弧线连接内外侧缝各点,注意弧线连接要顺畅,ko 段与 nq 段要对称。

(9)定后袋位:后袋距腰节线 7 左右,与腰节线平行,袋口至侧缝距离=臀围 1/20 左右,袋口大=臀围 1/20+9 左右。

(10)定腰省位:参见图示。

(11)连接腰节线:可先将纸样腰省叠合,然后用平缓的弧线连接 a 点与 c 点,注意确认角 dab、角 bcf 应等于或略大于 90°。

(12)连接后龙门,参照图示,弧线连接 g 点与 j 点,注意确认后片的角 gjn 是否能与前片的角 cfp 互补。否则可调整前后龙门的弧线曲率,也可适当调整前后片内侧缝的弧线形态。

附：裤子用料及排料参考图

H 型西裤一件排

尺码：175/78A

面料利用率：83.45％

面料幅宽：150 厘米　实际利用幅宽：148.5 厘米

排料长度：107.8 厘米

面料特性：无条格、无倒顺、色差＜四级

裁片名称：A＝后片　B＝前片　C＝裤腰　D＝门襟　E＝里襟　F＝袋垫　G＝袋嵌线

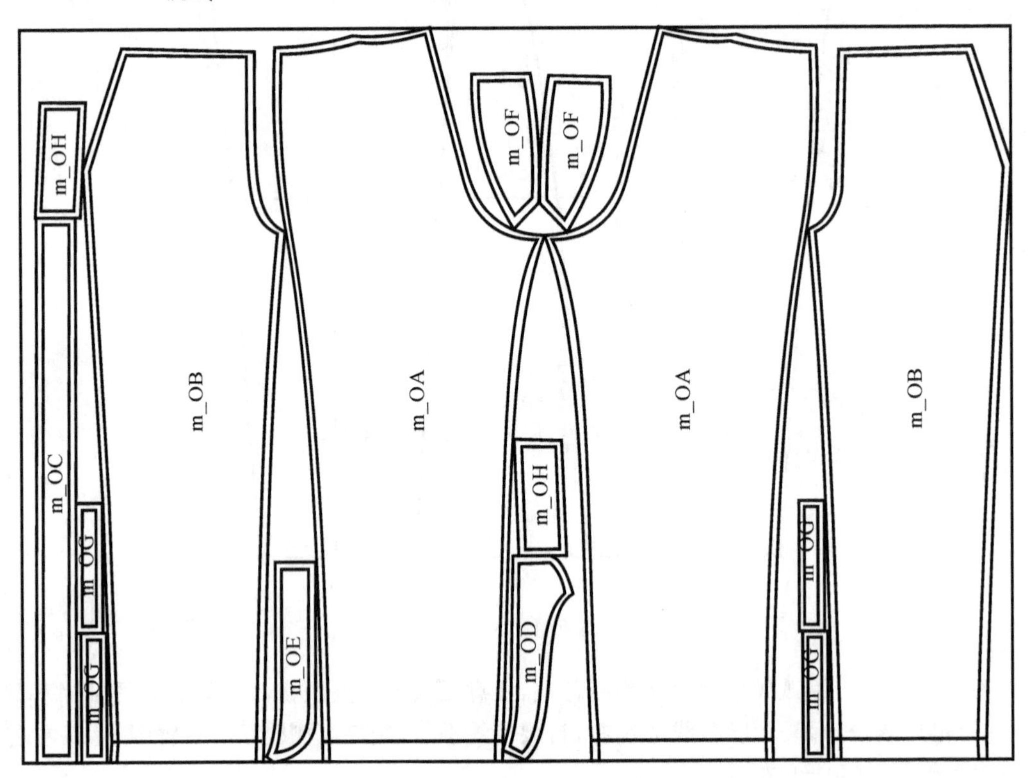

第四章　上衣结构设计基本原理与要求

本书将男装上衣的种类划分为西装、衬衫、夹克、休闲运动上衣、大衣风衣、礼服等六个大类。不同种类的男装虽然造型各异，但其纸样设计的基本原理与要求有许多是相同的。为了叙述上的统一、精练，我们将上衣纸样设计中的一些基本的、带有共性的原理与要求，单独成章，便于读者总体阅读，连贯思考。

第一节　衣身结构平衡的基本要求

保持衣身结构平衡是服装结构设计的基本要求。

平衡是靠人的视觉和心理去感知的，它能给人以协调、舒适、平稳的美感，反之则会引起人们心理上的不安或视觉上的不快。

保持衣身结构平衡不仅是服装外观造型的要求，更是体现服装内在品质的重要指标。只有结构平衡，才能使服装与人体和谐附着；只有形态安定、松量分布均匀，才能使服装穿着舒适、举止自如。

什么是结构平衡？我们认为结构平衡有广义与狭义之分。广义的结构平衡可以理解为服装造型美观、穿着舒适、符合设计要求。狭义的结构平衡则可理解为专指衣片丝缕横平竖直，松量均匀分布。在此我们围绕狭义的结构平衡问题进行讨论。

衣片丝缕保持横平竖直，胸、腰、臀等部位的松量分布均衡是衣身结构平衡的两个特征。两者既有联系又有区别，前者是后者的必要条件，但后者不是前者的必然结果。也就是说衣片丝缕如果不能保持横平竖直，则松量不可能均衡分布；而衣片丝缕保持横平竖直，松量却不一定能均衡分布。

说前者是后者必要条件的理由是：衣身若前面起吊、后面下垂或后面起吊、前面下垂，则衣片前、后中心线一定偏斜，横向丝缕因此也不可能保持水平，同时下摆四周的松量也就不可能均衡分布，要么前面贴紧后面起空，要么后面贴紧前面起空。

说后者不是前者必然结果的理由是：我们时常会碰到这样的情况，测量衣服的胸围应该够大，但穿在身上却觉得不够大，原因是衣片局部形态不当。比如侧缝线的斜率大于穿着者身体的斜率，就会出现衣身胸部两侧松量有余、中间松量不足的问题。

虽然缝制工艺不当也会影响衣片结构平衡，但一般说来衣片结构平衡与否主要是由纸样设计决定的。

影响衣片总体结构平衡的主要因素有：前后衣片的横开领配合、肩斜状态及前后衣片侧颈点至胸围线的长度差异等，而这些正是构成衣片基本框架（或称基本型、原型）的关键点位。

第二节　纸样差异匹配设计的基本原理

纸样差异匹配设计的名词是本书作者在长期实践与研究中，就服装纸样某些缝合部位两侧的缝边，依据成型状态、材料条件、工艺要求所采取的非等长、非等形配合设计的原理与方法提出的概括性称谓。

服装是由许多裁片经过逐次相关缝合而成的，例如衣服上的领子是经过上领面与上领里缝合、上领与下领缝合，然后是领子与领圈缝合等工序而形成的。从成品形态看来，这些缝合部位两侧的缝边因为已经被缝合在一起，似乎缝合两侧的缝边是等长、等形的，其实不然。实践证明，服装上的许多部位，若采用等长等形匹配，缝合效果会不尽如人意。凡是造型美观、工艺讲究、穿着舒适的上品服装，一定是重视且善于应用差异匹配设计技术的结果。

由于服装的最终造型效果要求是立体形态的，而且还要求与穿着对象体表的立体曲面相吻合，另一方面由于存在着服装材料的厚度、衬布的使用、缝边折烫工艺要求等，使得纸样差异匹配技术的运用几乎无处不在。

纸样差异匹配设计按形态区分，可分为层叠型差异匹配设计与转折型差异匹配设计两种。其中转折型差异匹配设计与行业中的所谓归拔设计同义。

一、层叠型差异匹配设计原理、方法与应用

1. 层叠型差异匹配设计的定义

为使缝合部位两层或两层以上衣片弧形重叠、形态美观或达到特定效果，根据材料厚度和缝合部位的弧形状态要求，对该部位两侧缝边所进行的非等长设计。

2. 层叠型差异匹配设计的原理

图 4.1 所示的领尖由领面与领里层叠缝合而成，呈弧形层叠形态。为了便于分析，我们以 ab 表示领里，$a'b'$ 表示领面，领面 $a'b'$ 弧形层叠于领里 ab 之上。此时 $a'b'$ 相对于 ab 是外径，因此领面 $a'b'$ 与领里 ab 的缝边长度不能简单等长设计，而必须非等长设计。

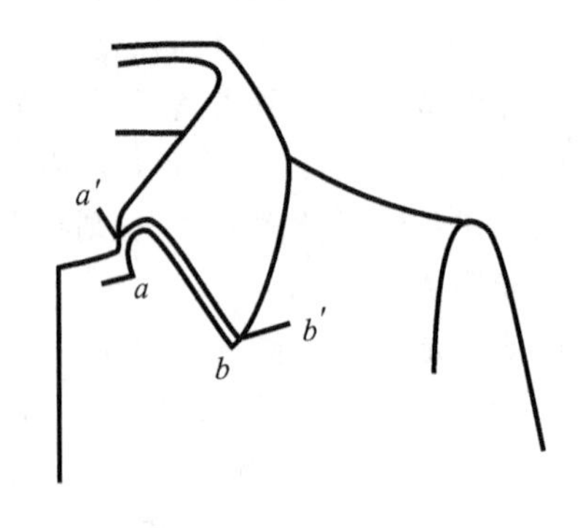

图 4.1

这类层叠内外径的差异大小与材料的厚度、层叠弧形的曲率、内径与外径的曲率差异这三个因素有关。层叠弧形的形态虽然是不规则的，但我们没有必要把问题弄得过于复杂，在此我们可以把层叠弧形近似地看做是圆弧或是圆弧与直线的组合。这样问题就简单多了。试作原理分析如下：

(1)内外径差异的大小与材料的厚度关系

如图 4.2 所示，设圆弧 ab 的半径为 r，材料厚度 $aa'=h$，$\angle aob=\theta$(弧度制)，则$\overset{\frown}{ab}=r\times\theta$，$\overset{\frown}{a'b'}=(r+h)\times\theta$，内外径差$\overset{\frown}{ab}-\overset{\frown}{a'b'}=h\cdot\theta$。

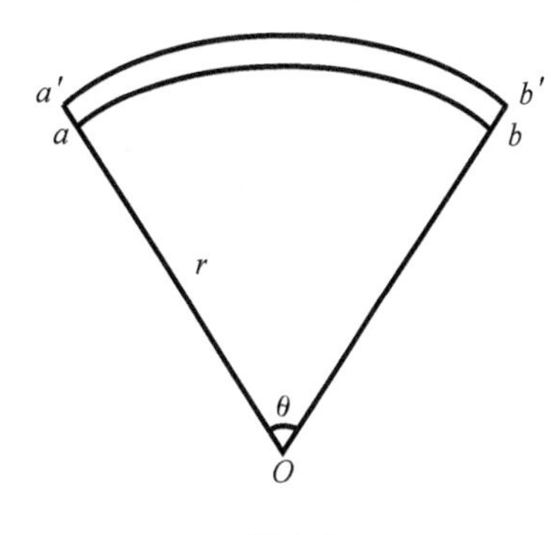

图 4.2

因为 θ 是定值(与领子的翻折形态有关)，所以材料厚度 h 越大，内外径差越大。

(2)内外径差异的大小与层叠弧形的曲率关系

由上得，内外径差$\overset{\frown}{ab}-\overset{\frown}{a'b'}=h\cdot\theta$，当材料一定时，其厚度 h 为定值，则领子形状的圆心角越大(弧的曲率越大)，其差越大。

其中：$0°<\theta<180°$。

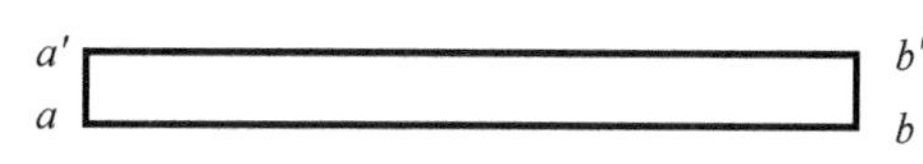

图 4.3

当 $\theta\rightarrow0°$时，如图 4.3 所示领子翻折形态接近于直线，内外径差$\overset{\frown}{a'b'}-\overset{\frown}{ab}$接近于 0；

当 $\theta\rightarrow180°$时，如图 4.4 所示，领子翻折形态接近于半圆，其差$\overset{\frown}{a'b'}-\overset{\frown}{ab}$接近于 $\pi\cdot h$。

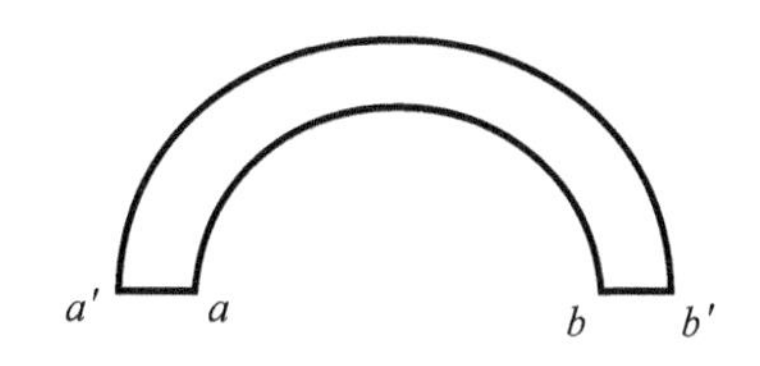

图 4.4

(3)内外径差异的大小与内外径曲率差异的关系

几何上，同一条弦 ab 所对的弧，半径越大(即曲率越小)，弧长越短。

在图 4.5 中，$\overset{\frown}{adb}$的半径 r 小于圆弧$\overset{\frown}{acb}$的半径 r_1，故圆弧$\overset{\frown}{acb}$长于圆弧$\overset{\frown}{adb}$。

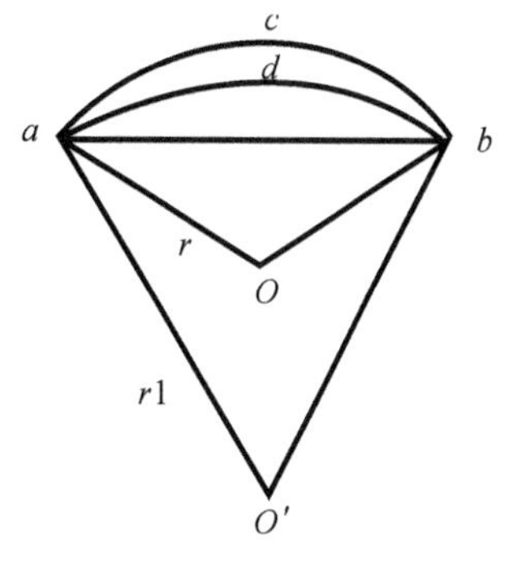

图 4.5

这里的内外径曲率差异主要是指层叠缝合部位上下层缝边，因缝制工艺的吃势要求而产生的长短差异。

3. 层叠型差异匹配设计的应用

前面我们曾经指出，纸样中差异匹配设计的运用几乎无处不在。比如领子，不管是立领、翻领还是西装领，领面与领里的层叠弧形都需要差异匹配；驳头部位、下摆部位、挂面与衣身部位，袖窿部位袖山与袖窿的层叠、背心袖窿部位贴边与衣身的层叠、贴袋部位袋盖与袋布与衣身的层叠等，凡是两层以上层叠缝合部位都应考虑差异匹配设计的应用。

限于篇幅，我们在此以领子为例，尽可能详细地介绍层叠型纸样差异匹配设计的具体方法与应用技巧。希望大家能举一反三地应用于纸样上的其他部位。

图 4.6 所示是翻领的成品状态的示意图。在这种状态下，领面领尖的 $a'b'$ 相对于领里 ab，领面外围线 $b'd'$ 相对于领里 bd，领面后中宽 $d'c'$ 相对于领里 dc 是外径，因此 $a'b'>ab$，$b'd'>bd$、$d'c'>dc$。惟独领面领底线 $a'c'$ 相对于领里 ac 是内径。这是因为领子领座部分与翻出部分以翻折线为界存在转折关系，在穿着状态下，领面的领座处于领里领座的内圆位置，因此领面领底线 $a'c'<ac$。

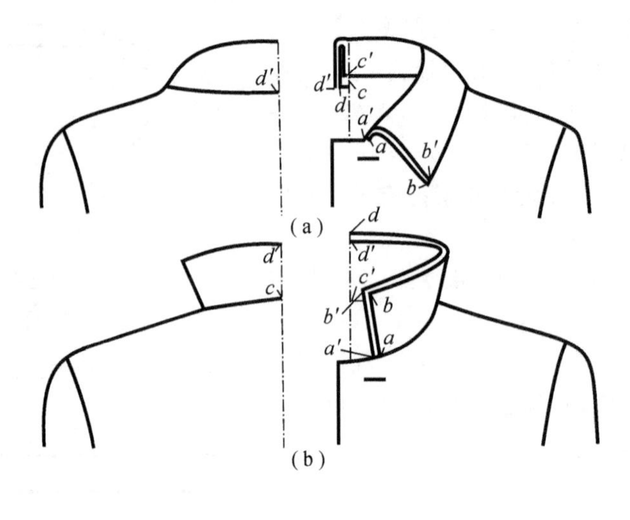

图 4.6

根据上述要求可知，领面与领里不应该是等长、等形的，如果是等长、等形的话，就会影响领子造型效果。也就是说，领面纸样和领里纸样应该分别制作且符合差异匹配要求。

领片差异匹配的具体方法与技巧如下：

(1)先确定领里纸样。我们一般把与衣片纸样一起设计的领片纸样看做是领里纸样。

(2)把领里纸样在侧颈点处如图 4.7 所示剪开，以翻折线为对合点，展开翻出部分，叠合领座部分，使领子外围线加长，领底线缩短。

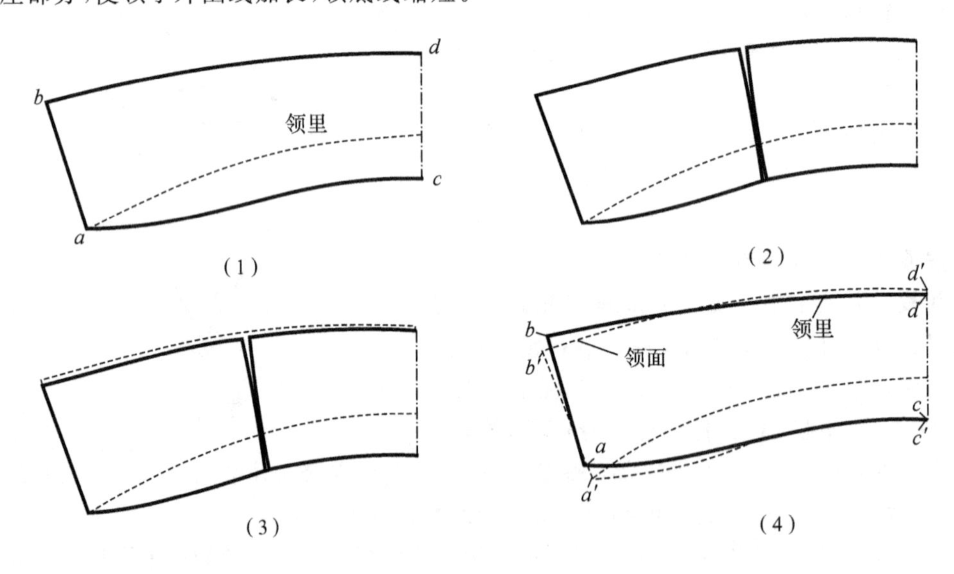

图 4.7

为何要选择在侧颈点处剪切展开呢？这还得从图 4.6(a)所示的领子成品穿着状态说起。观察图 4.6(a)可知，领子外围线在侧颈点处的弧形表现最为强烈，也就是说面、里形成内外径层叠关系的主要部位在于此处，只有内外径层叠才会产生内外径差异，而侧颈点附近至领尖以及侧颈点附近至领后中这两段外围线的弧形表现比较缓和，面与里几乎是平行层叠关系，平行层叠就不存在内外径差异。

领底线与领外围线的情形是完全相同的。

(3)到上一步为止，对领片面、里的外围线与领底线已分别作了差异匹配处理。接下来还需对领尖、领后中进行差异匹配。按图4.7(3)虚线所示，沿展开并修顺后的领外围线平行加宽，使领面的领尖与领后中的宽度大于领里。

(4)图4.7(4)所示是领面与领里形状、大小差异对比图，图中虚线表示领面，实线表示领里，经过差异匹配设计，领面、里的各个部位已非等长、等形。

最后有一点需要指出，关于内、外径差异量的控制，尽管我们在前面原理阐述中有详尽分析，但这只是理论上的定性分析，只是给大家提供了一种分析思路。在实际操作中还是需要经验判断或试样确认。因此希望读者在透彻理解层叠型差异匹配设计基本原理的基础上，不断实践验证、积累经验，努力使自己的纸样设计达到尽善尽美的境界。

关于衣片纸样其他部位的层叠型差异匹配方法，在第十章面、里配置中还有相关内容的介绍。

二、转折型差异匹配设计原理、方法与应用

1. 转折型差异匹配设计的定义

为使缝合部位呈“内凹”或“外凸”的立体效果，根据材料性能和缝合部位凹凸程度的要求，对缝合部位两侧缝边所进行的非等长设计。

转折型差异匹配设计的应用部位是服装中需要施加归拔工艺的部位，因此转折型差异匹配设计的原理，也就是归拔的原理。

归拔工艺是服装加工技术中的特殊手段，是归拢与拔开的统称，归与拔是一对矛盾的两个侧面，作用相同，手段相反。

所谓归拔是指利用服装材料的伸缩性能，对缝边进行拉伸或缩短，使衣片局部由平面状态转化为立体状态，从而达到服装立体造型的目的。

归拔量的大小须视服装造型要求而定，并受材料质地的严格制约。服装造型凹凸形态越强烈，所需要的归拔量越大，反之则小；厚而疏松织物(包括斜裁衣片)的归拔量可大，薄而紧密材料的归拔量要小。归拢量也称吃势量。

2. 拔开的原理

人体躯干与图4.8所示的两个圆台组合相近似。图中A,O,B点分别表示胸围线、腰围线与臀围线的位置，AOB的连线可看作是侧缝线，A_1、O_1、B_1的连线则可以看做是侧片分割线。若过O点作水平分割，可将组合分成两个圆台。然后分别以AO及OB为对称轴，沿A_1O_1及O_1B_1，连线剪切后展开，得到两个独立的如图4.9(a)所示的扇环。

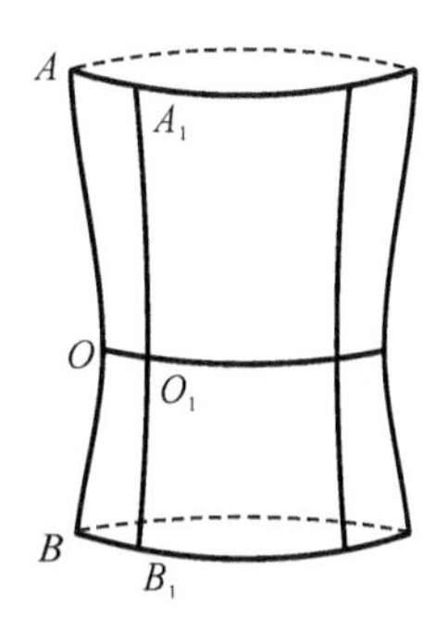

图4.8

根据扇环的性质我们知道：图4.9(a)中$AO=A_1O_1$，$OB=O_1B_1$，且$AO+OB=A_1O_1+O_1B_1$。由此得到的提示为：在设计合体衣片且腰节剖缝的场合，腰节分割线不是直线形的，而是弧形的。上半部分的腰节线在侧缝处呈下垂状，下半部分的腰节线在侧缝处则呈起翘状。

男装腰节剖缝的样式不多见，但合体收腰的样式还是被广泛采用的，与女装相比只是程度不同而已。

如果既要收腰，又不允许腰节剖缝，那么我们只能把母线为 AO 的和母线为 OB 的两个扇环在腰节线位置上合并，如图 4.9(b)所示。

上下两个扇环在腰节线上合并后，两个扇环的连线 $AB \neq A_1B_1$。由于 A_1O_1 与 O_1B_1 连接产生重叠，所以 $A_1B_1 < AB$。

这与圆台所有母线相等的性质相悖。所以必须对 A_1B_1 连线在 O_1 点位置，即在腰节线位置进行拔开，拔开量即为 O_1 之间的重叠量。

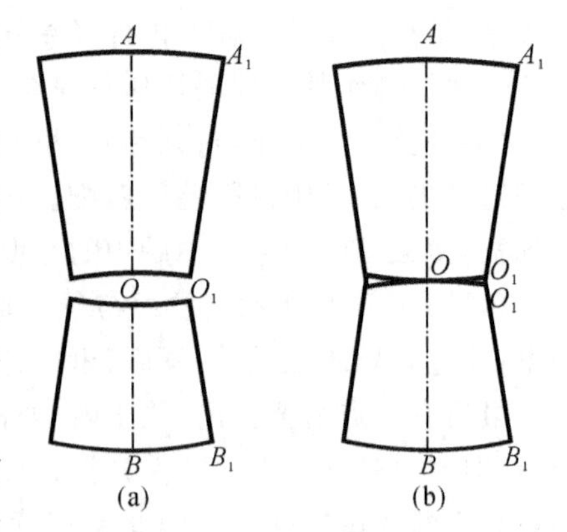

图 4.9

圆台的性质告诉我们，图中的重叠量，首先是与扇环母线的斜率有关，即与胸腰差及腰臀差有关，衣服造型的胸腰差、腰臀差越大，腰节拔开量越大；同时还与扇环的宽度相关，即与衣片的纵向分割片数多少有关，纵向分割片数越少，拔开量越集中，局部拔开量相对越大。只有将重叠量充分拔开，才能使衣片充分合体。

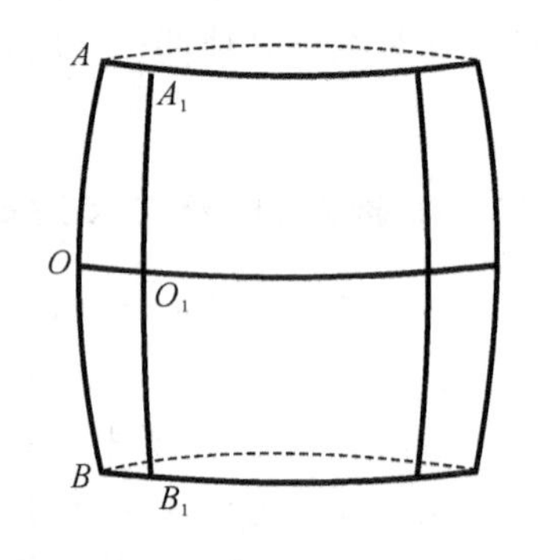

图 4.10

合体设计的衣片上需要应用拔开工艺的除了腰节部位外，还有袖子的肘凹部位、裤子的膝凹部位、颈部的领底部位等。

3. 归拢的原理

图 4.10 所示的形体与图 4.8 所示的正好相反。我们把它近似看做是躯干中的腰围线以下且在臀围线水平分割的两个圆台组合，即把 A 点看成是腰围线的位置，把 O 点看成是臀围线的位置，把 B 点看成是衣片下摆线的位置；把 AOB 的连线看做是侧缝，把 $A_1O_1B_1$ 的连线看做是侧片剪接线。

若将图 4.10 所示的组合过 O 点水平分割成两个圆台，再分别以 AO 及 OB 为对称轴，沿 A_1O_1 和 O_1B_1 连线剪切后展开，得到两个独立的如图 4.11(a)所示的扇环形，这时 $AO = A_1O_1$，$OB = O_1B_1$，且 $AO + OB = A_1O_1 + O_1B_1$。

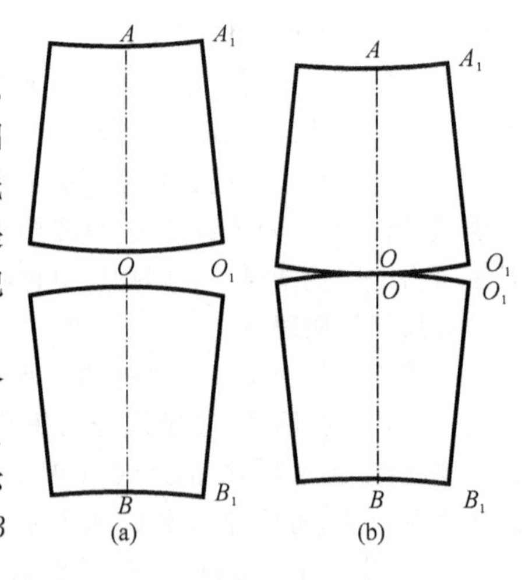

图 4.11

该图形为我们提示了：合体设计的上衣下摆部位、裤子(女装裙子)腰臀部位的纸样在臀围线上横向分割后的剪切展开形状。

事实上衣片、裤片在臀围线上采取横向分割的造型是非常少见的。那么既要上述部位合体，又不允许臀围线上横向分割的话，我们只好把两个独立的扇环如图 4.11(b)合并，合并后两个扇环的连线 $AB \neq A_1B_1$，这是由于 A_1O_1 与 O_1B_1 连接产生了间隙量，所以 $A_1B_1 > AB$。这同样与圆台所有母线相等的性质相悖。所以必须对 A_1B_1 连线在 O_1 点位置，即在臀围线位置进行归拢，归拢量即为 O_1 之间的间隙量。

与拔开量同理，归拢量的大小与腰臀差、臀摆差及与衣片的纵向分割片数多少有关。腰臀差、臀摆差越大、纵向分割片数越少，臀围线处的归拢量越大。只有将间隙量充分归拢，才能使平面的衣片与人体臀侧部位充分贴合、使服装的造型表现出优美的曲线。

合体设计的衣片上需要应用归拢工艺的除了臀侧部位外，还有袖子的肘凸部位、衣片肩部肩胛骨突出部位等。

归拔原理告诉我们：(1)在合体衣片设计场合，要使平面的衣片与复杂凹凸的人体曲面形态相吻合，最直接有效的办法是对衣片进行剪切分割。(2)当款式设计不允许剪切分割时，须依据人体的凹凸形态，在缝边的一侧或两侧设计拔开量或归拢量。(3)弧形的、同时自身又要转折的缝边应当有归拔量设计。(4)由外径向内径转折的缝边(即外凸的缝边)应当归拢，由内径向外径转折的缝边(即内凹的缝边)应当拔开。

第三节　男装纸样关键部位设计原理与要求

一、衣身关键点位的控制

在实践经验积累的基础上，通过男性人体测量分析，并借助人体模型对衣片与人体关系验证，得出男装上衣衣片的基本框架如图 4.12 所示。下面介绍其关键点位的控制方法。

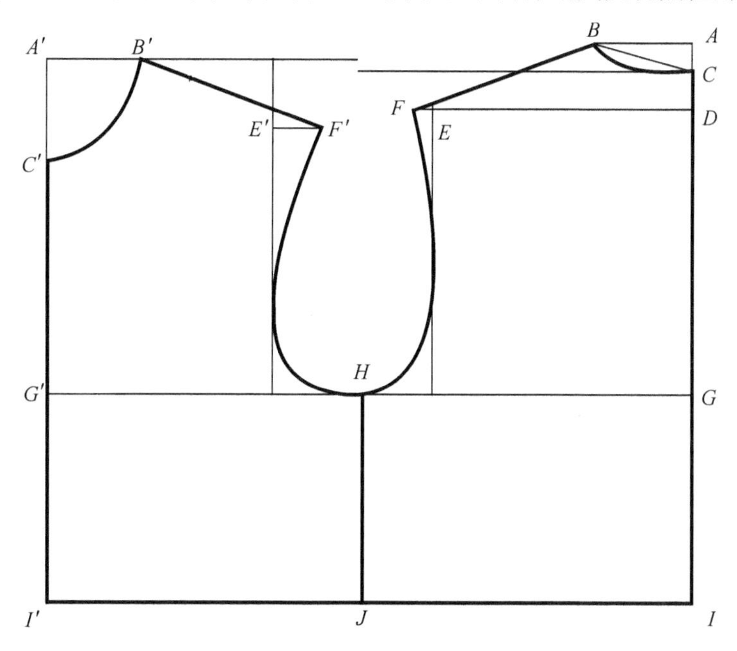

图 4.12　男装衣片基本框架

说明：以下经验公式中的胸围、肩宽、领围均指成品规格，号指身高，型指净胸围，单位均为厘米。

1. 后片

(1)后横开领宽 AB=胸围 1/20+a(或领围 2/10+0.5)。

上式中 a 是常数,立领约为 3,翻领约为 3.3,驳领约为 4;有领围规格的场合可按领围 2/10+0.5 计算。

(2)后直开领深 AC=胸围 1/80+a(或领围 1/20+0.3)。

a 是常数,此处 a 的取值,取决于后横开领中 a 的大小。为了保持后领圈的形状相似,横开领越大、直开领相应越深。立领可取 0.9 左右,翻领可取 1 左右,驳领可取 1.1 左右;横开领变化了,直开领也应相应变化,否则领圈就会变形。根据基本领圈部位的人体颈根截面形状分析,纵宽与横宽之比约为 1∶1.3~1.4,因此后直开领的取值较小。日本男装业有人不定后直开领的尺寸,而是采用定后领圈 BC 连线与上平线 CA' 的夹角 15°,然后在 BC 斜线上以 AB 宽度水平取点,在确定 AB 宽的同时 AC 深度也随之确定。常规的衣服不论规格大小后领圈应始终保持相似形。

有领围规格的场合 AC 可按领围 1/20+0.2~0.3 计算。

(3)腰节线位置 CI=背长=号 2/10+9。

(4)肩斜=20°。男性一般体形的肩斜平均值为 22°,但前后衣片的平均肩斜一般只能等于或略小于 20°,这是因为考虑袖窿部位适当松量的需要,尤其是有肩垫的衣服,衣片肩斜必须适当抬高。前、后片肩斜可根据肩线的造型调整,但应保持肩斜平均值不变。肩斜不足,会产生袖窿松垮、前中心线呈 V 字形的毛病;肩斜过大,会产生后领圈下方涌起、前中心线呈八字形的毛病。

(5)后肩宽 DF=1/2 肩宽+1/2 吃势量。

成衣的肩宽按行业标准指左右肩点的水平距离,本书采用水平量法。但在量身定制的场合,纸样肩宽的测点应与量身部位对应。

后肩线上吃势量的作用与肩省相同,因为肩胛骨隆起的原因,合体设计的衣服如果不设肩省,应尽量做吃势。吃势量的大小视材料质地而定,一般精纺西装面料此处吃势量可定 0.8~1,1/2 吃势量则为 4~0.5。此处不加整个吃势量,是考虑在前肩线减 1/2 吃势量,作为前肩的拔开量。

(6)背宽 DE=胸围 1/6+4 左右。

宽松设计、尤其是挂肩(或称落肩)造型衣服如夹克衫等的背宽,略宽些或略窄些都无关紧要,要紧的是袖窿的形状,其背宽只要按肩点酌情移进 2~3.5 即可。但合体设计的衣服如西装背宽尺寸就必须讲究,否则袖窿过宽或过窄不仅影响穿着还会影响与袖山的匹配。

(7)袖窿深 DG=胸围 1.5/10+a。

本书袖窿深的控制方法是直接测量肩点 F 至胸围线 GG' 的垂直距离,为了标注清楚才在示意图上增设 D 点。

这里 a 是定数,衬衫取 7,夹克取≥8,西装取 6.5 左右,大衣风衣取≥8.5。

袖窿深与胸、背宽有密切关系,胸、背宽定得宽,袖窿就窄,反之就宽。袖窿宽了,就应开得适当浅些;袖窿窄了,则必须适当开深。袖窿的这种宽窄深浅调整不但是维持袖窿弧线总长的需要,也是维持男装结构程式化的形式需要。如 4.13 所示,男装衣片袖窿的常见形状就两种,一种是与两片袖配合的圆袖窿,另一种是与单片袖配合的尖袖窿。两种袖窿形状转化规律是宽则浅则圆,窄则深则尖。

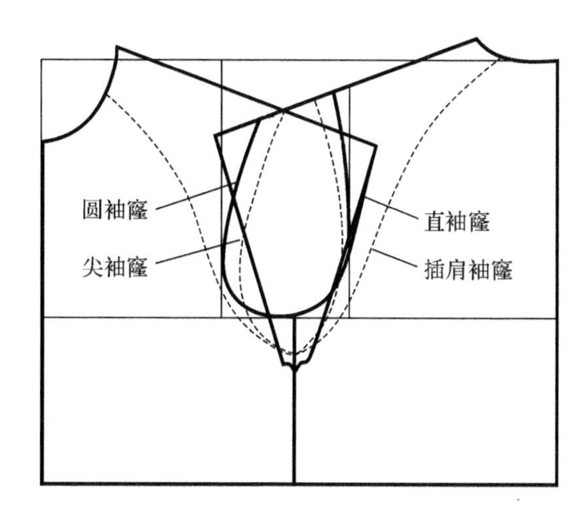

图 4.13

直袖窿与插肩袖窿是比较特殊的形式。当肩宽与胸宽不断增加，或者采用中装连袖造型时，袖窿弧线变成直线。至于男装常用的插肩袖袖窿，其实是尖袖窿的一种变形，它无非是将肩部的一部分剪切粘贴到了袖片上。

袖窿的深浅还直接影响侧缝线的长短。侧缝线与袖底线的总长对袖子的机能性有直接影响，侧缝线与袖底线的总长越长袖子机能性越好，反之则差。因此当袖窿确定为尖袖窿时，一定要与袖底线较长的单片袖型相配合，以弥补因侧缝线长度不足所带来的袖子机能性损失；反之，若采用袖心较高袖底浅较短的两片袖，则袖窿不能开得过深。

(8)后胸围 GH＝胸围 1/4＋0.5。

四开身衣片的后胸围宜按胸围 1/4 加大 0.5。这是为了照顾后袖窿的宽度。因为肩部吃势的原因后肩线已经长于前肩线，加之背宽线至肩点间距又小于胸宽线至肩点间距，如果后片胸围不适当加大，前、后片袖窿宽就显得不均衡。如果不收腰的话，后胸围加大或缩小无非是侧缝的前后移动，只要袖窿总宽及形状不变，侧缝往前移或往后移，只是改变外观造型，对结构丝毫不影响。若在需要照顾前衣片大贴袋的场合，不妨后衣片减 0.5，甚至更多也不要紧。

2. 前片

(1)一般体形前片上平线 $A'B'$ 至后领圆 C 点垂直距离 1，挺胸者间距可增大，驼背者间距可减小，甚至后片高于前片。

(2)前横开领 $A'B'$＝AB＝0.5。

对于男性一般体形，当前片上平线高于后领圈 C 点约 1 厘米时，前横开领小于后横开领 0.5 才能保持衣服肩部、领圈部位配合平整。只有当前、后侧颈点常规位置改变，或因追求非平衡造型等特殊需要时，上述横开领配合关系被变更才是合理的。

在很多情况下，前片起吊，前中心线呈 V 字形的状况是由于前横开领相对过小、前侧颈点至胸围线的长度过短所引起的；后片起吊、前中心线豁开呈八字形的状况，则是因后横开领相对过小、后侧颈点至胸围线的长度过短所引起的。

(3)前直开领 $A'C'$ 根据款式原则上可自由设定。立领等非敞口领型的场合，一般等于

或略大于后横开领 AB。

前直开领的尺寸与造型有关，与前后片配合等结构问题几乎无关，因此可以适当自由调节，以满足领子大小或领圈造型需要。

(4)前肩斜＝20°，要领与后片相同。

(5)前肩线 $B'F'$＝后肩线 BF－吃势量。因后片已经控制总肩宽，所以前片只要直接控制肩线的长度，保证与后肩线的配合就行。

(6)胸宽＝胸围 1/6＋2 左右。

要领与后片相同。宽松设计夹克衫等的胸宽，一般可以控制胸宽线与肩点的间距，前片胸宽与肩点的间距可按后片背宽与肩点的间距加 1 控制，若背宽按肩点移进 2～3.5，则胸宽按肩点移进 3～4.5，即要求胸宽小于背宽约 4 厘米。

(7)前胸围 $G'H$＝胸围 1/2－0.5 要领与后片相同。

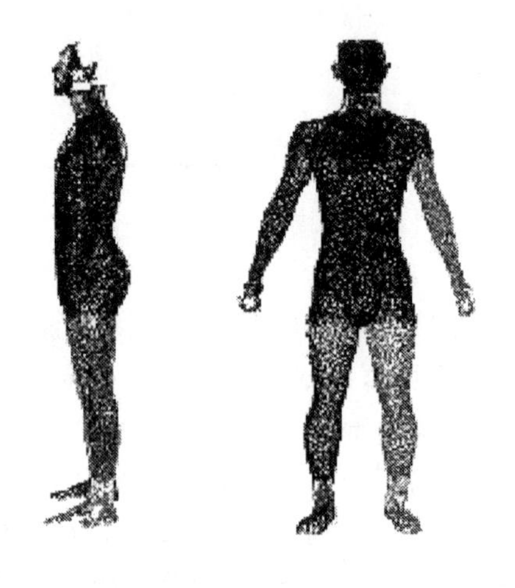
图 4.14

二、劈胸

劈胸是通过胸部以上部分的前中线倾倒，局部相对增大胸部围度，使衣服的胸部厚度增加，从而改善前衣片穿着合体性的纸样设计手段。

尽管男性胸部较之女性显得非常平坦，但从侧面观察，如图 4.14 所示一般体形的男性胸部与铅垂面的夹角仍然非常明显，从颈根部位至胸部的厚度逐渐增大，且胸部与腋窝又呈弧形转折。胸部与铅垂面的夹角形成形态复杂，既有胸部整体厚度增大的原因，也有胸部局部弧型突起的原因，为使衣服合体，因此既要收胸省使衣片局部与胸部曲面适合，同时也可采用劈胸的形式增大衣片胸部的整体厚度，使衣服整体与身体适合。

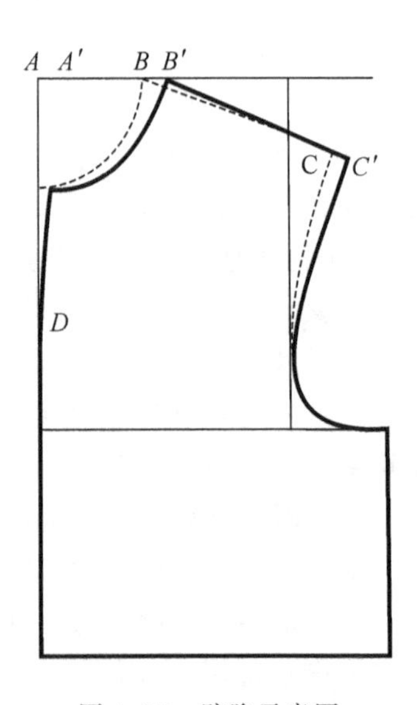

图 4.15 劈胸示意图

需要特别注意的是，设置劈胸量一般只是改变前横开领的相对量，而不可因此改变前横开领的绝对量，否则衣身的总体平衡改善了，而领圈部位的局部平衡会被破坏。

宽松的以及像夹克衫一类下摆用松紧带、绳子等收缩的衣服，还有下摆通常塞在裤腰内穿着的衬衫等，一般无需劈胸处理。

本书在第二章男性体形特征分析中测得男性胸部与铅垂面的夹角约为 20°。实验证明单片衣片劈胸量的大小大致为胸部与铅垂平面夹角的 1/4。如图 4.15 所示，角 ADA' 约为 4°～5°，或控制 AA' 的劈胸量为 1.7～2 厘米。

三、胸、腰、肩省

男装衣身上省型、省位和省量变化不大。常用省的种类大致有肩省、育克省、腰节省三种。(袖口、袖肘上的省、褶请参见夹克与衬衫制图。)

1. 肩省

肩省设在后肩线上，设肩省的目的是为了解决肩胛骨隆起的问题。如图 4.14 所示，侧面观察男性人体背部，肩胛骨突起坡面与铅垂平面之间形成的夹角非常明显。该部位突起的形态也很复杂，既有背部厚度整体增大的原因，也有肩胛骨局部弧型突起的原因。

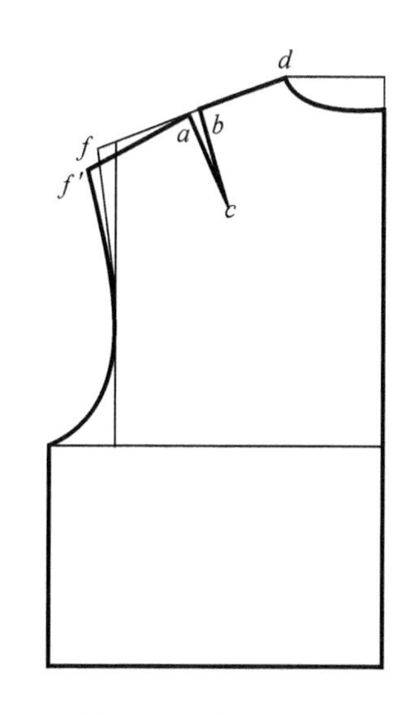

图 4.16 肩省示意图

肩胛骨部位没有明显的凸点，而是一个缓和突起的区域，根据肩胛骨与号型的回归关系分析，肩胛骨的区域中心位置大致与第七颈椎骨垂直距离为 0.6/10 号，左右间距为 1/10 型＋20 厘米。

如图 4.16 所示，省端 ab 在肩线上的位置可按款式设计要求自由确定，省尖 c 点则必须对准肩胛骨区域；省端 ab 闭合量因为会随省缝长短变化，因此省量的大小还是以角度而定更为妥当。根据男性一般体形肩胛骨隆起形态，肩省角度宜取 10°～12°。

用比例法制图时，可暂不考虑肩省，先把肩斜肩宽确定下来，然后再在肩线上设省。(肩线上设省就无需再加吃势。)设省时要注意以下几点：

(1)ac 与 bc 等长；

(2)保持原肩斜不变，即保持肩线 db 段斜度不变；

(3)角 dbc 应与角 $f'ac$ 互补，即要求角 $f'ac$ 应等于角 fbc；

(4)肩线 af' 长度与 bf 等长。

2. 胸省

胸省对于女装的意义非同小可，但对男装而言却是可有可无。这是因为男性胸部整体厚实、局部胸省量本身不大，胸省量一般在 4°～5°之间，不收胸省依靠归拔工艺也能达到同样目的，不像女装在绝大部分场合除了胸省别无他法。因此男装作胸省应首先考虑男装造型的程式化要求，在此基础上再对胸省作功能性设计。

男性胸点位置(以号型为 175/92 的男性体形为例)：胸点距侧颈点 27 左右，胸点间距 19 左右。

女装胸省一般直接指向胸点，胸点的位置非常重要。男装做胸省很少有人会去考虑胸点位置，通常是先安排胸袋位置，再根据胸袋位置安排胸省位置。在没有胸袋的场合，若能依据胸点位置，再结合衣片点线面的形式均衡来安排胸省则最好。

男装胸省除了育克剪接的袖窿省型外，在腰节上做省的，通常有如图 4.17 所示三种省型。

Ⅰ型是分缝型的胸省，由于省型是直线三角形的，不含腰省量，所以能使门襟保持平整。省尖 a 点对准胸袋约 1/2 处，距胸袋 6 左右。省端 bc 间距 1.6 左右；利用挖袋口作胸省转移，转移后要使 $ab=bc$，$bc=b'c'$，且角 $c'ca$ 与 dba 互补，角 $c'cd$ 等于或略小于 bac，同时 $e'c'c$

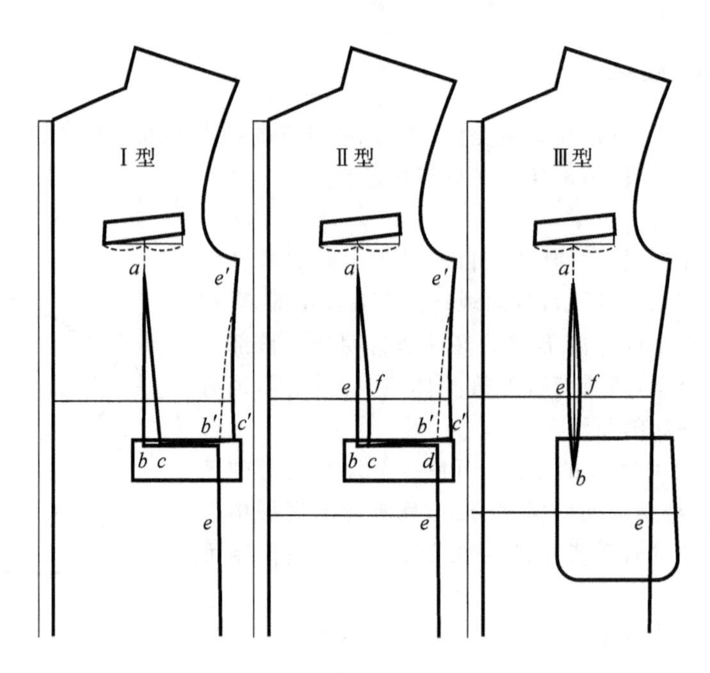

图 4.17

与角 bde 互补。

Ⅱ型既有胸省作用又具腰省作用，但 ef 间距过大容易使门襟起波浪，一般不超过 1.5，bc 间距一般为 1.1，其余要求与Ⅰ型相同。

Ⅲ型既有胸省作用又具腰省作用，但因省的两头都是尖的，因此不宜分缝；Ⅲ型收省工艺简便，但 ef 间距过大也会使门襟起波浪。Ⅲ型适合与贴袋样式配合使用。

育克剪接的袖窿省请参见夹克与衬衫章节的相关内容。

四、衣片分割线的设置

男装衣片分割相对女装而言较少。最常见的有胸部和背部的横向育克分割，胸下和肩胛下的纵向分割以及三开身衣身的纵向侧片分割三种形式。无论哪种分割线的设置都应同时考虑分割线的装饰作用和结构功能。根据场合，或在追求装饰效果的同时兼顾实际功能，或在满足功能前提下充分考虑装饰效果。

胸部或背部育克分割线的设置，原则上可按款式要求自由设置，但出于改善衣服合体性考虑，则胸部分割线应尽可能通过或接近胸点的设置，背部分割线应尽可能通过或接近肩胛骨部位。

纵向分割线的设置也同样尽可能通过或接近身体的凸起或凹陷部位。这样能融分割线的装饰性与功能性为一体，充分利用分割线可剪切、展开、差异匹配的作用，在分割线上设置省量、归拔量等。

五、领子结构设计原理

无论是男装还是女装，领子部位都是结构设计的重点部位。因为领子在衣服中处于视觉中心，不但转折关系复杂，而且还有面、里、衬的配合问题，因此需要格外重视。

男装基本领型可分为立领、翻领和驳领三个大类。

1. 立领

立领指穿着时领子围绕颈部呈直立状态、领口一般要求闭合穿着、领片结构中无翻折线、领圈按颈根截面形状设计、领子与领圈相对独立的领型。其代表性样式有中式立领、学生装领、衬衫领、中山装领等。

立领又可分为如图 4.18 所示的三种造型。

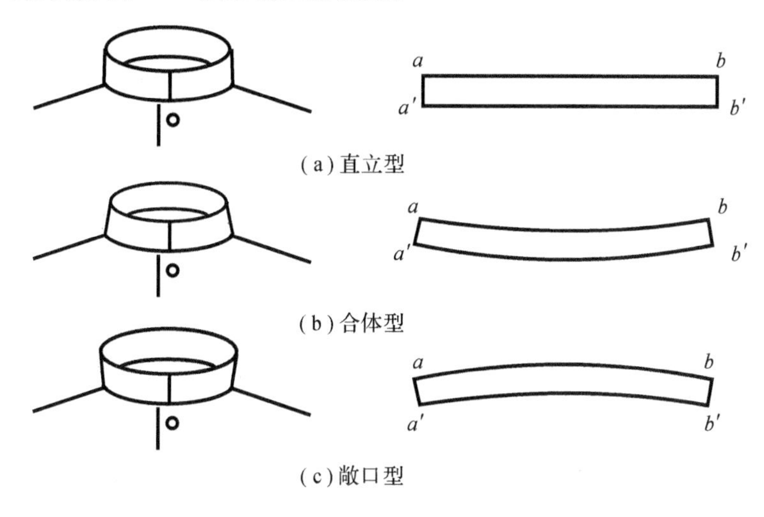

(a) 直立型

(b) 合体型

(c) 敞口型

图 4.18

从图 4.18 所示的三种立领各自的平面展开图可以看出：

直立型立领领口线 ab＝领底线 $a'b'$；

合体形立领领口线 ab＜领底线 $a'b'$；

敞口型立领领口线 ab＞领底线 $a'b'$。

人体的颈部近似圆台体，脖子根部大于脖子中部。通过人体测量分析，我们知道男性一般体型的脖子根部与脖子中部周长差平均为 2.8 厘米左右(脖子中部与根部的距离设定为 4 厘米)。因此直立型立领如果领底线长度满足脖子根部周长即领圈弧长，则领口线一定过长，领口与脖子中部会有一定间隙；合体形立领若是常规领圈，领口线 ab＜领底线 $a'b'$ 约2.8 厘米时最为合体；敞口型立领因为领口大于领圈，所以在合体设计的服装中一般不采用，多用于宽松设计的冬装能把下巴包裹的、有时是连帽的领型设计。

合体形立领和敞口型立领领片的扇环形取决于领底线与领口线之间差量的大小，差越大弧形越强烈，当差＝0 时，领片变成长方形。扇环弧形的确定可采用纸样剪切展开法，先按 $a'b'$ 长和 aa' 作长方形，然后将长方形纸样剪切展开。保持领底线 $a'b'$ 长度不变，缩短领口线 ab，领片就由直立型变为合体形；反之保持领底线 $a'b'$ 长度不变，拉长领口线 ab，领片就由直立型变为敞口型。具体请参考稍后的翻领领座纸样剪切展开图示。

立领的领底线弧长应等于领圈弧长。在领子是硬领(使用较硬较厚的领衬)的场合，领圈可略小于领子，装领时领圈微微拉紧，可使领圈周围更加平整。

2. 驳领

驳领指领口一般要求敞开穿着、领片结构中有明确翻折线、领圈形状可方可圆、领子与领圈配合严密、领子与领圈通常要求一体设计的领型。其代表性样式有西装领等。

驳领结构设计的原理与翻领相同。可参照下面的翻领结构设计原理、方法与步骤。

3. 翻领

翻领指领口第一粒纽扣可敞开穿、也可扣合穿、穿着时领座与翻出部分呈转折状态、领片结构中有翻折线,但领圈按颈根截面形状设计、领子与领圈相对独立的领型,其代表性样式有巴尔玛大衣领等。

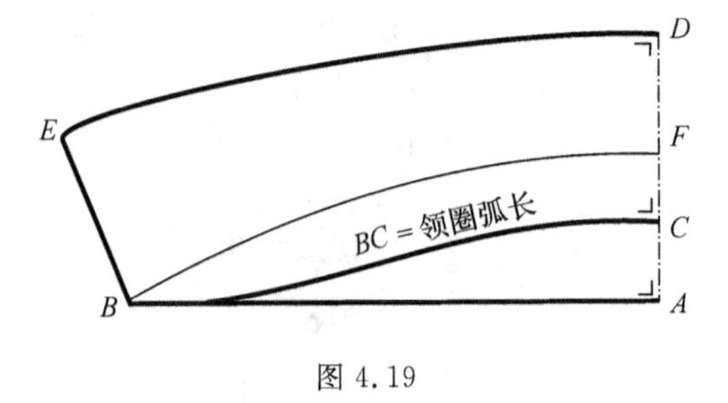

图 4.19

翻领领片基本形状如图 4.19 所示。图中:

BE＝领尖宽;

DC＝领后中宽;

ED＝领外围线;

DF＝领后中翻出宽;

FC＝领座后中宽＝(领座高);

BF＝翻折线;

BC＝领底线;

AC＝领底起翘量。

为了便于叙述,我们将图中 B,E,D,F 四个点连线所构成部分称作领子翻出部分。

翻领的结构原理与驳领基本相同。所不同的是,驳领因为有明确的翻折线,而且领子串口线(串口线指西装领翻折在外的领子与驳头缝合部分的线段)较长,领子与驳头成为一体,使得领缺口可调节领外围线长短的作用显得非常微弱;而翻领领子只装到领圈前中心线为止,领子与驳头相对独立,且要求穿着时扣敞两宜,因此领底与领圈的配合、领子的倾倒量设计等较之驳领相对灵活。

(1)翻领设计要点之一在于对领底起翘量 AC 的控制。

领底起翘量与领座之间存在着起翘量越大领座相对越低、反之相对越高的规律。这是因为当领尖、领后中宽及领片的所有角度不变时,领底起翘量增大或变小,必然会引起领外围线长度变化;领外围线长度的变化,则必然导致领子领外围线在肩部附着位置的改变;由于布料是柔性的,人体肩部的形态近似圆台,因此领外围线变长则附着位置会下降,变短则附着位置会上升,结果使领座高低发生变化。掌握这一规律是进行领片设计的必要前提。

领片设计所需的已知条件通常有领尖宽、领后中宽、领底线长、领座高和领外围线形态要求等,其中前两项和第四项一般有规格指示,或由打板师自行设定;第三项可从领圈上量取;第五项可通过观察设计图或样品照片获知。(领片设计所需的已知条件还应包括领圈形状、翻折线形态等,为了叙述方便,这里暂不涉及,稍后在领片设计方法与步骤中再作介绍。)

上述五项条件加上领底起翘量是构成领片形状的六个要素。前五个要素因为涉及领子外观造型不能更改,那么唯一能够变更调节的只有领底起翘量的大小。领底起翘量本身不受外观尺寸、形状的规定约束,但却能作用于领子外观尺寸和形状。

有经验的打板师只要根据领后中宽、领尖宽、领座高、领底线长和领外围线形态要求,就能基本把握领底起翘量。

因为领后中宽、领尖宽、领座高和领底线长度一定，领底起翘量不同则领外围线的形态必然不同。显而易见如果领后中宽、领尖宽度和领底线长度不变，改变领底起翘量 AC 的话，当 AC 增大，领外围线弧线趋向强烈（向外鼓起）；当 AC 变小，领外围线弧线趋向平坦（甚至内陷）。可见我们应当对领外围线的形态也要有足够的重视。

（2）翻领设计要点之二在于领底线 BC 的长度与领圈弧线长度的配合。

领底线 BC 原则上应当是与领圈等长的，因为领底最终要缝在领圈上。但领片设计完成到如图 4.19 所示形状时，此时领底线 BC 究竟应该与领圈等长还是非等长却是大有讲究。选择有三种：

1）领底线 BC 等于领圈弧长；

2）领底线 BC 小于领圈弧长；

3）领底线 BC 大于领圈弧长。

三种选择最终成品的穿着效果会有什么不同呢？

对翻领来说尽管领座与翻出部分连为一体，但以翻折线为界，我们还是可以把领座部分视作立领，把翻折线看做是立领的领口线，因为领座部分在成品形态中总是竖起的，只是竖起的程度因设计要求不同而已。

因此，我们只要拿图 4.19 中的领座形状与前面介绍的立领三种造型相比较，就不难看出图中的领座属于敞口型，是不合体的。

现在，如果再让我们来选择领底线 BC 与领圈究竟应该是等长还是非等长的话，我们肯定会作如下考虑：当希望领型是合体设计时就应该选领底线 BC 小于领圈；当希望领型是随意休闲设计时不妨选择领底线 BC 等于领圈；至于领底线 BC 大于领圈的选择，在翻领的场合几乎是没有理由的。

读到这儿可能有读者会问，领底线 BC 小于领圈怎么装领啊？这正是我们接着需要讨论的问题。

有兴趣的读者可以做一下实验，找个人体模型，按模型的领圈线长度，参照图 4.19 所示形状做成翻领领片纸样，然后将纸样的领底线沿着模型领圈用别针固定，观察领子翻折线与脖子的间隙情况。接着取下纸样，参照图 4.23 在领座上剪几个刀口，再将纸样以前领圈中点为起点，沿着模型领圈，用别针固定，固定时应顺势展开领座纸样上的刀口，此时纸样的领底线和翻折线一定会长出模型后领圈中点。再次观察领子翻折线与脖子的间隙，就会发现间隙较先前减少，侧颈点处领口比原来合体多了。

这是因为纸样领底线 BC=脖子根部（领圈），翻折线 $BF>$领底线 BC，而脖子中部$<$脖子根部，因此翻折线 BF 必然$>$脖子中部。

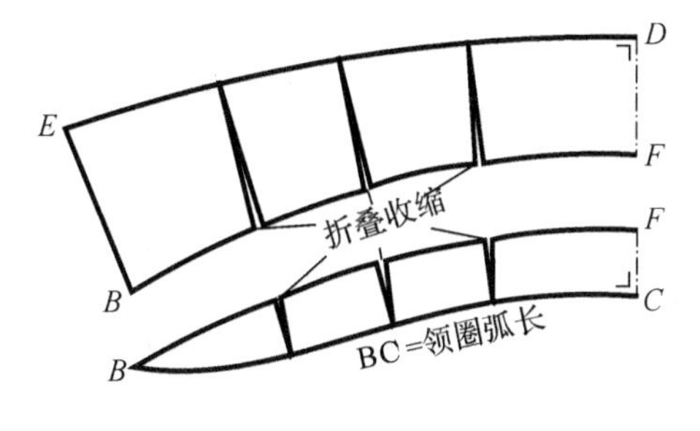

图 4.20

领底将来要与领圈缝合最终必须等长。这样问题就变成如何既使领底与领圈等长、领子的外围线长度不变，同时又使翻折线缩短，使得领口合体。

最直接的办法是，如图 4.20 所示，将领子纸样沿翻折线剪开，将上、下领片的翻折线折叠收缩。

这个方法理论上成立实践中却是行不通

的，因为不管是什么领型，翻折线一般都不允许分割。翻折线不允许分割的原因不说大家也知道，若是翻折线变成了拼接缝，翻折形态还会自然美观吗？因此需要变通。变通办法常用的有归拔法和领脚剪接法两种。

①归拔法

采用归拔法可如图 4.21(a)所示，将领底线 BC 预先设定为领圈弧长减拔开量。预先缩短领底线是暂时手段，将来还是要复原的，其真正目的是为了缩短翻折线 BF。需要特别注意的是，预先缩短领底线的前提是保持领片其余部位的规格形状符合领型设计要求不变，领外围线 ED 长度不能因此缩短(关于领子外围线的技术分析将在稍后展开)。

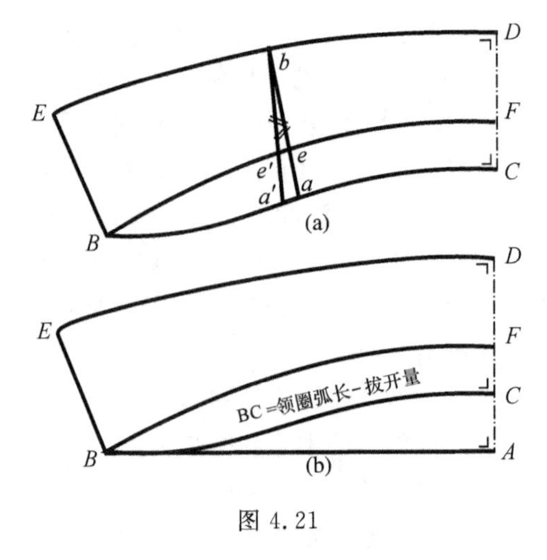

图 4.21

纸样技术处理的具体方法是：

图 4.21(b)所示的领片，可以理解为是经过图 4.21(a)的剪切变形而成的。在剪切变形前领底线 BC 等于领圈弧长，通过在领底侧颈点附近接近垂直方向沿 ab 连线剪开纸样，然后将纸样 b 点对齐，a 点重叠，重叠量为将来领底拔开量。这样一来，领片上三条横向的弧线，最上面的一条长度没变，其余两条不同程度缩短了。其中 BC 缩短了拔开量 aa'，BF 缩短了 ee'。BF 缩短是我们所希望的，是本环节纸样技术处理的目的；BC 缩短则是为了实现 BF 缩短而采用的技术手段。

在归拔原理中我们已经指出过，拔开量的大小受材料性能严格制约。男装的领子绝大多数采用横裁或竖裁，极少采用斜裁，因此拔开量是有限的。从图 4.21(a)可知，翻折线 PF 的缩短量小于领底拔开量。换句话说仅靠领底拔开量设计只能对翻领领口合体性产生一定程度的改善，而不能充分解决领口合体及领座倾倒造型领子(指有些领型设计为了使衬衫领口露出，或为了特定的领子造型效果，希望领座与肩线的夹角增大，甚至接近 180°)的纸样结构问题。采用归拔法的优点是工艺简便，用料节省。

②剪接法

领脚剪接法所依据的结构原理与归拔法完全相同，只是形式有别，对翻折线缩短的力度有差异而已。

从图 4.21(a)中采用领底拔开量设计缩短翻折线的情况看，翻折线的缩短量大约是拔开量的 2/3。前面我们曾提到过，立领的三种领型可以通过调整领口线或领底线的长度相互转换，这个方法同样适用于翻领领座设计。图 4.22 中的领座形状是敞口型的，要将它调整成合体形，翻折线 BF 缩短量需要很大。前面我们还曾介绍过男性一般体形脖子根部与脖子中部周长差平均为 2.8 厘米左右。这意味着在正常领圈情况下，1/2 领片的翻折线须缩短约 1.4 厘米才能将领座从现在的敞口型转换成合体形。一般的精纺面料 1/2 领底纬向拔开量勉强可达 0.7 厘米，过度拔开不但工艺困难，也会使面料变形、变薄。所以要使领口充分合体，或者为了追求领座倾倒的领型效果还得采用领脚剪接法。

所谓领脚剪接法就是通过变通翻折线分割，将分割线设置在尽量靠近翻折线但又不影响领子翻折效果的地方剪切领座的局部即领脚，再通过领脚展开变形，使预先缩短的领底线

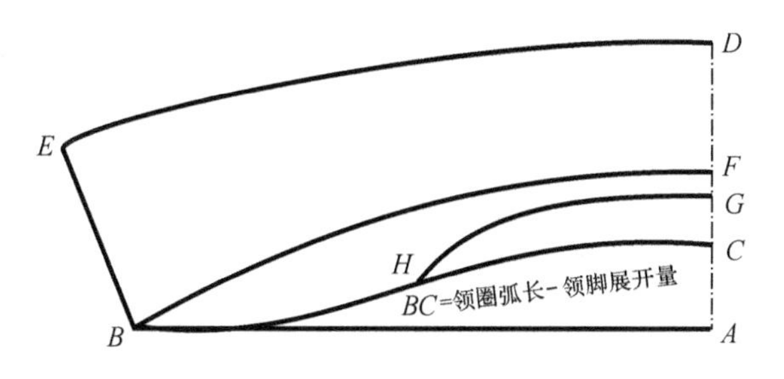

图 4.22

长度复原，从而达到缩短翻折线，使领口合体的目的。

采用领脚剪接法同样要以保持领片其余部位的规格形状符合领型设计要求不变为前提，预先按领脚展开量缩短领底线，纸样技术处理的具体方法与拔开法中图 4.21(a)所示同，但领底缩短量应改为领脚展开量，普通翻领的领脚展开量通常以 1.2～1.4 厘米为宜。

图 4.22 所示领片是领外围线和翻折线的长度已经符合设计要求、领底线 BC 的长度＝领圈弧长－领脚展开量的状态表示。图中 FG 即翻折线与领脚线的间距通常为 1 厘米，H 点以翻领敞扣穿着时不外露为前提尽可能靠近 B 点。被剪切的由 G,H,C 三点构成部分服装行业俗称"领脚"。

领脚剪切下来以后，可按图 4.23 所示进行展开，展开口子至少不少于 4 个，展开口子多些，领脚形态更容易顺畅。展开点 a,b,c,d 的展开量应依次递减，各展开点展开量之和应等于展开总量，然后修顺领脚弧线。

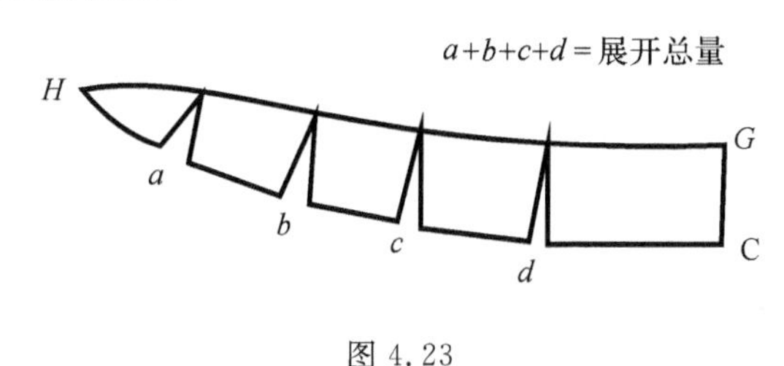

图 4.23

展开后的领脚应保持弧线 HG 长度与展开前不变，弧线 HC 长度＝展开前长度＋展开量，角 H,G,C 保持展开前不变。采用领脚剪接法的优点是根据领子造型需要，领底展开充分，能使领座与肩线的夹角接近 180°；缺点是相对费工费料。

(3)翻领设计要点之三在于对领外围线 ED 的长度与形状控制。

领外围线的形状是领型构成和领片构成的重要因素。领外围线不同于领底线和领底起翘量，前者是显性的，对领型的影响是直接的，而后两者是隐性的，对领型的影响是间接的。通过前面的分析，我们已经知道这三者是相互联系、互为因果的。但需要指出的是因前者与后两者的性质不同，前者可以支配后两者，后两者必须服从前者；也就是说当三者相互抵触时，必须保证领外围线的形状与长度，被调整的只能是领底线或领底起翘量。

从上述意义上讲，领外围线的长度与形状是领子造型的客观要求，打板师的任务就是根据领子造型的要求，在准确控制领外围线长度与形状的前提下，使领底线与领底起翘量符合领子造型与工艺要求。

下面我们就领外围线长度与形状控制的基本原理与方法作一简要介绍。

翻领在穿着状态下，领外围线 ED 附着在衣片上的形态与位置如图 4.24 所示。通常要求领外围线慰贴地附着在预定的附着位置上，与衣片之间既不绷紧也不松弛，即要求领外围线的长度与附着线的长度相等。

从图 4.24 可知，因领外围线在穿着状态下必定与肩缝相交，以肩点为界将领外围线分成 EO 与 OP 前、后两段，并形成前片上的附着线 $E'O'$ 和后片上的附着线 $O'P$，所以 $EO=E'O'$，$OP=O'P'$ 弧长。

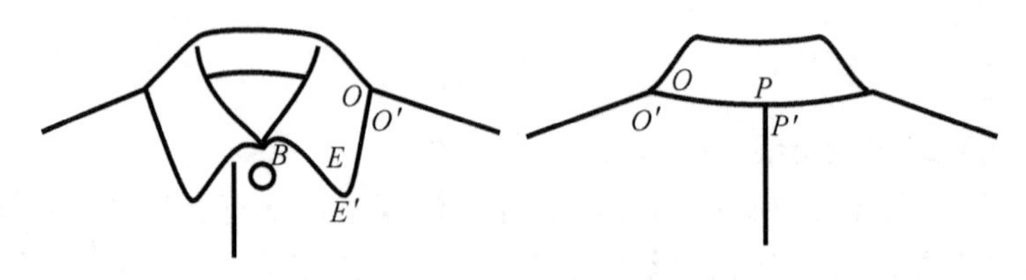

图 4.24

据此分析我们只要先确定领外围线的附着位置，通过测量附着线的长度就可以准确控制领外围线的长度和大致形状。具体方法与要领请看随后的结合衣身设计领片方法介绍中的相关内容。

4. 领片设计的一般方法与步骤(单位:厘米)

在我国服装行业翻领领片制图的传统做法是领片设计与衣身领圈各自单独设计，现行的做法也大都如此，这样做的好处是制图便捷，但这种方法由于领片与衣身设计相对分离，相互匹配与否全凭间接比照，因此对领子最终形态的控制相对较难，对打板师的经验要求很高。翻领领片单独设计的方法，其实在翻领结构设计的基本原理中已经概要地介绍过了，读者只要透彻理解领结构设计的基本原理，结合自己的经验，参考前面的图示和说明，可以自己尝试着做一做。

受国外服装结构设计思想与方法的影响，目前在服装企业，特别是服装院校的结构教学中也采用在衣片上结合衣身设计领片的做法。这种做法比较繁琐，但对领片与衣身配合、领子最终形态的控制相对容易。

在此我们介绍结合衣身设计领片的方法。

首先可根据款式效果图预定领尖宽、领后中宽、领座高，并量取衣片的前领圈长和后领圈长。

已知领尖宽度＝8；领后中宽＝7.5；领座后中高＝2.8；测得前领圈长＝△；后领圈长＝▲。

步骤一(见图 4.25)

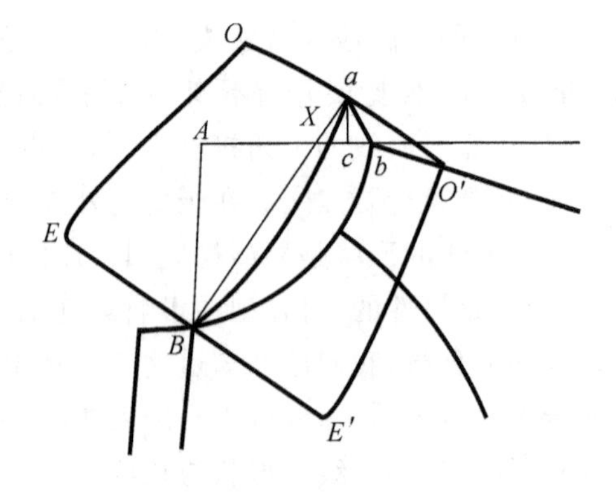

图 4.25

(1)确定 a 点。ab 连线是领座在侧颈点处的位置，a 点一经确定，则侧颈点处领座与肩线的夹角、翻折线的位置也随之确定。

cb 间距可在大小等于 0 到小于等于领座后中高之间自由设定，cb 间距越大，领座与肩线夹角越大，反之领座越是直立。此处取 cb 间距为 1.2，取线段 ab 为 2.7，以 b 点为圆心，与铅垂线 ac 相交得 a 点。线段 ab 的长度应视领座高度而定。观察图 4.22 可知，当领座后中宽为 FC 时，领座侧颈点处的宽度通常等于或略小于 FC。

此处领座后中宽度预定为 2.8，故取 ab 为 2.7。

a 点的位置也可按以下方法确定：先定线段 $ab=2.7$，然后使线段 ab 与肩线的夹角成一定角度。角 abO' 多在 120°～110°之间，本图约为 117°。角 abO' 越大，前、后横开领相应也要大，否则 AX 的宽度会不足。AX 的宽度应不小于（颈围＋3）/2π。

（2）确定 O' 点。O' 是领子外围线与肩线的交点，aO' 在肩线上的位置一般可由 aO' 宽度来确定。参见图 4.22 可知，普通翻领领片侧颈点处的总宽度与后领总宽比较接近，通常都是侧颈点处等于或略宽于后中。因此可按后领总宽估计设定该处总宽，然后减去该处领座宽，再根据材料的厚薄酌情减去转折厚度量，即可基本确定该点位置。因该部位领片领座与翻出部分呈明显的转折状态，因此存在转折厚度。（对于中薄型的精纺毛料，该处转折厚度量 0.7 为宜。）例如：本图预定后领总宽为 7.5，估计侧颈点处领片宽为 7.7，则 $AO\approx7.7-2.7(ab)-0.7$（转折厚度）。

（3）确定 E' 点。按领尖宽要求，同时比照款式效果图，确定 E' 点位置和领外围线前半部分的形状，连接 $BE'O'$ 三点。注意领尖角度，正面效果图的领尖角度由于绘画中的透视关系，往往会显得比实际的小。

（4）根据款式造型要求，确定翻折线 aB 连线的形态，翻折线可以是直线形的，也可以是弧线形的，应根据造型要求确定。

（5）以 aB 直线为对称轴，将 $BE'O'$ 的连线镜像复制为 BEO 连线。

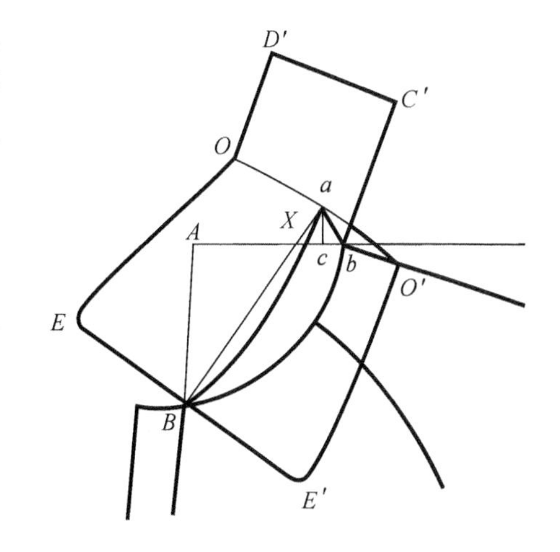

图 4.26

步骤二（见图 4.26）

（6）量取后领圈弧长，令线段 bC' 等于或短于后领圈弧长 0.5。bC' 目前若与后领圈等长，完成后约短 0.7，依此类推。bC' 的长度究竟定多少应视领型而定，这一点在前面已经有过详细介绍。

bC' 的方向自由，一般可顺着前领圈延伸。

（7）令角 $D'C'b$ 为直角，且 $D'C'$ = 领后中宽。

（8）在 D' 点作 $D'C'$ 的垂线，且使垂线与 aO 延长线相交。

步骤三（见图 4.27）

（9）确定领子外围线后半部分在后片上的附着位置 O' 点和 P 点。后肩线上的 O' 至 b 点的距离与前片同。P 点是领外围线与衣片后中线的交点，即是后领翻出部分盖过领圈的位置。

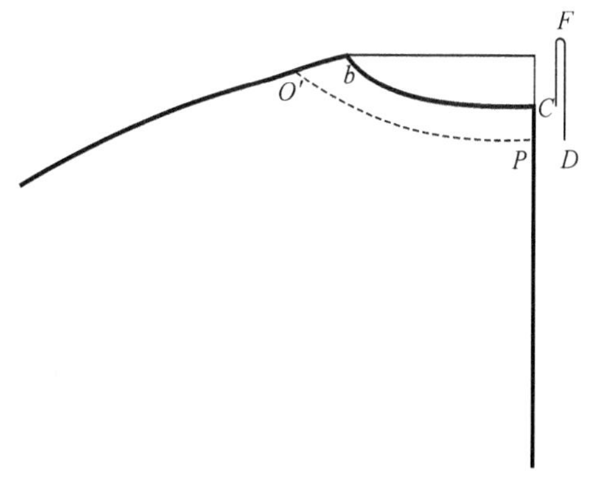

图 4.27

P 点至 C 点的距离＝后领翻出宽－领座后中宽－转折厚度量。如图 4.27 所示后领翻出部分 FD 与领座 FC 存在转折关系，转折厚度量视材料厚薄酌情设定，与前片 O'点设定要求同。

步骤四（见图 4.28）

（10）领片剪切展开。用直线连接 b,O 两点，沿连线剪开领片（或复制 $bOD'C'$ 部分），对齐 b 点，展开 O 点，O 点至 O''点展开量为线段 OD' 长与图 4.27 中 $O'P$ 弧长之差。

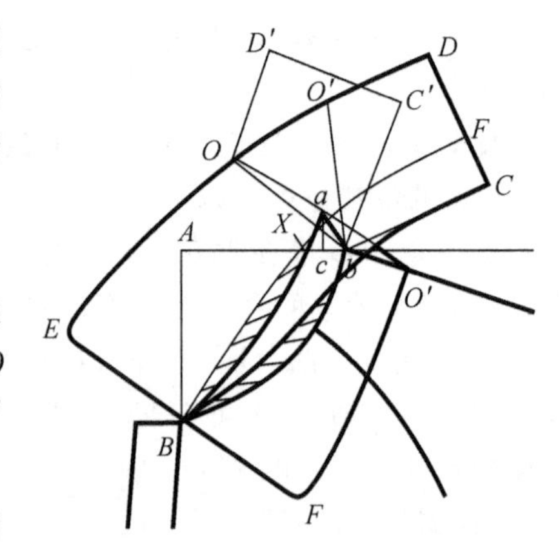

图 4.28

（11）重新修顺 E 点至 D 点的弧线。确认展开后 O 点至 D 点的弧长＝图 4.27 中 $O'P$ 弧长。

（12）确定领底形态。用弧线顺畅连接 B 点与 C 点。注意本款领子的翻折线是弧形的，所以领底与领圈应保持一定的缺省量，如图阴影所示领底缺省量应与翻折线处 aB 直线和 aB 弧线间的缺省量相对应。如果翻折线是直线型的，则领底与领圈应当完全吻合匹配。

（13）确认领底线的长度是否符合领脚展开量设计的要求，如果发现过大或过小，则应当重新调整领底线长度，同时重新确认领外围线的长度。

（14）设定翻折线。FC 的距离为预先设定的领座后中高度，用弧线顺畅连接 F 点与 B 点。侧颈点处翻折线距领底线的宽度可依据 ab 的宽度或作微调。翻折线侧颈点至 B 点段的弧线形态，应尽量与预先设定的 aB 弧线相似。

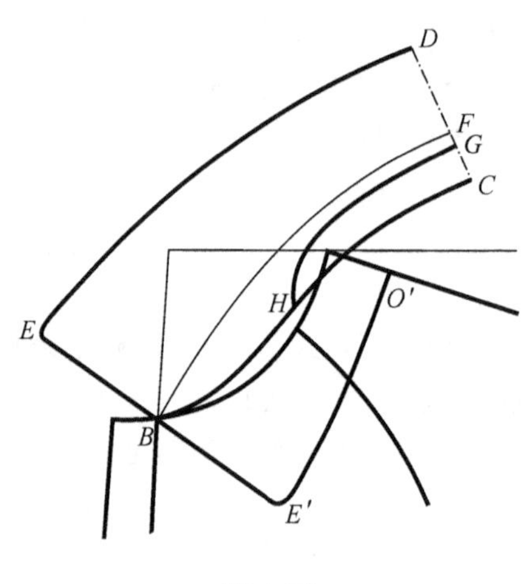

图 4.29

步骤五（见图 4.29）

（15）确定领脚分割线。G 点距 F 点按理是越近越好，但因分割线上有缝份，缝份至少 0.5，过近的话，拼接缝就会影响翻折效果，因此分割线与翻折线的间距 1～1.2 为宜。H 点以翻领敞扣穿着时不外露为前提尽可能靠近 B 点，通常 H 点过侧颈点约 4。按图所示弧线连接 G 点和 H 点。

（16）领座展开。参见翻领结构设计基本原理介绍中有关领脚展开方法的说明。

以上我们就翻领设计中领座形状、领底线长度、领底起翘量大小与领型关系、领子外围线控制要求、领底形态与领圈、领底形态与翻折线的关系进行了较为深入的讨论，如果大家能透彻理解领子结构设计的这些基本原理与要求，熟练掌握上述领片设计的基本方法与步骤，那么领子结构设计对你来说将是一件轻而易举的事情。

六、袖子结构设计原理

袖子的纸样设计及袖子与袖窿的配合是整件衣服纸样设计中难度最大的。因为手臂是人体中活动幅度与频度最大的部位，而且腋窝截面形态复杂，要求袖子穿着静态美观、动态舒适，这就对袖子的结构设计提出了非常高的要求。静态与动态，或者说合体性与机能性，这对矛盾的冲突在袖子结构设计中的表现尤为突出。袖型不同、袖山高低、袖肥大小、袖底线长短、大小袖片的配合关系以及袖窿深浅、袖子与袖窿匹配与否，甚至装袖工艺都会对袖子合体性与机能性产生影响。要进行袖子结构设计，首先要对上述影响袖子合体性与机能性的相互作用关系进行深入分析。

1. 袖型

大略地说，男装常用袖型的基本结构形态就两种，一种是以衬衫袖为代表的单片袖，另一种是以西装袖为代表的两片袖。这里所谓的单片袖并不意味袖片数量只有一片，哪怕袖片分割成两片、三片甚至更多片，但只要是符合袖山低、袖肥宽、袖底线长的袖片结构特征，与尖袖窿相匹配的我们都将其统称为单片袖；同样这里所谓的两片袖也并不意味着袖片数量只有两片，而是泛指具备袖山高、袖肥窄、袖底线短的袖片结构特征，且与圆袖窿相匹配的袖型。如本书第七章中夹克袖虽然袖片分割成大、小两片，但其结构特征明显是单片袖的，因此我们将其还是称作单片袖；而本书中第九章达尔夫外套的袖子，袖片尽管只有一片，但完全符合两片袖的基本特征，我们仍应将其归属在两片袖的范畴。插肩袖从袖片的形状看似乎很特别，其实不过是上述两种基本结构形态的变化应用，机能性优越的插肩袖其结构形态一定与单片袖的特征相符，讲究合体的插肩袖(女装中较多采用)其结构形态一定与两片袖的特征相符。

根据手臂运动规律及与袖片结构关系分析可知，袖山越饱满、袖肥越宽、袖底线越长，袖子的机能性相对越好，合体性相对越差；反之合体性相对越好、机能性相对越差。

由此可见单片袖的袖片结构体现了袖子动态机能性优先的设计意图，两片袖的袖片结构体现了袖子静态合体性优先的设计意图。因而宽松设计的、强调机能性的衬衫、夹克等多采用单片袖，合体设计的强调静态穿着美观的西装等多采用两片袖。

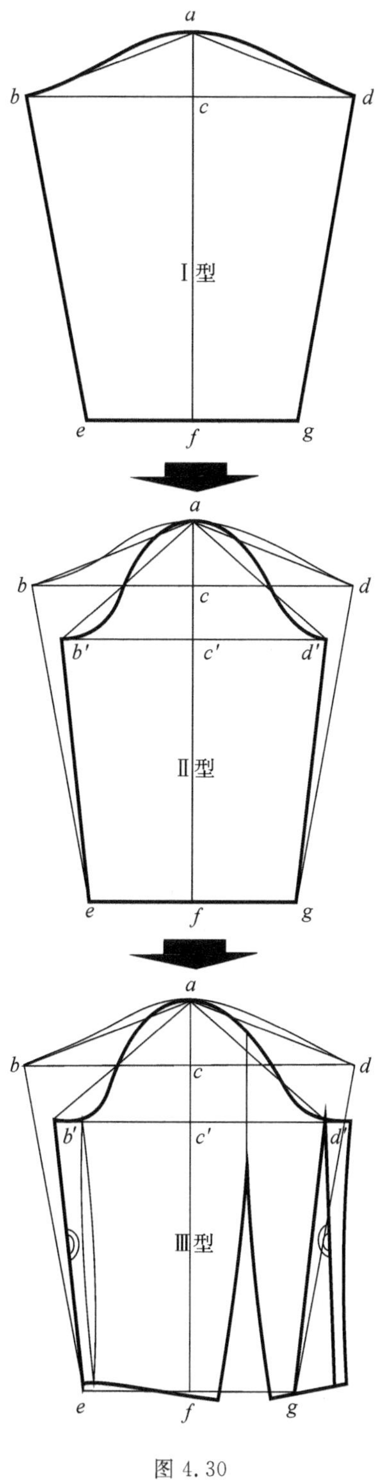

图 4.30

单片袖与两片袖的袖型是相对的、可以相互转化的。但单片袖与两片袖各自所要求对应的袖窿形态在一定程度上讲却是绝对的。说得明白一点，单片袖必须与尖袖窿相对应，两片袖必须与圆袖窿相对应。根据前面男装衣身关键点位控制一节中有关尖袖窿与圆袖窿的图示，我们可以结合袖型作进一步分析：袖底线与衣片侧缝是互补的，袖底线长了，侧缝可以适当短些，袖底线短了，侧缝必须要长，否则袖子的机能性与合体性无法协调。单片袖若配圆袖窿，不但袖山与袖窿形状不匹配，而且袖肥也做不大；两片袖若是配尖袖窿，同样不光形状不匹配，而且因为袖底线短加之侧缝线也短，将使袖子机能性更差。

单片袖与两片袖之间的转化如图4.30所示，从典型的单片袖Ⅰ型，通过提高袖山、缩小袖肥并使袖山陡峭，过渡到Ⅱ型，进而分割大小袖片，使袖管更加符合手臂自然下垂时的形态，最终转化成典型的两片袖Ⅲ型。

男装也好女装也罢，袖子的外观形式千变万化，对于机能性或合体性的追求也不可能是绝对的，人们总是希望袖子穿起来既好看又好动。因此我们在进行袖片设计时不能顾此失彼，而应该采取折中调和的办法，在单片袖与两片袖、尖袖窿与圆袖窿之间寻找最佳状态，在有些场合甚至可以采用中间状态。

2. 袖山高与袖肥、袖底线的关系

从图4.31中我们可以清楚地看出，袖山高与袖肥、袖底线存在如下关系：

(1)虽然前袖窿弧长$ab=ab_1=ab_2$，后袖窿弧长$ac=ac_1=ac_2$，但因袖山高$ad<ad_1<ad_2$，所以$bc>b_1c_1>b_2c_2$。

可见当袖山弧长(即袖窿弧长)一定时，调整袖山高就能改变袖肥大小，袖山越高袖肥越小。

(2)虽然$ad+df=ab_1+d_1f=ad_2+d_2f$但因袖山高$ad<ad_1<ad_2$，所以袖底线$be>b_1e>b_2e$。

可见当袖长一定时，调整袖山高就会改变袖底线长度，袖山越高袖底线越短。

(3)袖山高取最小值0时，袖肥为最大值；袖肥为最小值时，即袖片袖肥宽度等于臂围时，袖山高为最大值。

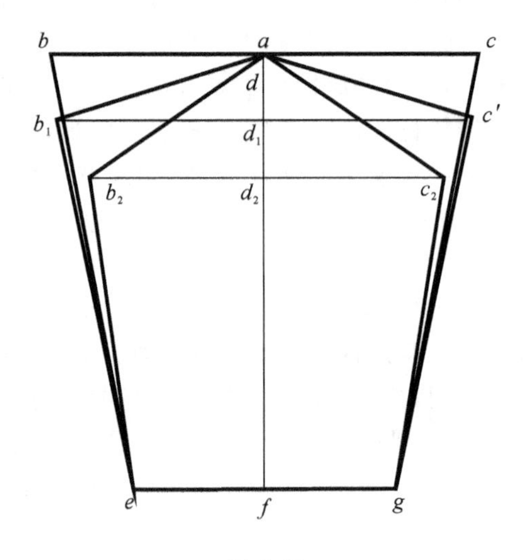

图4.31

3. 袖山与袖窿的配合关系

袖山与袖窿的配合关系除了要掌握前面所说的单片袖配尖袖窿、两片袖配圆袖窿、直线型袖山配直线型袖窿这些大形匹配要求之外，还必须掌握袖山与袖窿具体的形状与尺寸的配合要求。

首先是袖山与袖窿的形的配合。

观察图4.30和图4.31可知：

(1)袖山增高，袖山形状相对陡峭，袖山弧线曲率变大，要求与之匹配的袖窿相对浅而宽，袖窿弧线曲率相应也大。

(2)袖山降低，袖山形状相对平坦，袖山弧线曲率变小，要求与之匹配的袖窿相对窄而深，袖窿弧线曲率相应也小；袖山高为0时，袖山弧线变成直线；袖窿弧线也应是直线。

(3)单片袖袖山与袖窿的形态配合要求参见第七章夹克结构制图。

(4)两片袖袖山与袖窿的形态配合请参见第十二章纸样形态确认的相关内容。

(5)插肩袖袖片与袖窿的配合要求请参见第九章巴尔玛大衣袖片制图中的相关内容。

其次是袖山与袖窿的量的配合。

单片袖、尖袖窿多用于夹克、衬衫等宽松设计衣服的衣片结构中，尖袖窿大多也是由于肩宽、胸宽增加所致，所以单片袖、尖袖窿的成衣效果大多是落肩造型，装袖工艺也多为肩压袖(指袖窿缝头倒向衣身)形式。成衣后袖窿成为袖山的外径，所以这种袖型装袖不需要吃势，反而应视材料厚薄使袖山弧线略短于袖窿弧线。(详见本章中层叠型差异匹配设计的相关内容。)

两片袖、圆袖窿的成衣效果大都是肩部合体造型、装袖工艺也多为袖压肩(指袖窿缝头倒向袖片)形式。成衣后袖山成为袖窿的外径，所以这种袖型装袖需要吃势，吃势大小不仅与材料厚度有关，而且还与袖子的工艺与造型有关。(详见本章中层叠型差异匹配设计的相关内容。)

4. 大小袖片的配合关系

以西装袖为例，如图 4.32 所示，西装袖为大小袖两片袖结构，大袖片前后都有偏袖设计，与小袖片成转折配合关系，又因西装袖肘部前凹后凸的造型要求，所以大、小袖片的前、后侧缝之间不但相互形状需要吻合配合，还因存在归拔关系而需要差异匹配。

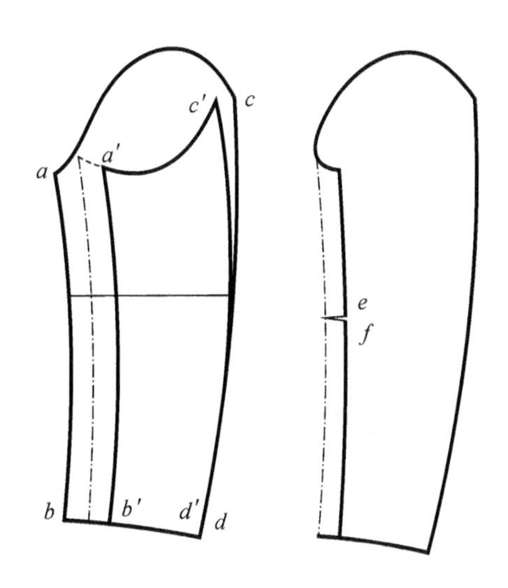

图 4.32

(1)大、小袖片吻合匹配要求

为使大、小袖片前后侧缝缝合后袖山弧线顺畅，所以要求大袖片角 a、角 c 分别与小袖片角 a'、角 c' 呈互补关系，即要求角 a＋角 a' 略大于 180°，角 c＋角 c' 略小于 180°。

同样为使大、小袖片前后侧缝缝合后袖口线顺畅，所以要求大袖片角 b、角 d 分别与小袖片角 b'、角 d' 呈互补关系，即要求角 b＋角 b'，角 d＋角 d' 等于 180°。

(2)大、小袖片差异匹配要求

大袖片内侧缝 ab 应短于小袖片内侧缝 $a'b'$，这是因为 ab 是 $a'b'$ 的内径，根据本章节前面的归拔原理，由内径向外径翻折必须拔开。因此 ab 弧线上需要拔开量设计。

大袖片外侧缝 cd 应长于小袖片外侧缝 $c'd'$，这是因为 cd 是 $c'd'$ 的外径，由外径向内径翻折必须归拢，因此 cd 弧线上需要归拢量设计。

大、小袖片内外侧缝如果没有归拔量，就达不到前面所说的袖管前凹后凸、呈管状弯曲的造型要求。

大、小袖片前后侧缝长短差异量与偏袖的宽度及袖型的弯度有关。为了直观了解拔开量与偏袖宽度、袖管弯度的关系，我们不妨如图 4.32 所示，将大袖片纸样的偏袖沿点折线翻折，在肘部剪刀口，刀口展开量 ef 就是拔开量，偏袖越宽、袖管越弯显然 ef 展开量会越大。大袖片外侧缝的归拢量设计同理。

大、小袖片的这种归拔量设计，只有在合体设计的袖型中才需要讲究，宽松的、直通状的袖型不需要归拔量设计。有关插肩袖前、后袖片袖中线、袖底线的归拔量设计要求请参见第九章巴尔玛大衣制图中的有关说明。

第五章　男西服结构设计原理与方法

第一节　西服的种类分析

一、西服概述

西服作为上流社会男性的经典服饰，在当今国际服饰文化中，有着极其重要的社会地位。但追溯西服的历史，可发现西服最初只是西方渔民的工作服，在英文词汇里称为“jacket”，意为短小简便的服装，直译中文为“夹克”。

18世纪，英国的产业革命和法国的资产阶级大革命爆发，加速了男装摆脱象征贵族身份的封建枷锁，朝着平民化的方向迈进。随着这种装饰过剩、刺绣繁复的传统贵族样式男装被抛弃，一种领子敞开、纽扣较少、穿脱方便，代表庶民阶级的革命者服装在市民中流行，特别是法国共和党人的长裤(长到脚面)装束，为男西装造型的形成起了重要的铺垫作用。

资产阶级革命的胜利者们虽不断用传统文化孕育着西装的演变，但这种影响贵族的衣饰装扮最终又由贵族们逐步完善，并融合了男礼服的特色而形成了一种衡量其是否具有“绅士风度”的上流社会男装标准。就这样，到了19世纪，经过百余年的演变，一种由西方上流社会演绎的男性装束经典形成了：上衣下裤须用相同面料制作构成套装，内着马甲，马甲内着衬衫系领带。

1885年，一种没有燕尾的正餐套装考乌兹套装(Cows)在英国出现，后称迪奈套装(Dinner)，它可说是英国的塔士多礼服(如图5.1(a)所示)。1886年，塔士多礼服(Tuxedo)诞生，它在美国作为燕尾服的替代物而成为晚间正式礼服。当中国处于戊戌变法时期时，西方的塔士多礼服基本定型。塔士多礼服即为无尾礼服，简称西装。形制为单排一粒扣，缎面戗驳领，保持燕尾服的特点，无袋盖双嵌线挖袋，成为典型的美国风格，沿用至今(如图5.1(b)所示)。1900年，出现了董事套装(Director ssuit)也就是六粒戗驳领双排扣西装(如图5.1(c)所示)，这是当时英国爱德华七世在白天接见或聚会时穿的一种半正式的黑色套装。1921年双排塔士多礼服出现(如图5.1(d)所示)，即四粒戗驳领双排扣西装，款式多变，使塔士多家族逐渐壮大，并于1941年盛行，开始形成了从便服到准礼服不同级别的服饰品种，如1940年出现钉有金属扣的运动型塔士多，1948年流行粗犷风格等等。也就是说，从19世纪西服开始形成了一种比较规范的固定格式，之后就是在驳领、扣子、袋子、肩型、摆型等处进行风格的变化。

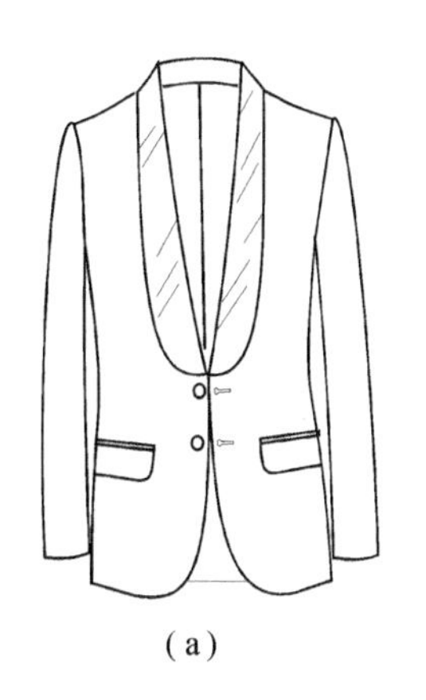
(a)

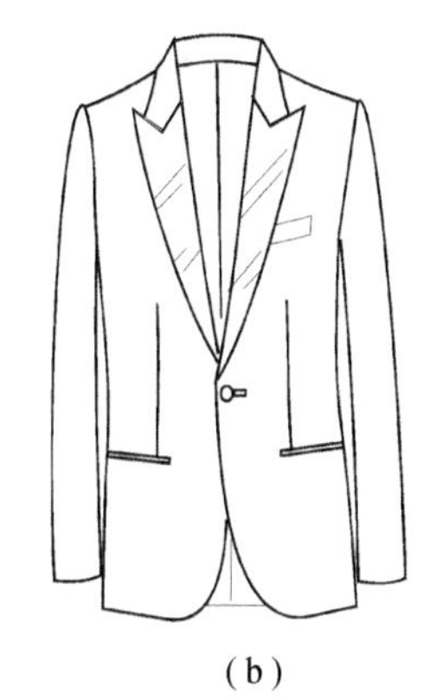
(b)

(c)

(d)

图 5.1　男西装的变迁

西装传入中国是在清朝末期，而西装真正为中国男士所接受并成为一种时尚则是改革开放以后的事情了。由于西装的经典装束已成为一种上流社会的礼仪文化和现代物质生活形式，所以被世界所接受，在不同国度和民族间流行，并成为一种不需要翻译的国际礼仪语言。

二、西服的种类

西服又称洋服，也称西装，在广义上，顾名思义，“西、洋”指“西方”，具体讲指欧洲或欧美，即西式的服装；在狭义上，人们多把上个世纪初传入中国的有翻领和驳头，三个口袋，衣长遮住臀部的上衣称作西服或西装，把与之相配的前中开口，两侧和后臀部有裤兜的长裤称作西裤。这显然是中国人对来自西方的服饰的称谓，西方人并不这样称呼。

根据我国对服装名词的用语惯例，一般“服”是指单件上衣，“装”指上下配套穿着的套装，因为本章节只讲单件上衣，因此以“西服”来定名。

1. 西装按功能分类

(1)日常正装。日常正装的整体结构采用三件套的基本形式，款式风格趋向礼服，较严谨，颜色多用深色、深灰色，其色调稳重含蓄。面料采用高支的毛织物，纽扣多用高品质牛角或人工合成材料，制作工艺要求较高。因为日常正装作为工作和社交活动穿着的服饰，所以要体现稳重、干练的风格特点。

(2)运动西装。运动西装的整体结构采用单排三粒扣套装形式，色彩多用深蓝色，但纯度较高，配浅色条格裤子，面料采用较疏松的毛织物。为增加运动气氛，纽扣多用金属扣，袖衩装饰扣以两粒为准。明贴袋、明线是其工艺的基本特点。在这种程式要求下的局部变化和普通西装相同，但是在风格上强调亲切、愉快、自然的趣味。因此，形成了运动西装从礼服到便装的程式。

运动西装另一个突出的特点是它的社团性。它经常作为体育团体、俱乐部、公司职员的制服，其象征性主要是，不同的社团采用不同标志的徽章，通常设在左胸部或左臂上。

(3)休闲西装。休闲西装的整体结构形式丰富多样，除保持普通西装的一般特点外，常常借用其他服饰的设计元素，重视着装者个性表现，追求造型上便于穿用和运动的机能性。颜色强调轻快、自由的气氛，面料采用大格子花呢、粗花呢以及灯芯绒、棉麻织物等。常采用明贴兜、辑明线等非正统西服的工艺手段。

休闲西装中的猎装、骑马服和高尔夫服是比较有特点的。休闲风格的流行顺应了现代生活的理念,"回归自然"、"回归人性",到大自然中去寻找自我成了一种新的时尚。

2. 西装按外廓型分类

外廓型主要通过从背面观察西服的肩宽、胸围、腰围及摆围(臀围)四位一体的造型关系。无论流行的风格如何变化,西服的廓型都可以归纳在几种基本的廓型之内(如图 5.2 所示),在进行结构设计时,要细心体会,把握好造型,从而准确定出服装关键部位的制板尺寸。

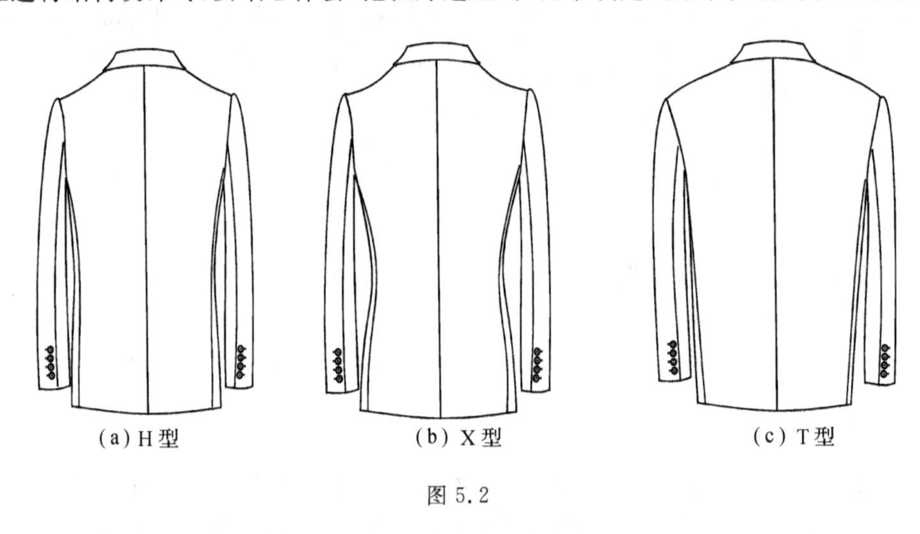

(a) H型　　(b) X型　　(c) T型

图 5.2

(1)H 型。在西服中 H 型是指直身型即箱型又称自然型。如图 5.2(a)所示,合体的自然肩型(或方形肩)配合适当的收腰和略大于胸围的下摆,形成了长方形的外轮廓,造型上较方正合体,较好地表现了男性的体形特征和阳刚之美。

(2)X 型。X 型即指有明显收腰的合体形西服,最初流行于 20 世纪六七十年代。如图 5.2(b)所示,表现为肩部采用凹形肩或肩端微翘起的翘肩,配合明显的收腰,腰线比实际腰位提高并收紧,下摆略夸张地向外翘出,形成上宽、中紧缩、下放开的有明显造型特色的"*X*"造型,具有较强的怀古韵味。

(3)T 型。T 型指强调肩宽、背宽而在臀部和衣摆的余量收到最小限度,腰节线与 X 型相反,呈明显的降低状态。通常肩部的造型有平肩型(一般型)、翘肩型、圆肩型,在整体造型中使肩、腰、摆三位要构成一体,否则会出现不谐调的感觉。如图 5.2(c)所示,整体成"T"字造型,形成一种成熟、宽厚、洒脱的男士风度。

第二节　西服常用材料

一、西服常用面料

要做一件理想的西服,除了需要精良的制板和缝纫工艺外,选择合适的面料也是重要的一环。用于西服的面料,无论是春秋装还是冬装和夏装,毛织物占多数。夏装采用薄型料子，也采用一部分毛与化纤混纺材料。此外，也使用纯棉、麻和丝绸。代表性面料如下：

1. 华达呢

华达呢又名轧别丁，是经纬采用精梳毛纱双股线织造的斜纺织物，是一种斜纺纹路较细，但角度达63°的织物。按织物的组织结构区分有双面斜纹华达呢，单面斜纹华达呢和缎背华达呢等，属精纺呢绒中的中厚型织物。

华达呢的特点是呢身紧密厚实，呢面平整洁净、富有光泽，手感滑挺。

2. 哔叽

哔叽一般采用精梳毛纱，斜纹组织，经纬密度大致相近。哔叽的品种规格较多，因重量不同分为厚、中厚、轻薄等哔叽，因外观风格不同分为光面、毛面、胖哔叽等。从外观上看，哔叽比华达呢平坦，纹路间隔比华达呢宽。哔叽表面可看到纬线，华达呢则看不见。一般哔叽的特点是呢面光洁，手感滑润，条干均匀，纹路清晰，有弹性。

3. 花呢

花呢多采用较优质的羊毛为原料，一般经纬用双股纱，也有经双股纱、纬单股纱，还有经纬用三股纱或多股纱，纱支细度一般在20～70支之间。

花呢品种繁多，常见品种有：按所用原料不同有纯毛花呢、驼毛花呢、马海毛花呢、涤毛花呢、涤毛粘毛呢；按重量不同有薄花呢、中厚花呢、厚花呢；按组织结构不同有平纹、斜纹、方平及其变化组织和双层，小提花组织等；按外观形态不同有素花呢、格花呢、条花呢、点子花呢等；颜色一般有素色、混色、异色合股等。

制作西服比较精典的花呢是粗花呢，从前曾叫苏格兰粗呢，原料采用黑色绵羊、切维奥特羊等苏格兰种的羊毛，经纱一般为双股粗纱，纬纱为单纱，组织为平纹、斜纹、人字和格子等。

4. 法兰绒

法兰绒又分为粗纺纱和精纺纱织成的两类，使用精纺纱织成的称为精纺法兰绒，组织为平纹或斜纹，双面起毛，颜色多为灰色。

5. 麦尔登

麦尔登是采用美利奴羊毛纺织而成的粗纺纱织品，一般为斜纹或平纹组织，经过缩绒整理后手感柔软。薄型的麦尔登很像法兰绒，但质地更致密，适用制作春秋季西服。

6. 波拉呢

波拉呢适合制作夏季西服，它是由三股强捻精纺纱织造而成的平纹毛织物，手感滑爽，透气性好。

7. 马海毛织物

马海毛同波拉呢一样是夏季西服主用面料，它是由安哥拉山羊毛织造而成，多为平纹织物，光泽感好，强度较好。

8. 细斜纹棉布

这是一种著名的斜纹棉织物，组织结构为二上一下，染色采用匹染，适合制作休闲运动西服。

9. 灯芯绒

灯芯绒是一种结实的竖条丝绒织物，条绒的形状呈现半圆形直条，似排列的细管子，具有强烈的肌理感，有粗条、细条之分，各有神韵。灯芯绒以素料为主，适用于休闲运动型西服。

10. 绉条纹薄织物

经纬纱或其中之一采用纤度明显区别的纱织成的平纹织物，布面呈现排列不匀的凹凸条格，适用制作夏季西服。

11. 亚麻布

亚麻布是采用亚麻纱织造漂白的平纹织物，可织染成各种颜色用于高档夏季西服，用这类布制成的西服质地结实，吸湿透气性好，但易起皱。

二、西服常用辅料

1. 里料

里料是西服的衬里，它能增加西服的厚度，使西服挺括坚牢。西服有了里料除了能增加服装的保暖性能，并使穿脱时光滑方便外，还能起到掩饰和保护衬料的作用，使西服内外都显得整洁美观。

传统的西服里料大都是人丝或人丝与真丝交织物，而现在大都使用化纤质地的里布。目前低档西服一般使用纯化纤织物里料，质地多为涤纶或锦纶；中档西服一般用化纤与人丝交织里布，高档西服则用化纤与真丝交织里布。

涤纶里布易洗快干，牢度强，不缩水但吸湿透气性差，易产生静电；锦纶弹性好，耐磨不缩水，但保型性、耐热性差。粘胶纤维服用性能接近棉纤维，舒适柔软，但易变形，强力较差，耐磨牢度与色牢度都较差。近年来醋酸纤维成为流行新宠。醋酸纤维在手感、弹性方面优于粘胶纤维，在一定程度上有桑蚕丝效果，但弹性低、缩水率大。

里布选用时应注意与面料质地、颜色、厚薄、刚柔相协调。

高档西服选用异色袖里布是一种传统方式。选用更加柔软光滑的袖里布不光是为了穿脱舒适，也是因为袖里不够柔软容易影响西服袖外观的缘故。为了与衣身里布区分，袖里大都使用薄型线色条纹。随着纺织技术进步，现在使用的衣身里布也很柔软光滑，但异色袖里布的使用作为高档西服的特征被保留下来。

2. 衬布

衬布是用于服装、鞋帽内层起补强、挺括等作用的服装辅料。

当服装仅靠面料、设计和制板技术不能得到理想的平整挺括形态时，衬布就可以发挥出色的作用。衬布的作用概括起来有以下四点：

1)增强服装的弹性和挺括性，防止变形；

2)改善面料的手感和可缝纫性；

3)对服装局部加固补强；

4)增加服装的厚实感、丰满感和保温性。

西服上使用衬布种类主要有毛衬、粘合衬两个大类。

(1)毛衬

毛衬用于西服前衣身。毛衬分黑炭和马尾衬两种。黑炭衬是由棉、化纤、羊毛纯纺或混纺作轻纱，由化纤与牦牛毛或其他动物毛作纬纱，经机织成基布并经树脂整理的衬布。马尾衬是纬纱用马尾包芯纱制成的专门用于西服等毛料服装的高档衬布。

(2)粘合衬

20世纪50年代，随着各种新型合成树脂粘合剂的出现，一种以粘代缝的粘合衬布诞生了(我国是在20世纪70年代后期开始研发的)。它大大简化了服装加工工艺,提高了缝制工效,同时由于使用了粘合衬,对服装起到造型和保形作用,使服装更加美观、轻盈、舒适,大大提高了服装的服用性能和使用价值。

粘合衬按底布类别可以分为机织粘合衬、针织粘合衬和无纺粘合衬三大类,它们在西服新工艺中每每担任着主衬、补强衬、嵌条衬和双面衬等用途中的角色。机织粘合衬是以平纹或斜纹组织的纯棉或涤棉混纺或粘胶、涤粘交织等为底布的粘合衬。针织粘合衬是经编衬(衬纬经编为主)和纬编衬为底布的粘合衬。无纺衬是由涤纶、锦纶、丙纶和粘胶纤维经梳理成网再经机械或化学成形而制成。

3. 垫料

(1)胸绒

胸绒又称胸垫、胸衬,非织造布。具有重量轻、不散脱、保形性良好、回弹性良好、洗涤后不缩、保暖性好、透气性好、耐霉性好、手感好、使用方便、方向性要求低、经济实用等优点,主要用于西服的前胸部,使服装具有立体感强、弹性好、挺括、丰满、保暖、造型美观、保形性好等优点。经常与毛衬、粘合衬等配合使用。

(2)领底呢

用于西服领里的专门材料,代替服装面料及其他材料用做领里,因其质地疏松、易于归拔塑形,可使衣领平展,面里服帖,便于整理定型、洗涤后缩率小且不走形。

(3)肩棉

肩棉又称肩垫或垫肩,通常由棉花、合成纤维及平纹布组合而成,肩棉中使用的棉花以埃及棉为佳,肩棉应根据西服肩型的要求而改变自身的厚度和造型。肩棉应有弹性,不能因加工熨烫而变薄,也不能因长期服用而变形。

第三节 西服的放松量设计与成品规格设计

一、西服成衣部位名称与功能(见图5.3)

二、西服纸样部位名称(见图5.4)

三、放松量设计与成品规格设计

(1)胸围放松量设计(以人体净胸围 B 为基准)

宽松程度	放松量与 B 的百分比
紧身型	14%左右
合体形	20%左右
较宽松型	26%左右
宽松型	28%以上

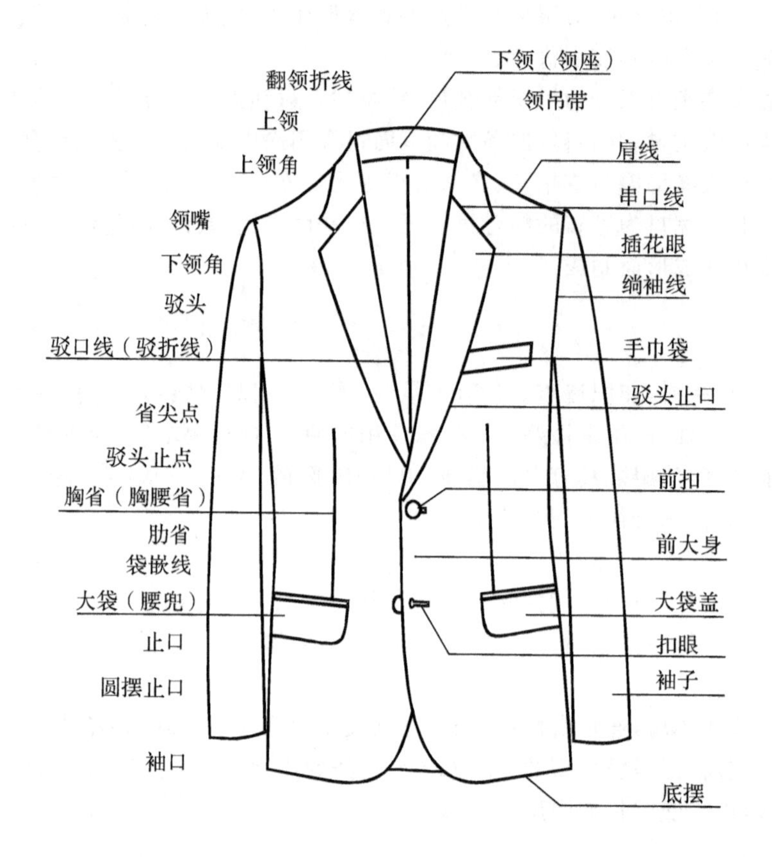
翻领折线
上领
上领角
领嘴
下领角
驳头
驳口线（驳折线）
省尖点
驳头止点
胸省（胸腰省）
肋省
袋嵌线
大袋（腰兜）
止口
圆摆止口
袖口
下领（领座）
领吊带
肩线
串口线
插花眼
绱袖线
手巾袋
驳头止口
前扣
前大身
大袋盖
扣眼
袖子
底摆

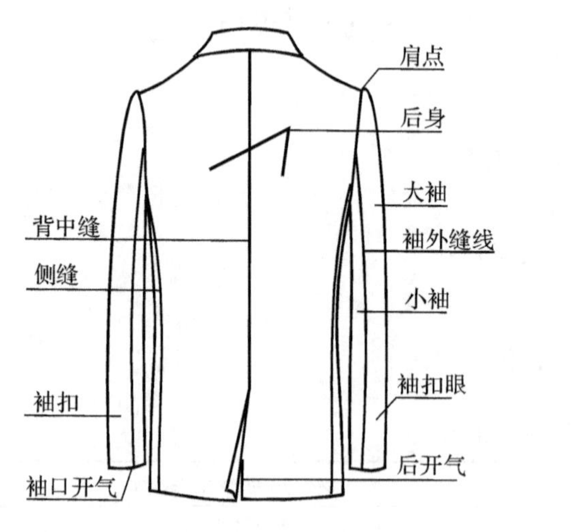
肩点
后身
大袖
背中缝
袖外缝线
侧缝
小袖
袖扣
袖扣眼
袖口开气
后开气

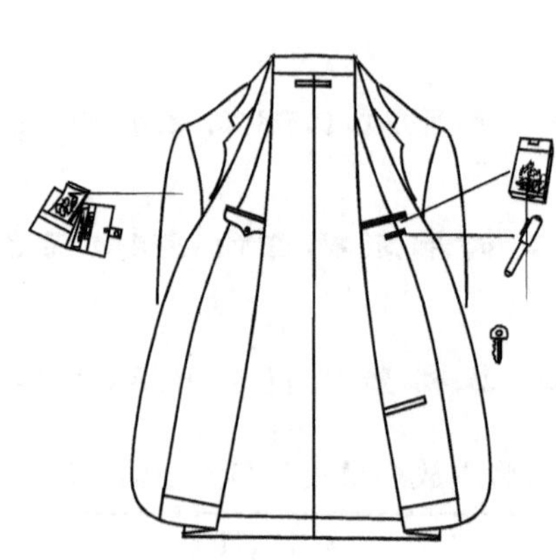

图 5.3

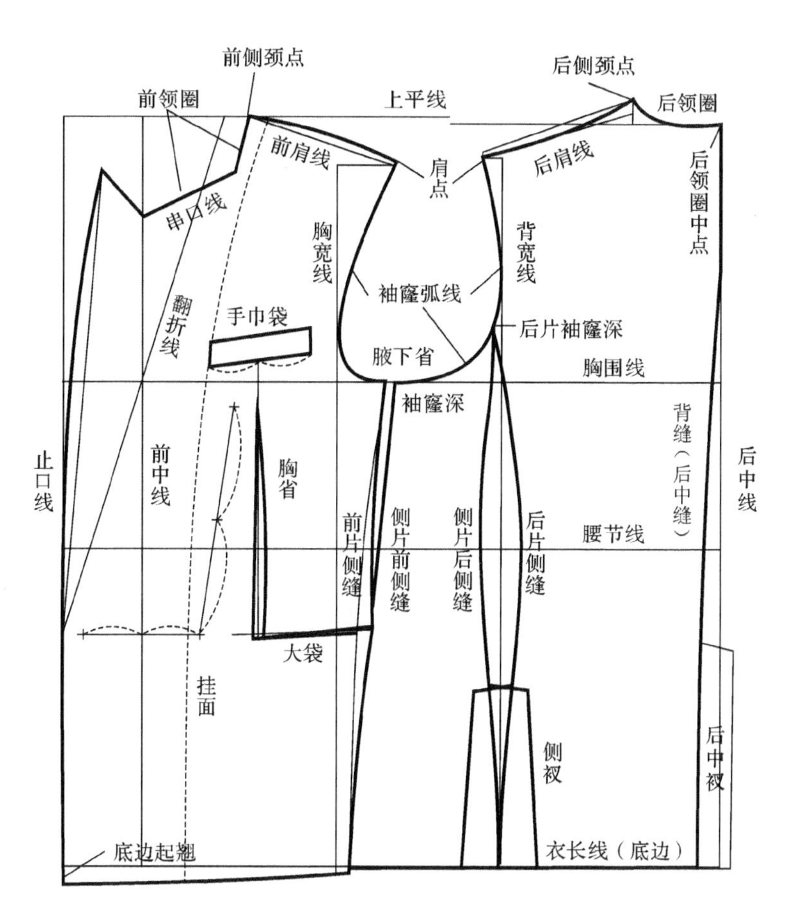
前侧颈点
前领圈
上平线
后侧颈点
后领圈
前肩线
肩点
后肩线
后领圈中点
串口线
胸宽线
背宽线
袖窿弧线
翻折线
手巾袋
后片袖窿深
腋下省
胸围线
袖窿深
背缝（后中缝）
止口线
前中线
胸省
后中线
前片侧缝
侧片前侧缝
侧片后侧缝
后片侧缝
腰节线
大袋
挂面
侧衩
后中衩
底边起翘
衣长线（底边）

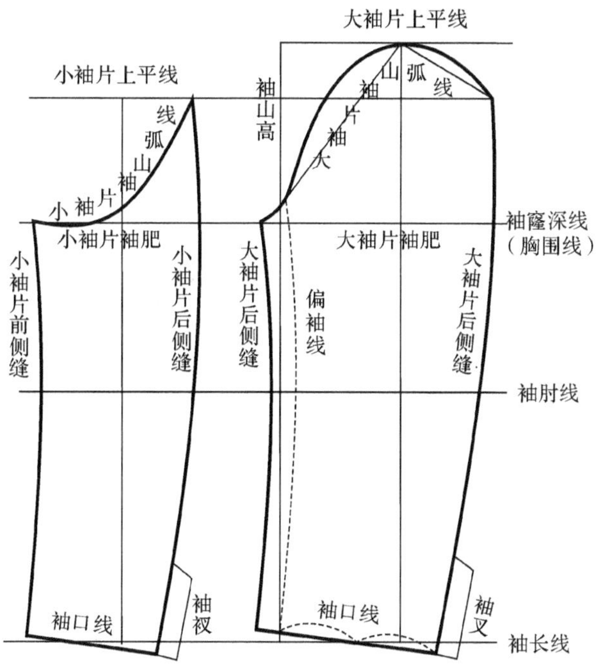
大袖片上平线
小袖片上平线
袖山高
大袖片袖山弧线
小袖片袖山弧线
袖窿深线（胸围线）
小袖片袖肥
大袖片袖肥
小袖片前侧缝
小袖片后侧缝
大袖片后侧缝
偏袖线
大袖片后侧缝
袖肘线
袖口线
袖衩
袖口线
袖叉
袖长线

图 5.4

(2)不同廓型西服成品规格设计见表 5.1。

表 5.1 （单位:厘米）

类型		H 型西服	X 型西服	T 型西服
整体风格		各部位围度和宽度放松适中,略收腰,形态自然、优美。	收腰、放臀、翘肩,胸部紧身合体,衣身较修长、典雅。	肩宽较大,收臀,呈上宽下窄状,圆肩。整体休闲大方,男性化风格强烈。
胸围	按净胸围加放松量	20 左右	13 左右	24 左右
肩宽	按净肩宽加放	3.5 左右	3 左右	5 左右
	按成品胸围规	胸围 3/10+14 左右	胸围 3/10+15.4 左右	胸围 3/10+14.5 左右
衣长	后中测量	号 4/10+6 左右	号 4/10+6 左右	号 4/10+5 左右
	前侧颈点至底边测量	号 4/10+8 左右	号 4/10+8 左右	号 4/10+7.5 左右
袖长	按肩点至腕关节加放	4 左右		
		号 3/10+8.5 左右		

四、西服(大衣)成品规格测量方法(见表 5.2)

(GB/T 2664—2001 国家标准) **表 5.2**

部位名称		测量方法
1	衣长	由前身左襟肩缝最高点垂直量至底边,或由后领中垂直量至底边。
2	胸围	扣好纽扣,(或合上拉链)前后身放平,沿袖底缝处水平横量(周围计算)。
3	领围	领子摊平横量,立领量上口,其他领量下口(叠门除外)。
4	总肩宽	由肩袖缝的交叉点摊平横量。
5	袖长	绱袖:由肩袖缝的交叉点量至袖口边中间。
		连肩袖:由后领中沿肩袖缝交叉点量至袖口边中间。

五、西服(大衣)成品主要部位规格极限偏差(见表 5.3)

(GB/T 2664－2001 国家标准) **表 5.3** （单位:厘米）

序号	部位名称		允许偏差
1	衣长	西服	±1.0
		大衣	±1.5
2	胸围		±2.0
3	领围		±0.6
4	总肩宽		±0.7
5	袖长	绱袖	±0.7
		连肩袖	±1.2

第四节 西服结构设计的原理与方法

一、H型、双排扣、戗驳领西服的纸样设计

号型为175/92,制图规格见表5.5,款式见图5.5。

表5.5 (单位:厘米)

衣长(后中长)	胸围	肩宽	袖长	领围
76	112	48	61	

图5.5

1.后片制图方法与步骤(见图5.8,单位:厘米)

(1)作后上平线 AC 与后中心线 AM。

(2)后横开领宽:AB=胸围1/20+4。

(3)后直开领深:AD=胸围1/80+1.1。

(4)作辅助肩线:角 $CBf=18$ 度,后中线至 f 点水平量距离=1/2肩宽+1/2吃势量。

(5)调整肩线:从辅助点 f 垂直下降0.5确定肩点 F,然后参照图示,弧线连接 BF。

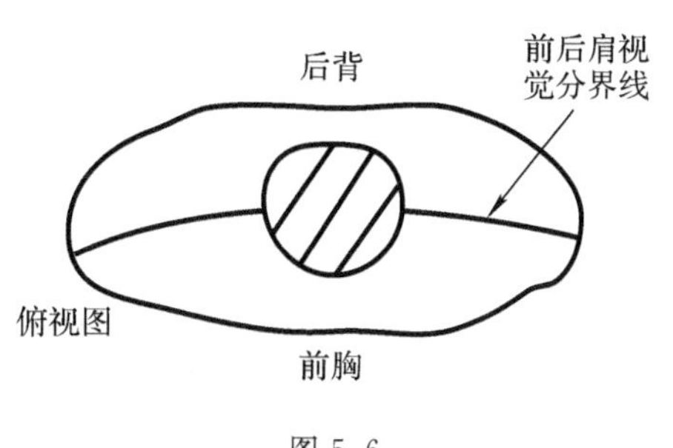

图5.6

如图5.6所示,从俯视角度观察,人体的两肩

端部具有向前弯曲的趋势，并呈一定的弓形状，并且肩部中央的厚度要远远地大于肩部两端的厚度。如果在肩部厚度的中间处设置一条分界线(即肩线)。然后，将肩部的表面在平面上展开，发现展开图中的后肩缝斜度一般小于前肩缝斜度。当肩部中央的厚度与肩端的厚度之差一定、肩部的弓形状越显着，其前、后肩缝的斜度差越大。以上结构设计解释的出发点，无非是为了使成衣后的服装肩缝能与人体肩部厚度的中央线完全重合。

因肩部弓形而设计的前后肩斜差，仅仅是出于外观的考虑，与服装的结构无多大关系。只要前、后总的肩斜度不变就可以了。

在西服结构设计中，前后肩斜设计与上述观点反其道而行之。西服的肩斜设计通常是后肩斜大于前肩斜。我们认为这是因为西服是男装中最讲究合体设计的品种，要求穿着时肩背部保持平整。尤其是背部袖窿处，最理想的状态是纵向没有松量、横向具有松量，这样才能穿着平整、举止舒适。要达到这种状态最便捷的办法莫过于在肩缝上收肩省。但因西服款式不允许收省，因此只能在肩线上尽可能地做吃势。后肩缝斜度加大，不仅能使缝边丝缕接近斜丝，而且也使缝边至肩胛骨的距离更近，从而使所需的吃热量变小，更容易在肩缝上做吃势。

有时为了能使肩缝处的条格对准，也可将肩斜差设置为零，即前后肩缝斜度相等。

另外肩线的形态还与肩部的造型有关，西服的肩部造型大致有如图 5.7 所示四种。

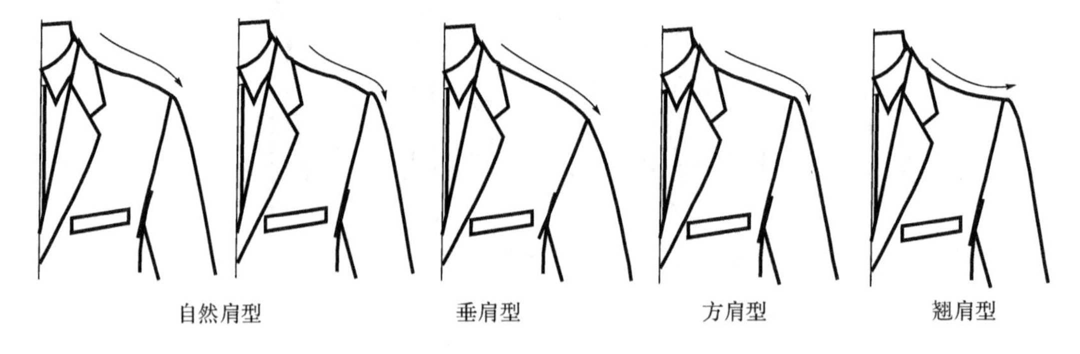

图 5.7

(6)后背宽：背宽线 EI 距后中线＝胸围 1/6＋4 左右，并延长背宽线至底边。

(7)定袖窿深(胸围线)：从后肩点 F 垂直量至胸围线＝胸围 1.5/10＋6.5 左右。

(8)后袖窿深：G 点至胸围线的垂直距离＝胸围 1/20，G 点至背宽线 0.6～0.7。

(9)定腰节线：后领圈中点 D 至腰节线的垂直距离＝2/10 号＋9。

(10)定衣长：DM＝衣长。

(11)画背缝线：参照图示 H 点、J 点、N 点分别距后中线 0.7、1.8、2.4 左右。当衣服规格调整时，上述各点至后中线的距离也会变化，不必拘泥定数，应当重视背缝线的形态。对于条格面料的场合背缝 JN 连线应与后中线平行。

(12)连接领圈弧线：参照图示，领圈弧线可视作三段，靠后领圈中点的一段几乎是直线。从该三分之一处起呈弧线。

(13)连接后袖窿弧线：参照图示，后袖窿与肩线的夹角一般等于或略大于 90°，或与前片互补。

(14)画侧缝线：I 点、K 点、O 点分别距背宽延长线 0.3、2.5、0.5 左右。

(15)作侧摆衩：L 点距 O 点 18，衩宽上端 3、下端 4，衩宽上下不一致是为了便于侧中衩里子的互补配置，请参见第十章里衬配置。

(16)连接底边：因为后中缝 J 至 N 连线倾斜，所以角 JNO 注意要调整成直角。角 LON 要与前片互补。

2. 前片制图方法与步骤(见图 5.8，单位：厘米)

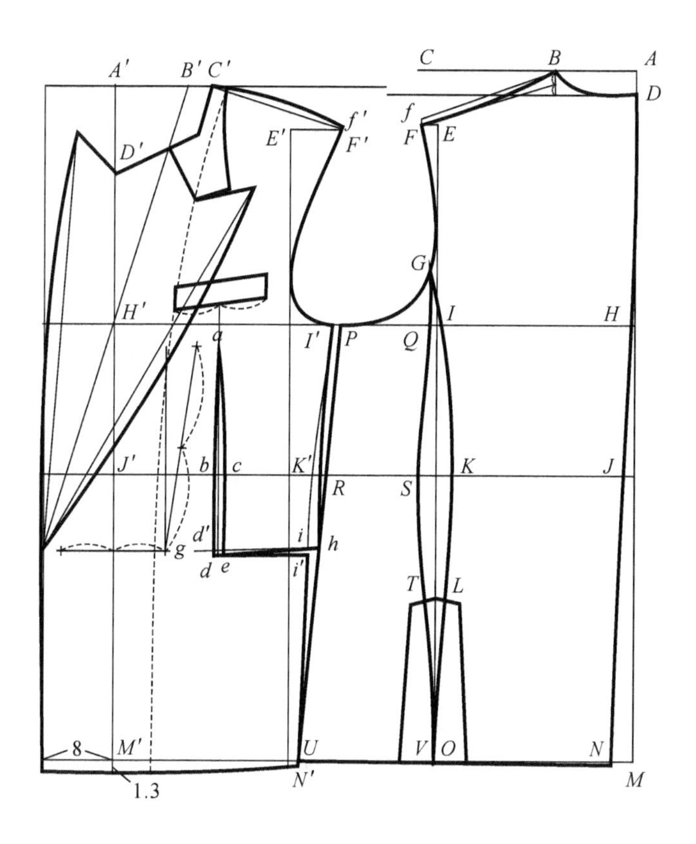

图 5.8

(1)从后片引伸辅助线：

①延长后片的胸围线，令 HH' = 胸围 1/2 + 2.5。

②过 H' 点作铅垂线 $A'M'$ 为前中心线。

③前片上平线 $A'C'$ 连线至后领圈 D 点垂直距离为 1。

④分别延伸后片腰节线、衣长线至前中心线，与前中心线分别延长相交于 J' 点、M' 点。

(2)定叠门宽：8，双排扣的叠门一般为 7～8，过于窄的话双排扣的间距就会显得不够宽。

(3)前横开领宽：$A'C'$ = 后横开领宽 + 1，此处已包含臂胸量。因为是驳领，所以劈胸处理只要直接加大横开领即可。

(4)定前肩斜：辅助线 $C'f'$ 连线与上平线夹角 = 18°。前后肩斜平均值取 18°，已经考虑了肩垫厚度。肩垫的厚度宜控制在 1.5 左右。

无论何种垫肩都存在厚度，我们通常将肩垫外端最厚处的厚度称为肩垫厚度。肩垫一般用棉花、腈纶或海绵等材料制成，这类材料在有重物压力（衣片本身重量及其衬布、里子等，包括被熨烫施压）与无重物压力两种情况下的厚度是不一样的，我们把在有重物压力下的垫肩高度称为有效厚度，可以通过测试获得垫肩有效厚度，质量较好的垫肩，有效厚度≈肩垫厚度的0.7。因此衣片肩斜必须考虑垫肩厚度，并应根据肩垫厚度变化，相应调整前后肩斜。假设垫肩的有效厚度度为 h，那么前后衣片肩斜均应比人体肩斜平均值 22° 抬高 $0.7h$。

（5）定前肩宽：$C'f'$ 连线的长度＝后肩线长－吃势量，吃势量一般约 0.8。

（6）调整肩线：从辅助点 f' 垂直上升 0.5 确定前肩点 F'，然后参照图示，弧线连接 $C'F'$。劈胸大小也会影响肩缝的斜度，劈胸增大，前肩线斜度也应相应增大。

（7）前胸宽：胸围 1/6＋1.5 左右，延长胸宽线至底边。

（8）参照图示连接前袖窿弧线。

前袖窿与肩线的夹角一般等于或略小于 90°，或与后片互补，前腋窝处弧线曲率要大于后腋窝处弧线。这是因为手臂多为向前运动，因此前腋窝处所需的活动量小于后腋窝，此处适当挖深，有利于前衣片腋下平整，不然的话还会因西服的胸衬较厚而阻碍运动。

（9）画前片侧缝线：I' 点、K' 点、N' 点分别距胸宽延长线 5、2.7、1.5 左右。

当规格变化时，以上各点至胸宽延长线的距离也会变化，不必拘泥定数，而应重视侧缝线的形态及与侧片的配合形态。前片与侧片是互补的，前片宽了，侧片就窄，反之也一样。

（10）定胸袋位：胸袋口距上平线为号 1/10＋4.5；胸袋口距胸宽线：胸围 1/40；胸袋口大：胸围 1/20＋5；胸袋口宽：2.5；胸袋口起翘：1.5 左右。

（11）定胸省位：省尖 a 点对准胸袋的 1/2 处，省尖 a 点距胸袋底 6 左右；d 点距腰节线 8.5 左右；bc 间距 1.5；de 间距 1.2。

（12）定大袋位：dd' 间距一般为 0.5，dd' 间距是挖袋时剪口的缝份。若是双嵌线袋型，dd' 的间距会影响嵌线的宽窄，因此可视嵌线的宽窄要求而定。dg 间距 1.7 左右；大袋口大为胸围 1/20＋10；袋盖宽：5.7；大袋起翘：保持与底边基本平行。

（13）调整前片侧缝：ih 间距＝de 间距；角 hei' 略小于角 dae；弧线连接 $I'h$，且要求角 $I'he$ 与角 $ei'N'$ 互补。

（14）连接底边：底边起翘量 1～1.3，因为双排扣叠门重叠量很大，所以底边前中线左右 8 厘米均应保持水平，否则穿着时，会出现左右衣片底边叠合不齐的问题，同时要注意前片 $I'h+i'N'$ 的长度＝侧片 PU 长度。

3. 侧片制图方法与步骤（见图 5.8，单位：厘米）

（1）画侧片后侧缝线：Q 点、S 点 V 点分别距背宽延长线 1、2.5、0.3 左右，参照图示，弧线连接 G、Q、S、V 四点，后侧缝弧线起伏微秒，画线时一定要用心参照图示，并与后片侧缝线协调照应。

（2）作侧中衩：与后片侧中衩同。

（3）画侧片前侧缝线。

P 点、R 点、U 点分别距前片侧缝线 I' 点、K' 点、N' 点 1、2、0.3 左右。侧片前侧缝线与前片侧缝线一起构成腋下省型，并形成下摆展开。弧线起伏微秒，应用心参照图示，并与前片侧缝线协调照应。

（4）确认胸、腰、臀围。完成前后衣片与侧片分割后，应分别确认胸围规格、衣服的胸腰差和胸摆差。

前片 $H'I'$＋侧片 PQ＋后片 IH＝胸围规格；

胸围规格－前片 $J'K'$－侧片 RS－后片 KJ＝衣服胸腰差；

胸围规格－前片 $M'N'$－侧片 UV－后片 ON＝衣服胸摆差。

胸围规格必须与制图规格相符，衣服胸腰差和胸摆差应视衣身廓型要求而定。

若上述三者有误时，可调整前、后片、侧片在内的所有侧缝线，使所有侧缝线既满足形态要求又满足规格要求。

(5)连接底边弧线。注意侧片 PU 连线、GV 连线分别与前片 $I'N'$ 连线、后片 GO 连线的长度配合，且使角 RUV、角 SVU 分别与前片角 $i'N'M'$、后片角 KON 互补。

(6)衣服胸腰差、胸摆差与衣身廓型关系。西装衣身廓型大体分为 X 型、H 型和 T 型三种，三种廓型主要是靠肩宽、胸围、腰围和下摆的收放来表现的如表 5.6 所示。

表 5.6 (单位：厘米)

	X 型	H 型	T 型
肩宽	胸围 3/10＋15.5	胸围 3/10＋14.5	胸围 3/10＋16
胸围放松量	12～14	18～20	约 26
衣服胸腰差	14 左右	11 左右	13～14
衣服胸摆差	－4 左右	0 左右	8 左右

从上述三种廓型的绝对收腰量情况看，X 型并非最大，T 型甚至超过 X 型，但 X 型的西装通常是紧身合体的，其胸围放松量大大小于 T 型，也小于 H 型，所以相对来讲，X 型的收腰量最大。要想形成 X 型的衣身廓型，不能一味在衣身的胸腰差上动脑筋，而应该通过相对加宽肩部、适当展开下摆，形成 X 型的衣身视觉曲线。

X 型由于放松量小，本来就比较紧身，若是过分加大绝对收腰量，就会有腰围尺寸不足之虑。那么能不能在扩大胸围放松量的前提下，加大绝对收腰量呢，换句话说，很宽松的衣服可不可以做成 X 型的呢？答案同样是否定的。衣服很宽松而腰部曲线又很强烈，这种形状怪怪的。它违背了服装造型的一般规律，与人们通常的审美习惯不符。

T 型衣服要求在可穿着的前提下，在视觉上呈上宽下窄的形态。而我们知道男性一般体形，臀部略大于胸部，平均臀胸差约为 2 厘米。T 型衣服下摆的大小同样必须满足臀部围度和最低限度活动量的客观要求，不能为了追求 T 型廓型效果而无视胸臀差的客观存在和活动量的客观要求。因此想要形成 T 型衣身廓型效果，唯一的办法只有加大肩宽和胸围放松量。只有肩宽和胸围放松量加大，才能使下摆相对变小。

H 型则是介于 X 型和 T 型之间的中庸廓型。

4. 袖片制图方法与步骤(见图 5.9，单位：厘米)

(1)定大袖片的上平线 FG：先连接前后肩点，在线段 AA' 上取中点 D，取 EB 垂直距离为 DB 垂直距离的 8/10。过 E 点作大袖片上平线 FG。

(2)定后袖窿上大小袖片分割线的对位 H 点：从大袖片的上平线垂直量下 5.8(通常为胸围 1/20)，作与大袖片上平线的平行线与后袖窿弧线相交于 H 点。

(3)定袖肘线：按腰节线提高 1 确定。

(4)定袖长线 LM：上平线 FG 至袖长线 LM 的垂直距离＝袖长。

(5)定对位点 b 点：前衣片袖窿上的 b 点是袖窿弧线与胸宽线相切点，距胸围线为 5。若不能同时满足这两个条件，通常应调整袖窿弧线的形状，使 b 点的位置尽量符合上述要求。

(6)定袖山角度：斜线 ab 过袖窿 b 点，且与上平线相交于 a 点，令 ab 斜线与上平线呈 53°夹角且与 ac 线段呈 93°夹角。

(7)确定袖山大小：令线段 $ab+ac+0.3=$ 前袖窿 Ab 弧长＋后袖窿 $A'H$ 弧长。

(8)连接袖山弧线，弧线形态参照图示。袖山弧线形状会影响袖子造型、袖子前后及吃势量，因此要认真参照图示连接。

(9)定袖口：首先确定袖口大，本款袖口可按胸围 1/10＋4 确定，袖口线 ef 的中点过袖长线，袖口 e 点通常可比袖山 b 点前倾 3 左右，袖口线起翘的程度主要取决于袖口线与袖片后侧缝的配合形态。一般要求袖口线 ef 与大袖片后侧缝 cf 夹角成直角。可参照图示，通过调整袖口线的起翘程度或调整袖片后侧缝弧线曲率，最终确定袖口形态。

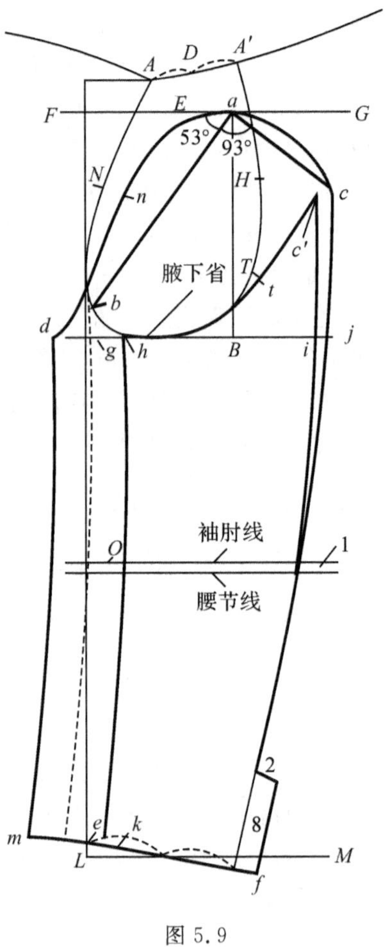

图 5.9

(10)参照图示连接大袖片偏袖翻折线：$bgoe$ 虚线是偏袖翻折线。

(11)连接大袖片后侧缝，后侧缝的形态可对袖肥大小作微调，希望袖肥大时侧缝弧线可适当外鼓，反之则可使其平坦甚至适当内倾。成品袖肥可按胸围/6＋1.7 控制，大袖片袖肥(g 点至 j 点)可比成品袖肥大 0.5 左右

(12)定大袖片 d 点：dg 的宽度一般为 2.5。与 goe 弧线平行，用弧线连接 dm。偏袖越宽，要求袖片肘弯处的拔开量越大。详见上衣结构设计原理中大小袖片配合关系分析。

(13)定小袖片 h 点。$gh=dg=2.5$。与 goe 弧线平行，用弧线连接 hk。

(14)定小袖片 c'点。在大袖片基本确定的前提下，小袖片 c'点成了唯一可对袖山吃势、袖肥和大、小袖片后侧缝配合形态进行微调的部位。因为 c'点的左右移动，可使小袖片后侧缝弧线形态变化，进而影响袖肥尺寸；c'点的上下移动，会使小袖片后侧缝弧线长度发生变化，从而影响与大袖片后侧缝的配合关系；与此同时 c'点的任何移动都会直接使小袖片的袖山弧长发生变化，从而影响整个袖山与袖窿的吃势配合关系。因此在确定 c'点位置时应同时兼顾上述几方面的配合要求，对 c'点的位置可以上下左右适当微调，当微调仍不足以满足上述配合要求时，则不能勉强凑合，而必须对大袖片或大袖片与袖窿同时进行适当微调，以保证袖山吃势、袖肥大小、袖子后侧缝形态符合造型与工艺要求。小袖片 c 点水平移动对袖肥的调节是极为有限的，过量的水平移动会使小袖片后侧缝强烈变形，无法与大袖片匹配。若要较大幅度调整袖肥尺寸必须通过升降袖山来实现。

小袖片的 c'点的具体确定方法为：用放码尺量取袖窿 h 点至 H 点的弧长，将放码尺在

h 点处按住，放开 H 点处的另一头尺子，以 h 点至 H 点的弧长再加上适当吃势量，可大致确定 c' 点的位置。

注意测量袖窿 h 点至 H 点的弧长时必须除去腋下省量。

一般的精纺西装面料，小袖片 hc 段袖山吃势约 0.5 为宜。

小袖片 c' 点距大袖片 c 点的水平距离与大小袖片袖肥差有关。如果大袖片袖肥按前面所说＝成品袖肥＋0.5 左右，那么小袖片袖肥应（g 点至 i 点）＝成品袖肥－0.5 左右，即大小袖片的袖肥差为 1 左右，在这种情况下 c' 点与 c 点的水平距离应控制在 1～1.5 左右。

小袖片 c' 点距大袖片 c 点的垂直距离与大小袖片后侧缝的形态有关。如果大袖片后侧缝 cj 段和小袖片 $c'i$ 段弧线较垂直，c' 点与 c 点应为等高，若是 i、j 点外鼓，则 c' 点应略低于 c 点。大袖片后侧缝 cf 的弧长应略长于小袖片的后侧缝 $c'f$ 的弧长，其吃势量与袖子侧缝的形态有关，后侧缝弧形越强烈吃势量要求越多，反之则少。大家不妨用纸样折叠的方法验证一下上述观点。

（15）连接小袖片外侧缝：弧线连接 c' 点、i 点、f 点，弧线控制要领与大袖片同。

（16）确认大袖片角 f、角 m 分别与小袖片角 f、角 k 符合互补要求。即要求前、后外侧缝缝合后大、小袖片袖口弧线顺畅连接。

（17）连接小袖片袖山弧线。注意如图所示，使小袖片袖山弧线与袖窿弧线的形状吻合。强调机能性时，小袖片弧线可略满过袖窿，若想强调装袖美观时，则最大限度使袖片与袖窿吻合。此外还要特别注意小袖片的角 $hc'i$、角 khc' 必须与大袖片的角 acf、角 adm 成互补关系，即要求前、后外侧缝缝合后大、小袖片的袖山弧线能圆顺连接。

（18）确认袖山吃势。以一般的精纺西装面料为例，袖口吃势总量约为袖窿总弧长的 4.5%，其中 AN 段约为 0.9，$A'H$ 段约 1.0，Nb 段约 0.1，bT 段约 0.2，HT 段约 0.3 为宜。西服袖装袖时必须要有吃势。在装袖过程中均匀适量地融入吃势能使袖型更加美观。

袖山吃势量大小受以下几方面因素影响。

第一，受袖窿大小影响：袖窿弧线越长，按比例推算，它所需的袖山吃势量也就越大。因此，在相同条件下，袖山吃势量与袖窿弧长成正比。

第二，受缝头倒向影响：袖窿缝份倒向将决定里外匀形式。如缝头倒向袖片（袖压肩），则表明袖山是袖窿的外径，这时就要求袖山吃势相对要大一些；如缝头倒向衣身，则与上述情况刚好相反，袖山吃势相对要小；如缝头为局部分缝工艺，则袖山吃势量应略小些。

第三，袖山局部吃势大小与袖山局部丝缕方向有关：斜丝缕部位吃势量＞横丝缕部位吃势量＞直丝缕部位吃势量。这关系到吃势量在袖山上的局部分配。

第四，受面料的影响：袖山吃势量受面料影响是最直接的，在相同条件下，面料越厚，缝份内外径差越大，所需要的吃势量就越大，反之，面料越薄，吃势量就越小。在相同条件下，厚而疏松的织物，吃势量宜大，薄而紧密的织物，吃势量宜小。

第五，受垫肩厚度和弹袖棉厚度的影响。西服为了强调肩部造型，通常将肩垫装得宽出于袖窿线，且较厚的肩垫对袖子有一定的支撑力；西服袖为了装袖立体美观，在袖窿缝边上夹入由黑炭衬和针刺棉组成的填充物。在相同条件下，垫肩越厚、装得越出、弹袖棉的厚度与弹性越大，吃势要求越大。

5. 领片制图方法与步骤(见图 5.10,单位:厘米)

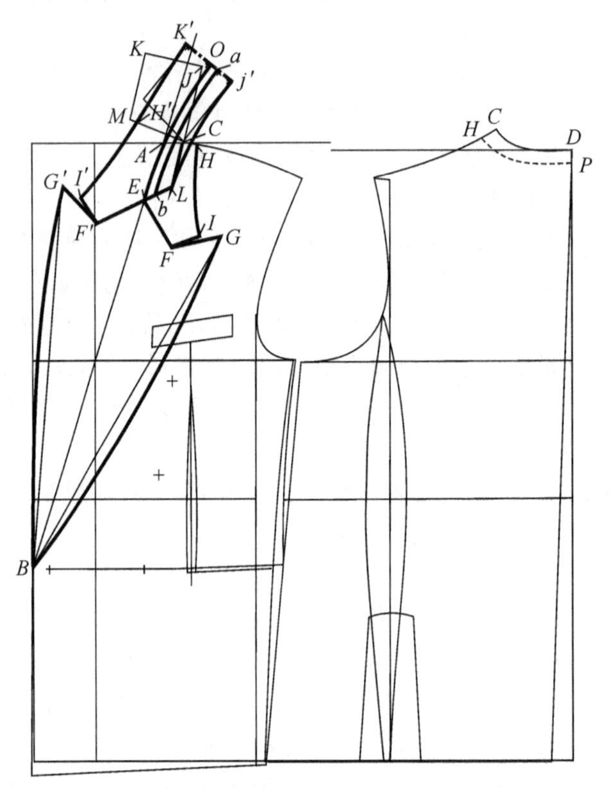

图 5.10

预定领后中宽 7,领座后中宽 2.7。

(1)确定翻折线位置:A 点距 C 点 2.2,B 点的位置视款式要求而确定,本款 B 点定在腰节线下 8.5。

(2)确定串口线位置:E 点与 F 点的连线行业俗称串口线。串口线是决定领型的重要部位,定串口线时必须认真比对设计图或实物样品,注意串口线的高低、长短及与翻折线夹角的大小。本款 EA 线段长 7.3,EF 线段长 7,EF 连线与翻折线夹角为 48 度。

(3)确定 G 点:注意 FG 连线与 EF 的长短比例、角度关系、G 点距翻折线与袖窿线的距离对比关系。本款 FG 线段长 6.5,与串口线夹角为 103 度。弧线连接 GB。

(4)确定领子前半部分形状:比对设计图或实物样品确定 HI 连线,注意 H 点与 I 点的水平距离和连线的形状,注意 I 点与 F 点 G 点的距离关系及 IF 连线与 FG 连线的夹角。本款 H 点距 C 点 1.8,I 点距 F 点 3.8、距线段 FG0.5。

(5)对称拷贝:以翻折线为对称轴,将 H、I、F、G、B、E 六点连线,对称拷贝为 H'、I'、F'、G'、B、E 连线,完成领子前半部分和驳头的形状设计。至此领型基本确定,应再次比照设计图或实物样品的领型,审视领子、驳头的形状及与肩部、胸部的面积对比关系。

(6)连接前领圈:延长 $F'E$ 连线,在 $F'E$ 延长线上确定 L 点,L 点至翻折线的距离可略大于 C 点至翻折线的距离,连接 LC,然后确认角 HCL 与后片的角 HCD 拼合后是否能保持互补。如果不行,可移动 L 点在 $F'E$ 延长线上的位置,或同时调整后领圈弧线形状,直至符合互补要求。

(7)作领子后半部分图形：

①直线连接 CH'。

②量取后领圈弧长，令线段 CJ＝后领圈弧长－0.5。

③令 JK 线段＝领后中宽，且与 CJ 垂直。

④过 K 点作 JK 的垂线 KM，与 CH' 延长线相交于 M 点。

⑤测量后片 H 点至 P 点弧线长度。后片 H 点至 C 点距离与前片同，P 点至后领圈中点的距离＝领后中宽－领座后中宽－翻折厚度量，请参见上衣结构设计原理领子部分的有关内容。

⑥沿 CM 连线剪切纸样，将剪切下来的领子后半部分与前半部分在 C 点对齐，展开领外围线，使 MK 的长度变成 $H'K'$ 弧长，并等于后片 H 点至 P 点弧线长度；同时要求领底 $J'L$ 弧长＝前领圈 LC 段＋后领圈弧长－领底拔开量(挖领座的场合－领脚展开量)。领底拔开量以 0.7 左右为宜，领脚展开量以 1.4 左右为宜。重新修顺领外围线和领底线。

(8)确定领座：确定 O 点，O 点距 J' 点＝领座后中宽＝2.7，弧线连接 OE 两点，领座部分的翻折线要与驳头部分的翻折线顺畅连接。

(9)确定领脚：a 点距 O 点 1～1.2，ab 弧线平行于 OE 弧线。

二、X 型四粒扣西服纸样设计

号型为 175/92，制图规格见表 5.7，款式见图 5.11。

表 5.7　　（单位：厘米）

衣长(后中长)	胸围	肩宽	袖长	领围
76	104	46.7	61	

图 5.11

1. 后片制图方法与步骤(见图 5.12,单位:厘米)

(1)作后上平线 AC 与后中心线 AM。

(2)后横开领宽:AB=胸围 1/20+4。

(3)后直开领深:ADF=胸围 1/80+1.1。

(4)作辅助肩线:角 $CBf=18°$,后中线至 f 点水平量距离=1/2 肩宽+1/2 吃势量。

(5)调整肩线:从辅助点 f 垂直下降 0.5 确定肩点 F,然后参照图示,弧线连接 BF。

(6)后背宽:背宽线 EI 距后中线=胸围 1/6+4.3 左右,并延长背宽线至底边。

(7)定袖窿深(胸围线):从后肩点 F 垂直量至胸围线=胸围 1.5/10+6.5 左右。

(8)后袖窿深:G 点至胸围线的垂直距离=胸围 1/20,G 点至背宽线 0.6~0.7。

(9)定腰节线:后领圈中点 D 至腰节线的垂直距离=号 2/10+8。X 型西服收腰宜稍往上提。

(10)定衣长:DM=衣长。

(11)画背缝线:参照图示 H 点、J 点、L 点、N 点分别距后中线 0.7、2、2.2、2.2 左右。

(12)连接领圈弧线:参照图示,领圈弧线可视作三段,靠后领圈中点的一段几乎是直线。从该三分之一处起呈弧线。

(13)接后袖窿弧线:参照图示,后袖窿与肩线的夹角等于或略大于 90°,或与前片互补。

(14)画侧缝线:I 点、K 点、O 点分别距背宽延长线 0.7、2.8、0 左右。

(15)作后叉:L 点距腰节线 7 左右,衩宽 4。

(16)连接底边:直线连接 ON,注意角 LNO 成直角,KON 成直角或与侧片角 SVU 互补。

2. 前片制图方法与步骤(见图 5.12,单位:厘米)

(1)从后片引伸辅助线

①延长后片的胸围线,令 HH'=胸围 1/2+3.5。

②过 H' 点作铅垂线 $A'M'$ 为前中心线。

③前片上平线 $A'C'$ 连线至后领圈 D 点垂直距离 1。

④分别延伸后片腰节线、衣长线至前中心线,与前中线分别延长相交于 J' 点、M' 点。

(2)叠门宽:1.7。

(3)前横开领宽:$A'C'$=后横开领宽+0.5,含劈胸量。

(4)定前肩宽:辅助线 $C'f'$ 连线与上平线夹角=18°,$C'f'$ 连线的长度=后肩线长−吃势量。

(5)调整肩线:从辅助点 f' 垂直上升 0.5 确定前肩点 F',然后参照图示,弧线连接 $C'F'$。

(6)前胸宽:胸围/6+1.8 左右,延长胸宽线至底边。

(7)参照图示连接前袖窿弧线。前袖窿与肩线的夹角一般等于或略小于 90°,或与后片互补,前腋窝处弧线曲率要大于后腋窝处弧线。

(8)画前片侧缝线:I' 点、K' 点、N' 点分别距胸宽延长线 4.5、1.7、1.2 左右。

(9)定胸袋位:胸袋口距上平线为号 1/10+4.5;胸袋口距胸宽线为胸围 1/40;胸袋大口为 1/20 胸围+5;胸袋口宽为 2.5;胸袋口起翘为 1.5 左右。

(10)定胸省位:省尖 a 点对准胸袋的 1/2 处;省尖 a 点距胸袋底 6 左右;b 点距腰节线 8.5 左右;bc 间距 1.8。

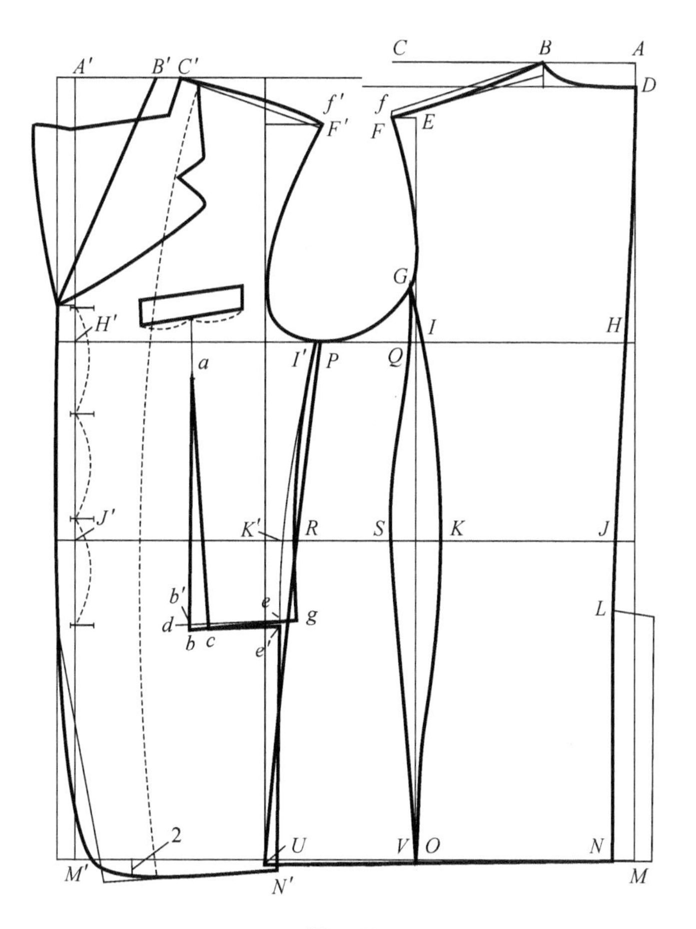

图 5.12

(11)定大袋位：bb'间距一般为 0.5；db 间距 1.7 左右；大袋口大为胸围/20＋10；袋盖宽为 5.5；大袋起翘保持与底边基本平行。

(12)调整前片侧缝：eg 间距＝bc 间距；角 gce'略小于角 bac；弧线连接 $I'g$，且要求角 $I'gc$ 与角 $ce'N'$互补。

(13)连接底边：底边起翘量 2，注意前片 $I'g+e'N'$长度应＝侧片 PU 长度。

3. 侧片制图方法与步骤(见图 5.12)

(1)画侧片后侧缝线：Q 点、S 点 V 点分别距背宽延长线 1.4、4、1 左右，参照图示，弧线连接 G、Q、S、V 四点。

(2)画侧片前侧缝线：P 点、R 点、U 点分别距前片侧缝线 I'点、K'点、N'点 1、2、1.2 左右。侧片前侧缝线与前片侧缝线一起构成腋下省型，并形成下摆展开。参照图示，画侧片前侧缝线。

(3)确认胸、腰、臀围：完成前后衣片与侧片分割后，应分别确认胸围规格、衣服的胸腰差和胸臀差。

前片 $H'I'$＋侧片 PQ＋后片 IH＝胸围规格；

胸围规格－前片 $J'K'$－侧片 RS－后片 KJ＝衣服胸腰差＝14 左右；

胸围规格－前片 $M'N'$－侧片 UV－后片 ON＝衣服胸摆差＝－4 左右；

胸围规格必须与制图规格相符，衣服胸腰差和胸摆差应视衣身廓型要求而定。

若上述三者有误时，可调整前片、后片、侧片的所有侧缝线，使所有侧缝线既满足形态要求又满足规格要求。

(4)连接底边弧线：注意侧片 PU 连线、GV 连线分别与前片 $I'N'$ 连线、后片 GO 连线的长度配合，且使角 RUV、角 SVU 分别与前片角 $e'N'M'$、后片角 KON 互补。

4. 袖片制图方法与步骤(见图 5.13，单位：厘米)

(1)定大袖片的上平线 FG：先连接前后肩点，在线段 AA' 上取中点 D，取 EB 垂直距离为 DB 垂直距离的 8/10。过 E 点作大袖片上平线 FG。

(2)定后袖窿上大小袖片分割线的对位 H 点：从大袖片的上平线垂直量下 5.8(通常为胸围 1/20)，作与大袖片上平线的平行线与后袖窿弧线相交于 H 点。

(3)定袖肘线：按腰节线提高 1 确定。

(4)定袖长线 LM：上平线 FG 至袖长线的垂直距离＝袖长。

(5)定对位点 b 点：前衣片袖窿上的 b 点是袖窿弧线与胸宽线相切点，距胸围线为 5，若不能同时满足这两个条件，通常应调整袖窿弧线的形状，使 b 点的位置尽量符合上述要求。

(6)定袖山角度；斜线 ab 过袖窿 b 点，且与上平线相交于 a 点。令 ab 线段与上平线呈 53°夹角且与 ac 线段呈 90°夹角。

(7)确定袖山大小：令线段 $ab+ac=$ 前袖窿 Ab 弧长＋后袖窿 $A'H$ 弧长。

(8)连接袖山弧线，弧线形态参照图示。

(9)定袖口：袖口 $ef=$ 胸围 1/10＋4。ef 的中点过袖长线，袖口 e 点通常可比袖山 b 点前倾 3 左右，袖口线起翘的程度主要取决于袖口线与袖片后侧缝的配合形态。一般要求袖口线 ef 与大袖片后侧缝 cf 夹角成直角。

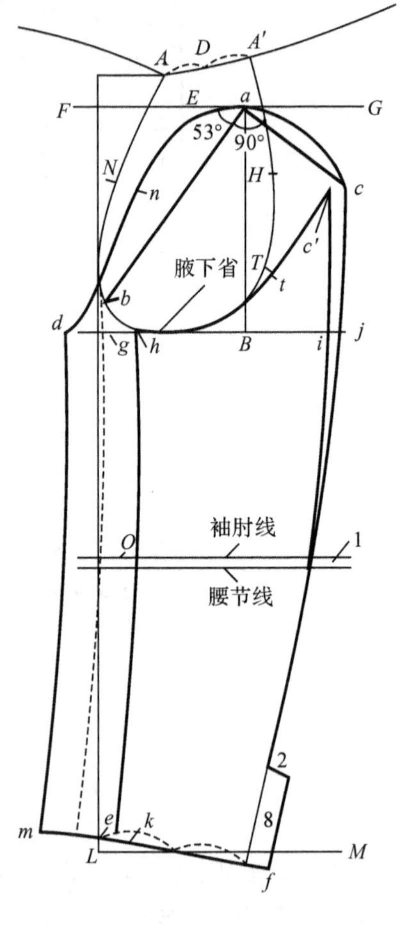

图 5.13

(10)参照图示连接大袖片偏袖翻折线：$bgoe$ 虚线是偏袖翻折线。

(11)连接大袖片后侧缝，后侧缝的形态可对袖肥大小作微调，希望袖肥大时侧缝弧线可适当外鼓，反之则可使其平坦甚至适当内倾。成品袖肥可按胸围/6＋1.4 控制，大袖片袖肥(g 点至 j 点)可比成品袖肥大 0.5 左右。

(12)定大袖片 d 点：$dg=2.5$。与 goe 弧线平行，用弧线连接 dm。

(13)定小袖片 h 点。$gh=dg=2.5$。与 goe 弧线平行，用弧线连接 hk。

(14)定小袖片 c' 点：$c'c$ 约＝1～1.5，小袖片 c' 位置的确定方法请参看 H 型西服中的详细介绍。

小袖片袖肥(g 点至 i 点)＝成品袖肥－0.5 左右,即大小袖片的袖肥差为 1 左右。

(15)连接小袖片外侧缝:弧线连接 c'点、i 点、f 点,弧线控制要领与大袖片同。

(16)确认大袖片角 f、角 m 分别与小袖片角 f、角 k 符合互补要求。即要求前、后外侧缝缝合后大、小袖片袖口弧线顺畅连接。

(17)袖口叉:长 8,宽 2.5。

(18)连接小袖片袖山弧线。注意如图所示,使小袖片袖山弧线与袖窿弧线的形状吻合。注意小袖片的角 $hc'i$、角 khc'必须与大袖片的角 acf、角 adm 成互补关系,即要求前、后外侧缝缝合后大、小袖片的袖山弧线能圆顺连接。

(19)袖山吃势分配:请参见 H 型西服中的详细介绍。

5. 领片制图方法与步骤(见图 5.14,单位:厘米)

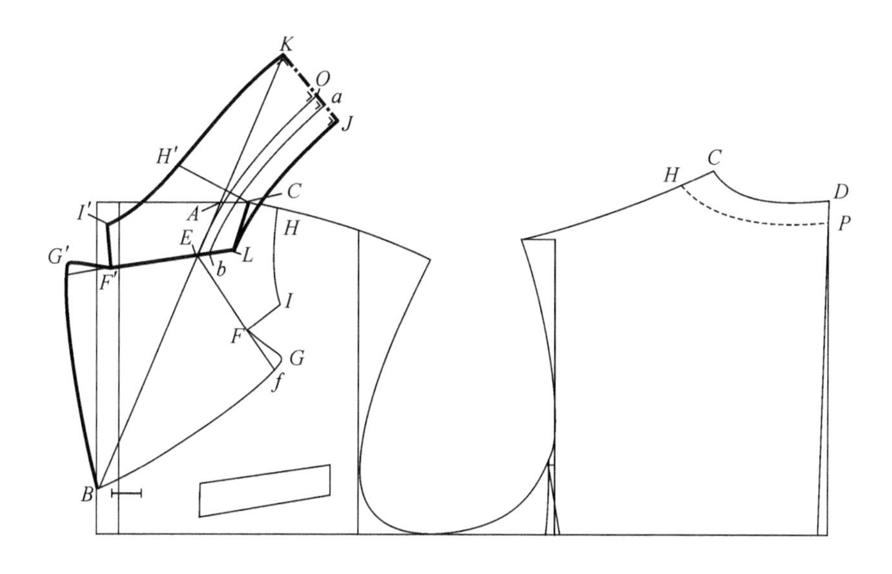

图 5.14

预定领后中宽 7,领座后中宽 2.7。

(1)确定翻折线位置:A 点距 C 点 1.8,B 点距胸围线 3.5。

(2)定串口线位置:EA＝长 4.3,EF＝6.8,EF 连线与翻折线夹角为 60°。

(3)确定 G 点:先作 EF 延长线,Ff＝3.5,角 fFG＝15°,FG＝3.7。

(4)确定领子前半部分形状:H 点距 C 点 2,I 点距 F 点 3、距 H 点 7.3。

(5)对称拷贝:以翻折线为对称轴,将 H、I、F、G、B、E 六点连线,对称拷贝为 H'、I'、F'、G'、B、E 连线,完成领子前半部分和驳头的形状设计。

(6)连接前领圈:延长 $F'E$ 连线,在 $F'E$ 延长线上确定 L 点,L 点至翻折线的距离可略大于 C 点至翻折线的距离,连接 LC,然后确认角 HCL 与后片的角 HCD 拼合后是否能保持互补。如果不行,可移动 L 点在 $F'E$ 延长线上的位置,或同时调整后领圈弧线形状,直至符合互补要求。

(7)作领子后半部分图形:

①量取前领圈 LC 段和后领圈弧长。

②令领底线 LJ＝前领圈 LC 段＋后领圈弧长－1.5（领脚展开量）。

③令 JK＝领后中宽，且与 LJ 成直角。

④测量后片 H 点至 P 点弧线长度。后片 H 点至 C 点距离与前片同，P 点至后领圈中点的距离＝领后中宽－领座后中宽－翻折厚度量。

⑤令 $H'K$ 弧长＝H 点至 P 点弧长，且与 JK 成直角。

(8)确定领座线：确定 O 点，O 点距 J 点＝领座后中宽＝2.7，弧线连接 OE 两点，领座部分的翻折线要与驳头部分的翻折线顺畅连接。

(9)确定领脚线：a 点距 O 点 1～1.2，ab 弧线与 OE 弧线平行。

领片制图的详细要求请参见 H 型西装领片制图及上衣结构原理中的相关内容。

三、T 型一粒扣西服纸样设计

号型为 175/92，制图规格见表 5.8。款式见图 5.15。

表 5.8 （单位：厘米）

衣长（后中长）	胸围	肩宽	袖长	领围
75	116	50	61	

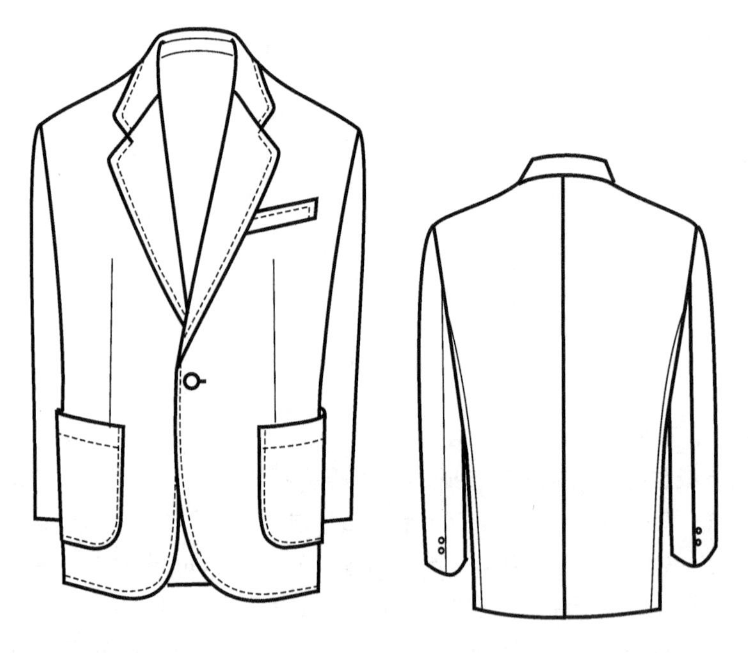

图 5.15

1. 后片制图方法与步骤（见图 5.16，单位：厘米）

(1)作后上平线 AC 与后中心线 AM。

(2)后横开领宽：AB＝胸围 1/20＋4。

(3)后直开领深：ADF＝胸围 1/80＋1.1。

(4)作辅助肩线：角 $CBf=18°$，后中线至 f 点水平量距离＝1/2 肩宽＋1/2 吃势量。

(5)调整肩线：从辅助点 f 垂直下降 0.5 确定肩点 F，然后参照图示，弧线连接 BF。

(6)后背宽：背宽线 EI 距后中线＝胸围 1/6＋3.7 左右，并延长背宽线至底边。

(7)定袖窿深(胸围线)：从后肩点 F 垂直量至胸围线＝胸围 1.5/10＋6.5 左右。

(8)后袖窿深：G 点至胸围线的垂直距离＝胸围 1/20，G 点至背宽线 0.6～0.7。

(9)定腰节线：后领圈中点 D 至腰节线的垂直距离＝2/10 号＋10。T 型西服收腰可稍下降。

(10)定衣长：DM＝衣长。

(11)画背缝线：参照图示 H 点、J 点、N 点分别距后中线 0.6、1.5、2.5 左右。

(12)连接领圈弧线：参照图示，领圈弧线可视作三段，靠后领圈中点的一段几乎是直线，从该三分之一处起呈弧线。

(13)连接后袖窿弧线：参照图示，后袖窿与肩线的夹角一般等于或略大于 90°，或与前片互补。

(14)画侧缝线：I 点、K 点、O 点分别距背宽延长线 0.3、2.3、2 左右。

(15)连接底边：直线连接 ON，注意角 JNO 成直角、角 KON 成直角或与侧片角 SVU 互补。

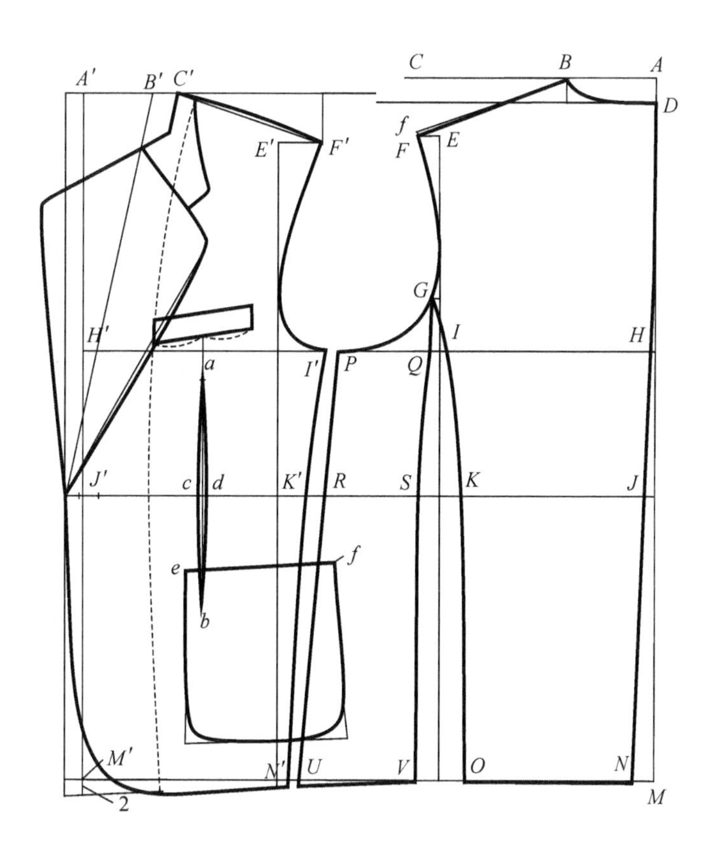

图 5.16

2. 前片制图方法与步骤(见图 5.16，单位：厘米)

(1)从后片引伸辅助线

①延长后片的胸围线，令 HH'＝胸围 1/2＋2.5。

②过 H' 点作铅垂线 $A'M'$ 为前中心线。

③前片上平线 $A'C'$ 连线至后领圈 D 点 1。

④分别延伸后片腰节线、衣长线至前中心线，与前中心线分别延长相交于 J' 点、M' 点。

(2)叠门宽：2。

(3)前横开领宽：$A'C'$＝后横开领宽＋1。

(4)定前肩宽：辅助线 $C'F'$ 直线与上平线夹角＝18°，长度＝后肩线长－吃势量。

(5)调整肩线：参照图示，弧线连接 $C'F'$。

(6)前胸宽：胸围/6＋1.5 左右，延长胸宽线至底边。

(7)参照图示连接前袖窿弧线：前袖窿与肩线的夹角一般等于或略小于 90°，或与后片互补，前腋窝处弧线曲率要大于后腋窝处弧线。

(8)画前片侧缝线：I' 点、K' 点、N' 点分别距胸宽延长线 5、3.2、1.3 左右。

(9)定胸袋位：胸袋口距上平线为号 1/10＋4.5；胸袋口距胸宽线为胸围 1/40；胸袋口大为 1/20 胸围＋5；胸袋口宽为 2.5；胸袋口起翘为 1.5 左右。

(10)定胸省位：省尖 a 点对准胸袋的 1/2 处，距胸袋底 6 左右；b 点距腰节线 10.5 左右；cd 间距 1。

(11)定大袋位：eb 水平距离＝2；大袋口 e 点距腰节线 8；大袋口 ef＝胸围 1/20＋10.5；大袋长 19；大袋起翘，保持与底边基本平行。

(12)连接底边：底边起翘量 2，注意前片 $I'N'$ 长度应＝侧片 PU 长度。

3. 侧片制图方法与步骤(见图 5.16，单位：厘米)

(1)画侧片后侧缝线：Q 点、S 点 V 点分别距背宽延长线 1、2.3、2 左右，参照图示，弧线连接 G、Q、S、V 四点。

(2)画侧片前侧缝线：P 点、R 点、U 点分别距前片侧缝线 I' 点、K' 点、N' 点 1、2、1 左右。侧片前侧缝线与前片侧缝线一起构成腋下省型。参照图示，画侧片前侧缝线。

(3)确认胸、腰、臀围：完成前后衣片与侧片分割后，应分别确认胸围规格、衣服的胸腰差和胸臀差。

前片 $H'I'$＋侧片 PQ＋后片 IH＝胸围规格；

胸围规格－前片 $J'K'$－侧片 RS－后片 $KJ+cd$＝衣服胸腰差＝13～14；

胸围规格－前片 $M'N'$－侧片 UV－后片 ON＝衣服胸摆差＝8 左右。

胸围规格必须与制图规格相符，衣服胸腰差和胸摆差应视衣身廓型要求而定。

若上述三者有误时，可调整前片、后片、侧片的所有侧缝线，使所有侧缝线既满足形态要求又满足规格要求。

(4)连接底边弧线：注意侧片 PU 连线、GV 连线分别与前片 $I'N'$ 连线、后片 GO 连线的长度配合，且使角 RUV、角 SVU 分别与前片 $K'N'M'$、后片角 KON 互补。

4. 袖片制图方法与步骤(见图 5.17，单位：厘米)

(1)定大袖片的上平线 FG：先连接前后肩点，在线段 AA' 上取中点 D，取 EB 垂直距离为 DB 垂直距离的 8/10。过 E 点作大袖片上平线 FG。

(2)定后袖窿上大小袖片分割线的对位 H 点：从大袖片的上平线垂直量下 5.8(通常为胸围 1/20)，作与大袖片上平线的平行线与后袖窿弧线相交于 H 点。

(3)定袖肘线：按腰节线提高 1 确定。

(4)定袖长线 LM:上平线 FG 至袖长线的垂直距离=袖长。

(5)定对位点 b 点:前衣片袖窿上的 b 点是袖窿弧线与胸宽线相切点,距胸围线为 5,若不能同时满足这两个条件,通常应调整袖窿弧线的形状,使 b 点的位置尽量符合上述要求。

(6)定袖山角度:斜线 ab 过袖窿 b 点且与上平线相交于 a 点。令 ab 斜线与上平线呈 53°夹角且与 ac 线段呈 95°夹角。

(7)确定袖山大小:令线段 $ab+ac+0.6=$ 前袖窿 Ab 弧长+后袖窿 $A'H$ 弧长。

(8)连接袖山弧线,弧线形态参照图示。

(9)定袖口:袖口 ef=胸围 1/10+4。ef 的中点过袖长线,袖口 e 点通常可比袖山 b 点前倾 1.5 左右,袖口线起翘的程度主要取决于袖口线与袖片后侧缝的配合形态。一般要求袖口线 ef 与大袖片后侧缝 cf 夹角成直角。

(10)参照图示连接大袖片袖翻折线:$bgoe$ 虚线是偏袖翻折线。

(11)连接大袖片后侧缝,后侧缝的形态可对袖肥大小作微调,希望袖肥大时侧缝弧线可适当外鼓,反之则可使其平坦甚至适当内倾。成品袖肥可按胸围/6+2 控制,大袖片袖肥(g 点至 j 点)可比成品袖肥大 0.5 左右。

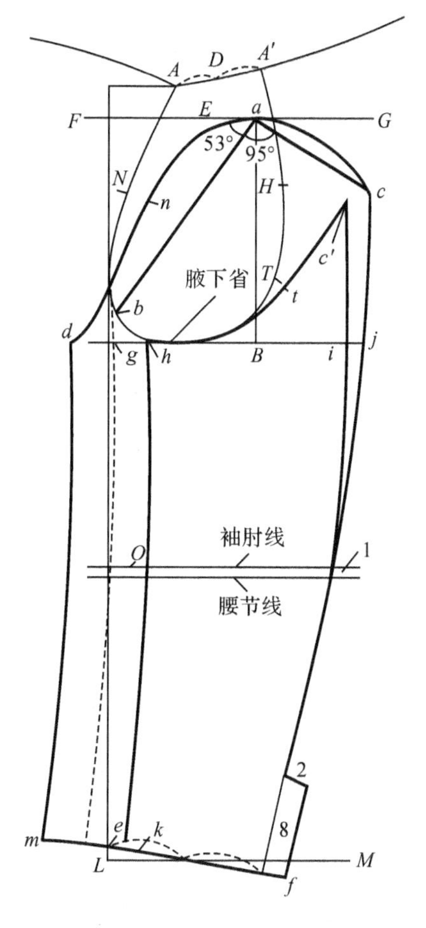

图 5.17

(12)定大袖片 d 点:dg=4。与 goe 弧线平行,用弧线连接 dm。

(13)定小袖片 h 点。$gh=dg$=4。与 goe 弧线平行,用弧线连接 hk。

(14)定小袖片 c'点:$c'c$ 约=1～1.5。小袖片袖肥(g 点至 i 点)应等于成品袖肥−0.5 左右,即大小袖片的袖肥差为 1 左右。小袖片 c'的确定方法请参见 H 型西服中的详细说明。

(15)连接小袖片外侧缝:弧线连接 c'点、i 点、f 点,弧线控制要领与大袖片同。

(16)确认大袖片角 f、角 m 分别与小袖片角 f、角 k 符合互补要求。即要求前、后外侧缝缝合后大、小袖片袖口弧线顺畅连接。

(17)连接小袖片袖山弧线。注意如图所示,使小袖片袖山弧线与袖窿弧线的形状吻合。注意小袖片的角 $hc'i$、角 khc'必须与大袖片的角 acf、角 adm 成互补关系,即要求前、后外侧缝缝合后大、小袖片的袖山弧线能圆顺连接。

(18)袖山吃势分配:请参见 H 型西服中的详细说明。

5. 领片制图方法与步骤(见图 5.18,单位:厘米)

预定领后中宽 7,领座后中宽 2.7。

(1)确定翻折线位置:A 点距 C 点 2,B 点的位置视款式要求而确定,本款 B 点正好定在

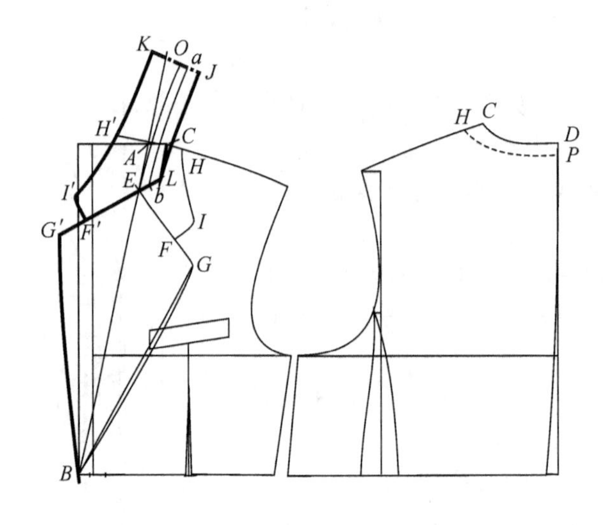

图 5.18

腰节线上。

(2)定串口线位置:$EA=6.3$,$EF=8.5$,EF 连线与翻折线夹角为 50°。

(3)确定 G 点:G 点在 EF 延长线上,$FG=4$。

(4)确定领子前半部分形状:H 点距 C 点 2,I 点距 F 点 3.3、距 H 点 10。

(5)对称拷贝:以翻折线为对称轴,将 H、I、F、G、B、E 六点连线,对称拷贝为 H'、I'、F'、G'、B、E 连线,完成领子前半部分和驳头的形状设计。

(6)连接前领圈:延长 $F'E$ 连线,在 $F'E$ 延长线上确定 L 点,L 点至翻折线的距离可略大于 C 点至翻折线的距离,连接 LC,然后确认角 HCL 与后片的角 HCD 拼合后是否能保持互补。如果不行,可移动 L 点在 $F'E$ 延长线上的位置,或同时调整后领圈弧线形状,直至符合互补要求。

(7)作领子后半部分图形

①量取前领圈 LC 段和后领圈弧长。

②令领底线 LJ=前领圈 LC 段+后领圈弧长-1.3(领脚展开量)。

③令 JK=领后中宽,且与 LJ 成直角。

④测量后片 H 点至 P 点弧线长度。后片 H 点至 C 点距离与前片同,P 点至后领圈中点的距离=领后中宽-领座后中宽-翻折厚度量。

⑤令 $H'K$ 弧长=H 点至 P 点弧长,且与 JK 成直角。

(8)确定领座线:确定 O 点,O 点距 J 点=领座后中宽=2.7,弧线连接 OE 两点,领座部分的翻折线要与驳头部分的翻折线顺畅连接。

(9)确定领脚线:a 点距 O 点 1~1.2,ab 弧线与 OE 弧线平行。

领片制图的详细要求请参见 H 型西装领片制图及上衣结构原理中的相关内容。

四、西装背心纸样设计

号型为 175/92,制图规格见表 5.9,款式见图 5.19。

表 5.9 （单位:厘米）

衣长(后中长)	衣长(前长)	胸围	肩宽
53	61	102	36

图 5.19

1. 后片制图方法与步骤(见图 5.20,单位:厘米)

(1)作后上平线 AC 与后中心线 AP。

(2)后横开领宽:AB=胸围 1/20+4.3。

(3)后直开领深:AD=胸围 1/80+1.2。

(4)后肩斜:角 CBF 为 18°。

(5)后肩宽:从后中线水平量至肩点 F=1/2 肩宽+1/2 吃势量,吃势量约 0.4。

(6)后背宽:背宽线 EH 距肩点 1.7。

(7)定袖窿深(胸围线):从后肩点 F 垂直至胸围线=胸围 1.5/10+13。

(8)后胸围大:GI=胸 1/4+0.5。

(9)定腰节线:后领圈中点 D 至腰节线的垂直距离=2/10 号+9。

(10)定衣长:DP=后中长。

(11)画背缝线:G 点、J 点、L 点、分别距后中线 1.2、2.3、2.3 左右,当背心规格调整时,上述各点至后中线的距离也会变化,不必拘泥定数,应当重视背缝线的形态。

(12)连接领圈弧线:参照图示,领圈弧线可视作三段,靠后领圈中点的一段几乎是直线。从该三分之一处起呈弧线。

(13)连接后袖窿弧线:参照图示,后袖窿与肩线的夹角一般等于或略大于 90°,或与前片互补。

(14)画侧缝线:如图所示 K 点小于胸围约 0.5、M 点大于胸围约 0.5。

(15)直线连接底边。

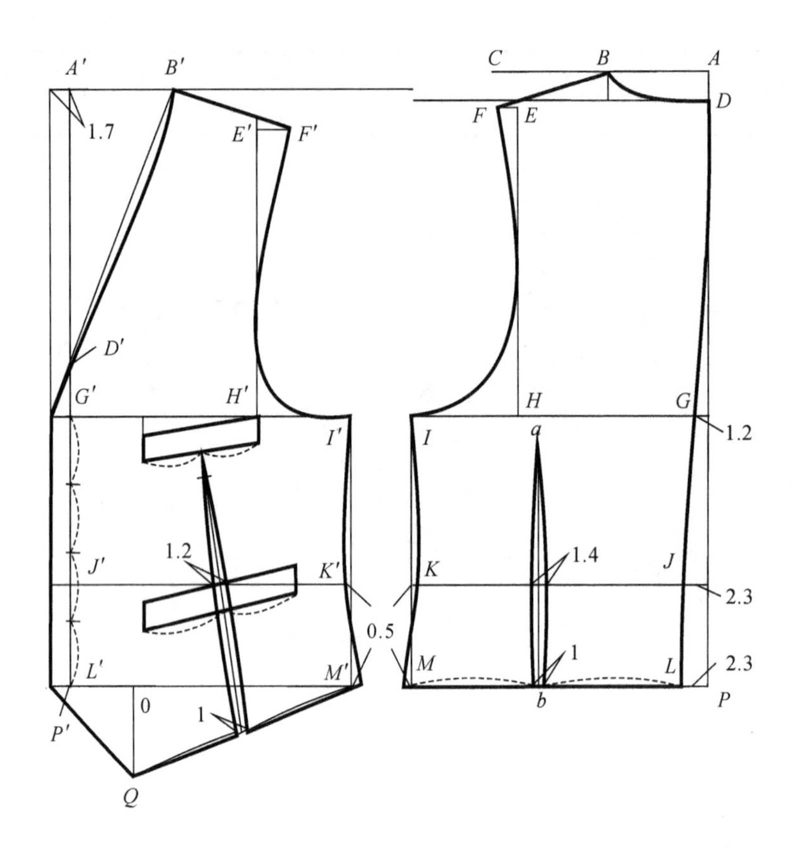

图 5.20

(16)作后腰省:如图所示,省位取在后片下摆的 1/2 处,省尖 a 点距胸围线 2 左右,腰节线处省量 1.2 左右,底边处省量 1 左右。

2. 前片制图方法与步骤(见图 5.20,单位:厘米)

(1)$A'B'$连线为前衣片的上平线,其至后领圈 D 点垂直距离 1。

(2)叠门宽:1.7。

(3)横开领宽:$A'B'$=后横开领宽+0.5。

(4)直开领深:$A'D'$距离原则上根据款式要求可自由设定,在与西装配合设计时应注意 D'点在西装领口中的露出程度,本款 $A'D'$距离为 25.5。

要注意前领圈弧线与肩线的夹角要与后领圈配合。

(5)肩斜:上平线与肩线夹角 20°。

(6)肩宽:前肩线长=后肩线长-吃势量。

(7)前胸宽:胸围线 $F'H'$距肩点 2.7 左右。

(8)前胸围大:$G'I'$=胸围 1/4-0.5。参照图示连接前袖窿弧线。前袖窿与肩线的夹角一般略小于或等于 90°,或与后片互补,前腋窝处弧线曲率要大于后腋窝处弧线。

(9)画前片侧缝线:如图所示 K'点小于胸围约 0.5、M'点大于胸围约 0.5。

(10)定胸袋位:胸袋口如图所示与胸围线线齐;胸袋口距前中线为胸围 1/20+1.5;胸袋口大为胸围 1/20+5;胸袋口宽为 2.3;胸袋起翘为 1.6 左右。

(11)省位:省尖 a 点对准胸袋的 1/2 处;省尖 a 点距胸袋底 2.5 左右;胸省过大袋 1/2 处;腰节处省量 1.2 左右,底边处省量 1 左右。

(12)大袋位:如图所示大袋与腰节线齐,大袋距前中线为胸围 1/20+1.5;大袋口大为胸围 1/20+9;大袋口宽为 2.3;大袋起翘应与底边起翘形态保持协调。

(13)定前片下摆:P' 至 O 点的距离根据款式自由,本款为 5.5;上平线至 Q 点=前长;连接底边时应确认胸省缝合后,及与后片缝合后,底边是否能保持顺畅。

附：西服用料及排料参考图

X型西服一件排

尺码：175/92A

面料利用率：72.62％

面料幅宽：150厘米　实际利用幅宽：148.5厘米

排料长度：147.2厘米

面料特性：无条格、无倒顺、色差＜四级

裁片名称：A＝前片　B＝后片　C＝挂面　D＝大袖片　E＝小袖片　F＝侧片
　　　　　G＝领片　H＝大袋盖　I＝胸袋

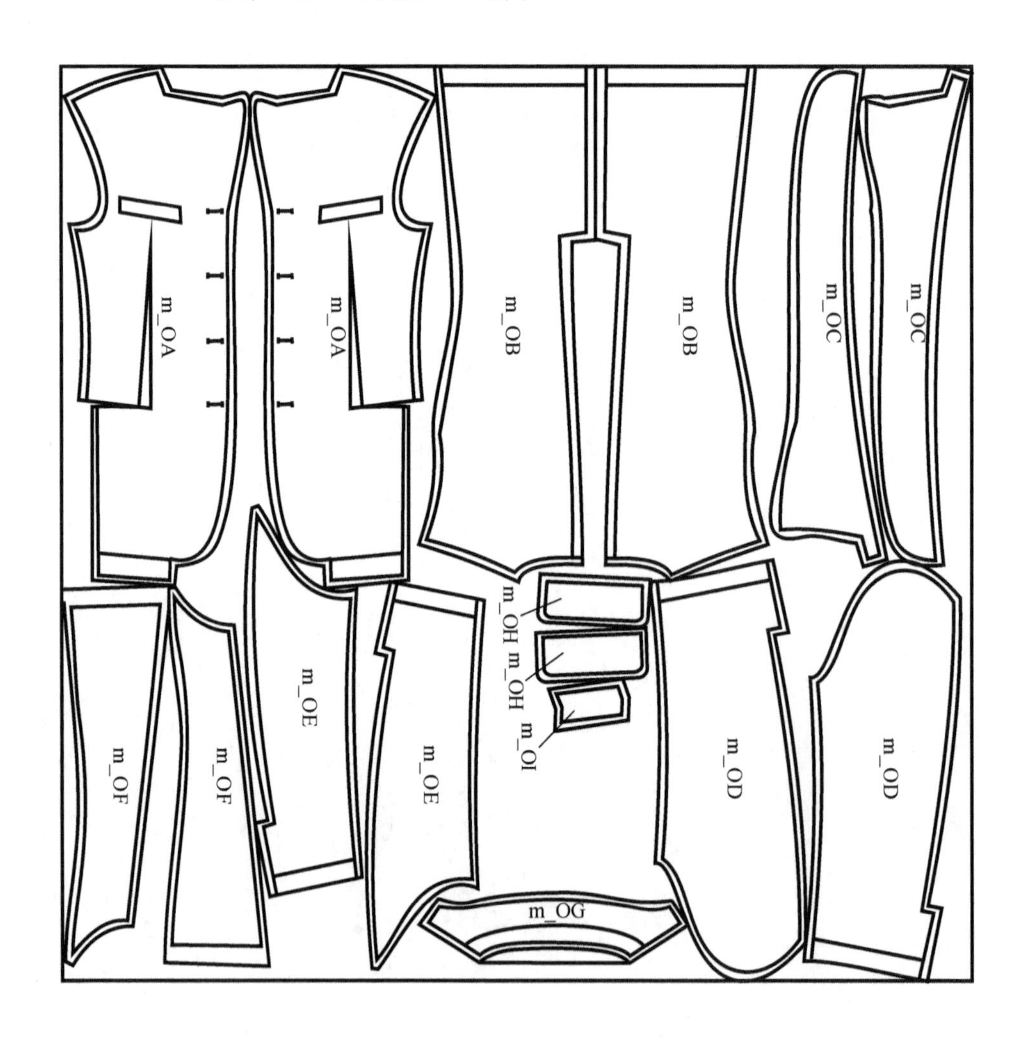

第六章　男衬衫结构设计原理与方法

衬衫从服装分类上说归属内衣范畴，作为内衣的款式与结构设计，舒适性、机能性要求无疑较之合体性、美观性更需优先考虑。因此男衬衫的款式、结构、工艺以及材料选用相对变化更少，更适合于大批量、专业化生产。由于上述原因，男衬衫生产的专业化程度是所有服装类别中最高的，成衣率也是所有服装品种当中最高的。所谓成衣率是指购买成衣总量与服装消费总量之比。

第一节　男衬衫种类分析与常用材料

一、男衬衫的种类与特点

男衬衫的种类依据穿着场合可分为三大类，一类是系领带、与西装配套穿着的正装衬衫；另一类是不系领带、在夏季作为外衣穿着的休闲衬衫，还有一类是专门佩戴领结、配合礼服穿着的礼服衬衫。依据衬衫的属性分类则可分为正装衬衫和休闲衬衫两大类，配西装的衬衫和配礼服的衬衫均为内衣属性，其结构设计原理与要求是一致的，我们可统称其为正装衬衫；休闲衬衫虽然叫做衬衫，却是外衣属性，因此其结构设计要求与正装衬衫是有区别的。为此本书在男衬衫种类分析时，按男衬衫穿着场合分类介绍，在论述结构原理与方法时则按其属性分类介绍。

1. 正装衬衫

正装衬衫（如图 6.1 所示）的造型基本恒定。衬衫领、育克（或称覆司、过肩）、装克夫的一片袖构成正装衬衫造型的基本特征。

领子因须配合领带，已经定型为男衬衫专用的上下领结构立翻领样式；下领的形状、上领与下领后中的高度、上领与下领的形态配合要求因衬衫领外观和工艺限制几乎是一成不变的；领型的变化被严格限定在上领的领尖部位，只有领尖的长短与角度随流行可变化。

肩部的育克设计是正装衬衫造型的特征之一，育克的形状基本不变，育克后中宽度与育克过肩折烫宽度，随流行有常宽窄变化。

门襟有平襟、翻襟与暗襟三种形式（参见休闲衬衫的门襟样式），门襟上一般有六粒纽扣，第一与第二粒纽扣之间的距离一般固定在 7.5 厘米左右，这是为了在第一粒扣子敞开时门襟 V 型敞口不致过高或过低，第二至第末粒纽扣间距等分。

背部一般有背褶设计，褶位可设在背中或背部两侧。设褶的目的首先是增加背部与臂

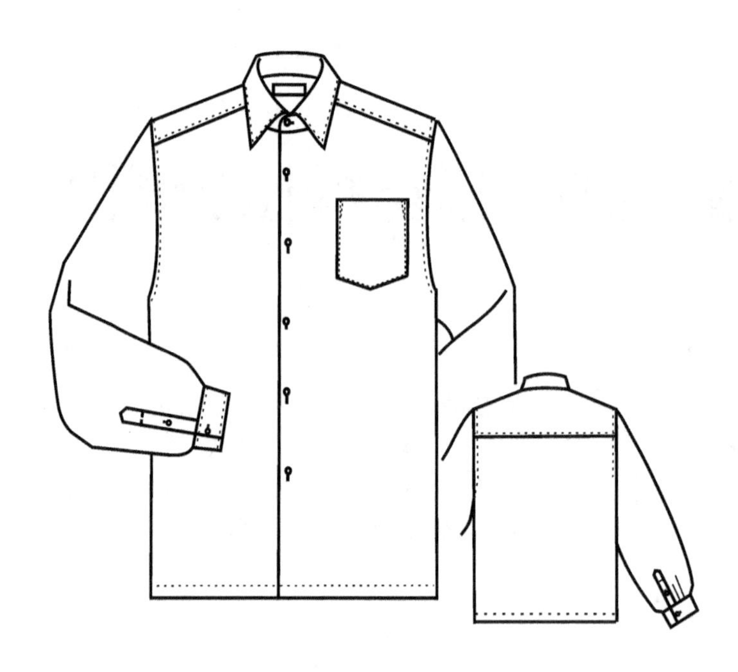

图 6.1

部活动量，其次是装饰。褶裥的形式一般为明褶和暗褶两种（参见休闲衬衫的背褶样式），褶裥的位置与形式通常与门襟形式呼应，背中明褶配翻门襟，背中暗褶配暗门襟，背部两侧褶配平门襟。

左胸一贴袋。

低袖山一片袖，袖口一般打两个褶，装剑头型大小袖叉，袖口装克夫，克夫有大圆角、小圆角及六角型的流行变化。

侧缝与下摆的造型多为直腰身配合平下摆，也有侧缝收腰配曲下摆的。

正装衬衫又分长袖、短袖两种，长袖的正装衬衫一年四季皆可穿着，短袖只在夏季穿着。

2. 礼服衬衫

礼服衬衫结构设计要求与正装衬衫基本相同，差异之处是领子的外观造型，如图 6.2 所示的折角立领是礼服衬衫的专用领型，折角有大小之分，与立领相连，沿立领口折烫呈燕尾状；礼服衬衫的胸部 U 字形剪切，有褶裥或波纹布条装饰。此外礼服衬衫袖口克夫采用可脱卸式的金属或宝石装饰扣。

根据西方社会社交着装礼仪，男子礼服分夜间大礼服——燕尾服、夜间准礼服——塔士多礼服、白天正礼服——晨礼服、白天略礼服——双排扣西服三件套。

与燕尾服配套穿着的礼服衬衫必须是：胸部 U 字形剪切，并白色棱纹褶裥装饰，胸部与领子须上浆熨烫，使其硬挺；折角立领的折角要大，袖口通常是使用装饰扣的单克夫。颜色必须是白色无纹，质地为棉或棉麻织物。

与塔士多礼服配套穿着的礼服衬衫：胸前多有 U 字形褶裥装饰，该部位可上浆，也可不上浆，领子为普通衬衫领或是折角立领，袖口通常是用装饰扣的双重克夫，面料颜色与质地要求同上。

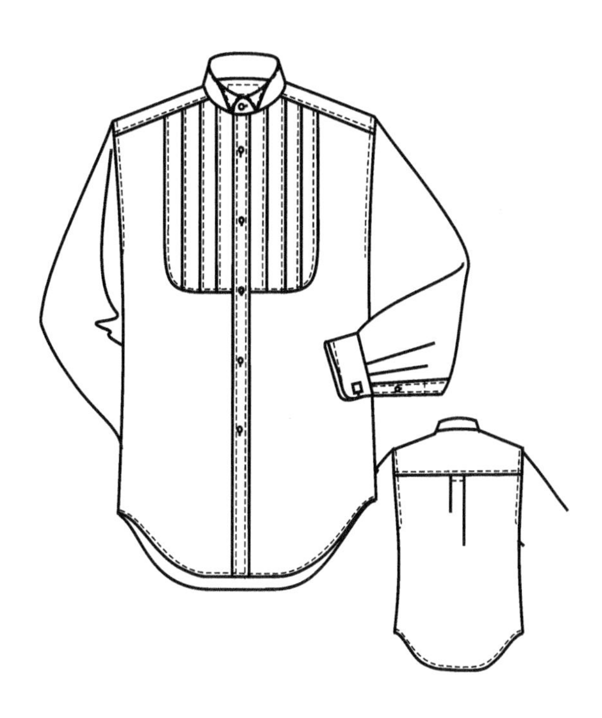

图 6.2

与晨礼服配套穿着的礼服衬衫：领子从普通衬衫领到大小折角立领都可以用，若是普通衬衫领的场合，通常前胸无褶饰，而在采用折角立领的场合，前胸褶饰可有也可无。面料颜色与质地要求同上。

与白天略礼服配套穿着的礼服衬衫：以袖口双重克夫为原则，其他与晨礼服配套衬衫相同。

3. 休闲衬衫

休闲衬衫是除了礼服衬衫与正装衬衫之外的适合在非正式场合，依据流行或个人喜好穿着的各种日常衬衣的泛称。休闲衬衫的名称只是一个笼统的概念，它不同于礼服衬衫和正装衬衫有对应的特定样式和规范的着装要求，提出休闲衬衫的名称是为了对衬衫的结构类型进行细分，便于大家对不同类型衬衫结构设计要求的理解。

休闲衬衫的样式随流行变化，在保留了衬衣的基本特征的基础上，经常会融入一些其他服装品种和其他民族服装特有的造型元素。一些其他国家可在正式场合穿着的具有民族特色的衬衫样式，在他国则经常被用于休闲衬衫的变化设计。休闲衬衫的面料选用也随流行变化，各种颜色各种质地只要符合流行、适合男性衬衫制作都可用于休闲衬衫的设计。正装衬衫的面料多选用薄型、全棉或棉与化纤混纺、素色或条格平纹织物；较之正装衬衫其面料质地、色泽、纹样等的选择范围要大得多。因此休闲衬衫具有多样性与流行性的特点。

休闲衬衫与礼服衬衫、正装衬衫的主要区别在于两者的属性不同。礼服衬衫、正装衬衫是纯粹的内衣，而休闲衬衫在很大程度上讲是男性夏季的时装外衣。因此正装衬衫的款式、材料与工艺可以是程式化的，而休闲衬衫的款式造型则必须根据流行和个人喜好变化。就结构设计而言，正装衬衫作为内衣，舒适性相对优先；而休闲衬衫作为外衣，合体性应该优先考虑。

休闲衬衫的款式如图 6.3 所示。

图 6.3

休闲衬衫的领型如图 6.4 所示。

休闲衬衫的门襟、背褶和袖口如图 6.5 所示。

二、衬衫常用材料

衬衫作为内衣贴身穿着，一般选用吸湿透气、柔软轻薄、易洗快干、耐磨性好的面料。薄型纯棉与棉型化纤平纹织物因此是最为常用。适合男衬衫的面料大类有全棉或涤棉混纺平布、府绸、麻纱、色织条格布及真丝或仿真丝的纺类、绉类织物。

（1）平布。平布是采用平纹组织、经、纬纱粗细和密度相同或相近的织物。具有交织点多，质地坚牢、表面平整、正反面外观效应相同的特点。平布按其纱特数的不同，可分为粗平布、中平布、细平布和细纺，用作男衬衫面料的通常是细平布和细纺。

（2）府绸。府绸是布面呈现由经纱构成的颗粒效应的平纹织物，其径密高于纬密，比例约为 2∶1 或 5∶3。府绸具有轻薄、结构紧密、颗粒清晰、布面光洁、手感滑爽的丝绸感。府绸品种繁多，适用男衬衫面料的种类主要有：全棉精梳线府绸、普梳纱府绸、涤棉府绸、棉维府绸。

（3）麻纱。麻纱是布面呈现宽窄不等直条纹效应的轻薄织物，因手感挺爽如麻而得名。麻纱具有条纹清晰、薄爽透气、穿着舒适的特点。常见的麻纱多为棉或涤棉织物。

（4）纺类。采用平纹组织，表面平整缜密，质地较轻薄的花、素织物，又称纺绸。一般采用不加捻桑蚕丝、人造丝、锦纶丝、涤纶丝等原料织制，也有以长丝为经丝，人造棉、绢纺纱为纬丝交织的产品。有平素生织的电力纺、无光纺、尼龙纺、涤纶纺和富春纺等，也有色织和提花的伞条纺、彩格纺、花富纺等。

图 6.4

(5)绉类。绉织物是通过运用工艺手段和丝纤维材料特性织制的外观呈现皱纹效应的富有弹性的丝织物。绉织物具有光泽柔和、手感糯爽而富有弹性、抗褶皱性能良好等特点。绉织物的品种很多,适合男衬衫面料的主要是中薄型的双绉、花绉、碧绉、香乐绉等。

未经预缩的全棉印染平布经纬向缩水率均为3%左右,府绸的经纬向缩率分别为4.5%与2%,色织条格府绸的经纬向缩率分别为5%与2%,涤棉平布、细纺、府绸的经纬向缩率

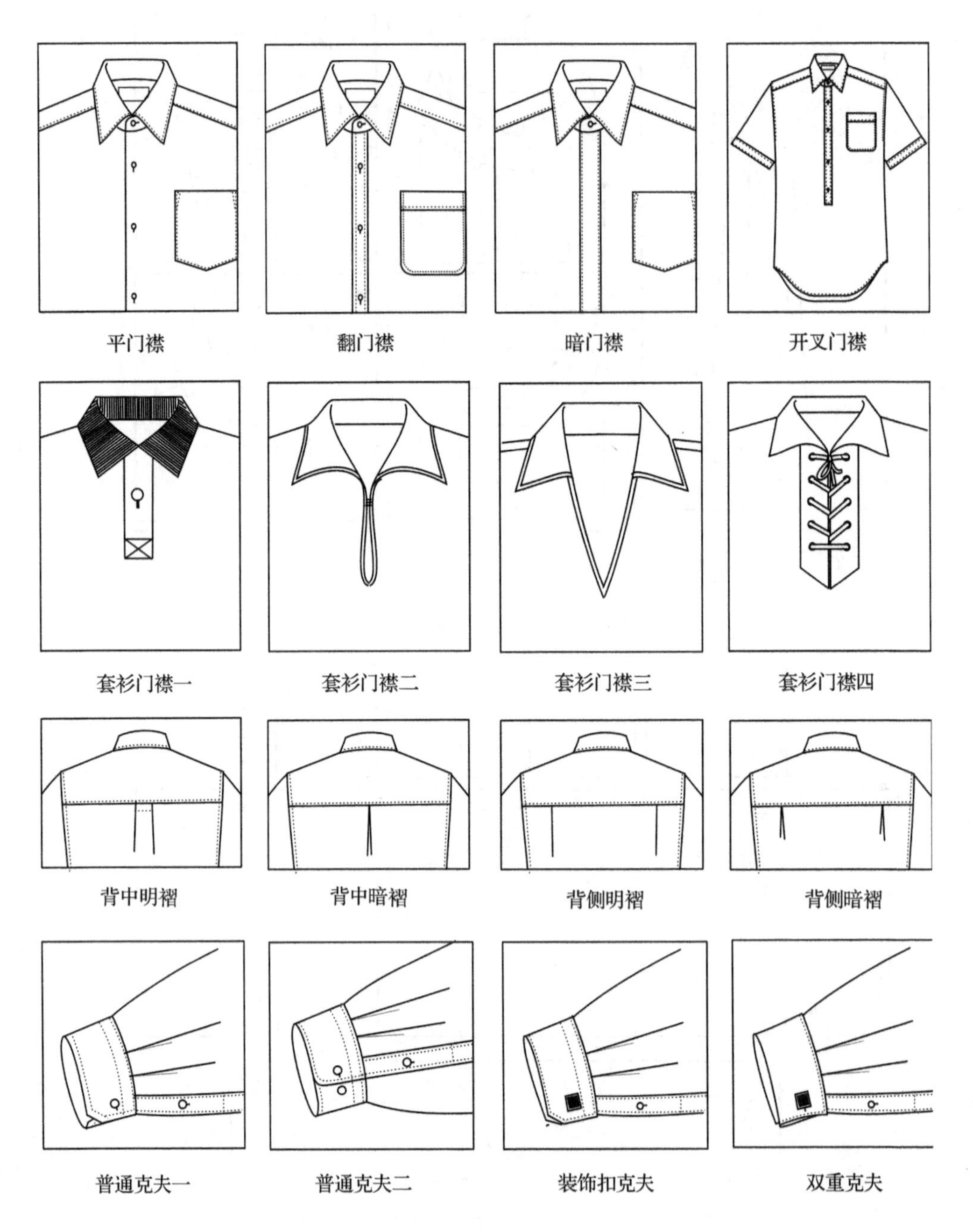

图 6.5

均不超过 1%，麻纱由于组织结构上的原因纬向缩率大于径向，经纬向缩率分别约为 2%与 5%；真丝织物的经纬向缩率分别大于等于 5%与 3%，人造丝与真丝交织品的经纬向缩率分别可达 8%与 3%。

全棉及真丝质地衬衫面料的高缩水率给衬衫纸样设计带来很大困难。一方面产品出厂时成衣规格要符合设计标准，同时又要保证产品经消费者穿着洗涤后成衣规格仍然保持设计标准；另一方面衬衫洗涤一般都采用水洗，而且洗涤频度很高。为了解决上述矛盾，衬衫企业通常采取先水洗后成衣和先成衣后水洗两种工艺方法来保证成衣规格的稳定性。前者是将缩水率大的面料先行水洗预缩处理，然后再进行服装加工；后者则是在纸样设计时根据面料的经纬向缩率加放相应缩率，先行成衣，然后将成衣进行水洗缩水处理。就纸样设计环节的技术难度而言，无疑后者大大高于前者。但先成衣后水洗工艺不仅能大大改善采用全棉、真丝等高缩水率面料制成服装的规格稳定性，而且还能通过水洗工艺设计给产品增添独特的水洗皱褶、色泽变化等休闲风格，所以全棉、真丝等休闲衬衫目前普遍采用先成衣后水洗工艺。

在先成衣后水洗工艺条件下，衬衫纸样设计应根据衣片的丝缕方向和水洗工艺要求加放相应缩率，尤其是经纬向缩率差异较大的品种，经纬向缝合部位可有意使缩率大的缝边增加吃势，缝合后呈均匀起皱状态，待水洗收缩后恢复平整状态；对于经纬向缩率差异特别大的面料，若是款式设计上允许或是面料经纬向外观效果差异不明显的场合，可考虑尽量使缝合部位的丝缕方向一致，如将衬衫的育克等部位裁片的丝缕方向改作与衣身的丝缕方向一致，这样可使育克与后衣片缝合部位缩率一致。正装衬衫的造型讲究平挺，一般采用先水洗后成衣工艺。

第二节 男衬衫规格设计

一、采寸法男衬衫规格设计

以正装衬衫为例，测量工具为卷尺，单位为厘米。

(1)测定衣长：从侧颈点垂直向下量至与手掌虎口齐平处，或根据款式要求在此基础上适当加减。

(2)测定胸围：为了准确测定被测者的净胸围，规定以被测者只穿着一件衬衣基础上测量为基准，皮尺过胸部最丰满处水平围量一周，加放 16～18 厘米。

(3)测定肩宽：从左肩点至右肩点横弧长，加放 2 厘米左右。

(4)测定袖长：从肩点量至手掌虎口处。

二、推算法衬衫规格设计

设定中码为号型 175/92A，推算方法见表 6.1。

表 6.1 中号表示身高，型表示净胸围。该推算方法适用于 A 型体形，若用于推算 B 型体形时，肩宽配置须作调整。因为肩宽是根据胸围配置的，在体形相同的情况下，肩宽与胸围按一定比例同步扩放。当体形变化时，肩宽与胸围的比例关系也随之变化。例如某 A 型的人步入中老年后，因身体发胖，胸腰差变小，体形变成 B 型，其胸围与腰围较过去大了许多，肩宽虽也因皮下脂肪增厚有所变化，但肩宽变化程度显然要小于胸围。A 型与 B 型人的肩点与腋点连线的斜率是不同的，很显然 B 型人肩宽与胸围之比要小于 A 型。因此若参照上述方法推算适用 B 型衬衫系列规格，建议肩宽按胸围的 2.5/10 比例配置。以夏威夷衫为例，肩宽可按 2.5/10 型＋17.5 配置。

表 6.1　推算法男衬衫规格设计　　　　(单位:厘米)

	正装衬衫	短袖休闲衬衫	夏威夷衫(香港衫)
衣长	号 4/10+4	号 4/10+6	号 4/10+5
胸围	型+16~18	型+14~16	型+16~18
肩宽	胸围 3/10+14	胸围 3/10+12.5	胸围 3/10+14
长袖	号 3/10+7.5		
长袖口	胸围 1/20+20		
短袖	号 2/10-12	号 2/10-12	号 2/10-12
短袖口	胸围 1/10+8	胸围 1/10+7	型 1/10+8
领围	胸围 2.5/10+12	胸围 2.5/10+13	
注	长袖口的克夫尺寸摊平测量,短袖口的尺寸对折测量		

三、衬衫成品规格测量方法

GB/T 2660—1999 国家标准规定的衬衫成品规格测量法如表 6.2 所示。

表 6.2　衬衫成品规格测量方法

部位名称		测量方法
1	领大	领子摊平横量,立领量上口,其他领量下口。
2	衫长	平摆:前后身底边拉齐,由领侧最高点垂直量至底边。 圆摆:后领窝中点垂直量至底边。
3	长袖长	由袖子最高点垂直量至袖头(克夫)边。
	短袖长	由袖子最高点垂直量至袖口边。
4	胸围	扣好纽扣,前后身放平(后褶拉开),在袖底缝处横量(周围计算)。
5	肩宽	由过肩(育克)后领窝向下 2.0~2.5 厘米处为定点水平测量。

衬衫成品规格测量部位如图 6.6 所示。

GB/T 2660—1999 国家标准规定的男衬衫成品主要部位规格极限偏差如表 6.3 所示。

表 6.3　男衬衫成品主要部位规格极限偏差　　　　(单位:厘米)

部位名称	一般衬衫	棉衬衫
领大	±0.6	±0.6
衫长	±1.0	±1.5
长袖长	±0.8	±1.2
短袖长	±0.6	—
胸围	±2.0	±3.0
肩宽	±0.8	±1.0

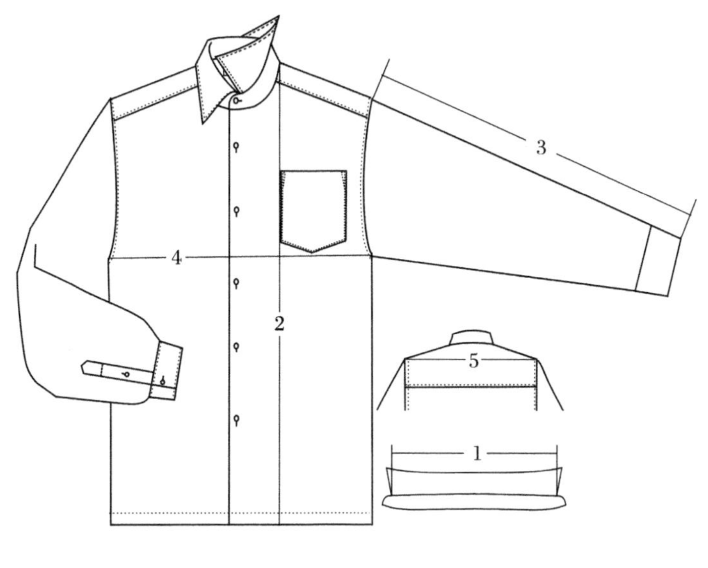

图 6.6

第三节　男衬衫结构设计基本原理与要求

一、正装衬衫结构设计的基本要求

在前面我们已经说过，正装衬衫完全是内衣属性，样式基本固定，除了领型、袖口等局部形状随流行有细微变化外，其整体结构及其他部位很少有变化。作为内衣的正装衬衫在进行结构设计时，需要把握的基本要求有以下三点。

1. 整体舒适性优先

正装衬衫穿在贴身内衣与西装等外衣之间，既有保护身体的功能又兼保护外衣的功能，在配合西装穿着的场合更是如此。在与西装配合穿着的状态下，衬衫露出外衣的只是领子、袖口克夫与门襟局部，衬衫的下摆必须塞进裤腰内，所有纽扣必须扣齐，还要系领带。衬衫的绝大部分被外衣和裤子所覆盖，因此正装衬衫整体上合不合体并不重要，而穿着舒不舒服则成为评判纸样设计优劣的首要指标。

正装衬衫的结构设计，除了领子和袖口要求是合身的立体造型以外，其余部位都是宽松的平面的造型。所谓平面造型的衣服特点是：折叠平整穿着起皱；立体造型的衣服则相反：穿着平整折叠起皱。所以尽管正装衬衫是内衣，但其胸围、肩宽放松量通常与外衣西装相近，正装衬衫的袖肥、胸宽与背宽尺寸甚至超过西装，肩线斜度也可比外衣平直，使袖窿纵向也保持一定松量。所有这些都是为了增强衬衫的舒适性与机能性，因为正装衬衫配合穿着的西装，讲究的是合体性，其机能性相对较差，应尽量减少或避免因衬衫穿着可能引起的动作障碍叠加。

2. 局部合体性优先

正装衬衫按正规的设计与穿着要求，衬衫的领子和袖口应该露出于西装的领口和袖口，因衬衫与外衣色彩上的明度与面积对比，加之西装领的敞口设计和领带衬托，更加凸现衬衫领部的视觉中心地位。在与西装搭配穿着状态下，衬衫整体处于陪衬地位，唯独领子不是陪衬反而是主角。因此在衬衫制造中，无论是设计、制板还是缝制、包装，领子都是重点部位。

长期以来人们购买衬衫都习惯于按领围尺码进行选购，说明消费者对衬衫合体性的关注重点也在领子部位，时至今日衬衫制造企业为了照顾消费者的习惯，在衬衫的尺码标注上，除了表明号型以外，还无不例外地加注领围规格，这种做法是其他服装制造和消费中所没有的。

鉴于上述原因，我们在设计正装衬衫领子纸样时，不但要使领底弧长与领圈弧长一致，还须注意领子规格的精确性。西装等外衣的领圈大小通常可按胸围比例设置，正装衬衫的领圈大小，为了保证领子规格及与领圈配合，我们主张按领围比例配置。除了规格，领子的工艺造型精美也是十分重要的。材料的厚薄、水缩性能、热缩性能等都有可能影响领子规格与造型，因此需要认真测试，充分掌握材料特性。

3. 衣片设计应服从折叠包装要求

正装衬衫立体折叠包装的形式是所有服装品种当中独一无二的。其他服装一般采用衣架挂装的形式，虽然 T 恤衫、针织内衣裤等也有采用折叠包装形式的，但这些服装都是平面折叠包装，唯有正装衬衫是立体折叠包装的。正装衬衫包装极为讲究，除了纸盒，衬衫里面衬有衬板纸，肩部、袖底、等处用别针固定，并将衣身平整地沿衬板纸四周绷紧，目的都是使衣身部位折叠平整美观；上领与下领翻折部位之间夹有条形衬板纸，领圈表面衬有领胶条，领口下面衬有蝴蝶片，左右下领用珠头别针固定，目的都是使领子部位保持美观立体造型。衬衫立体折叠包装的基本标准是：左右对称、衣身平整、领子立体造型优美。

图 6.7 所示是正装衬衫立体折叠包装的示意图。

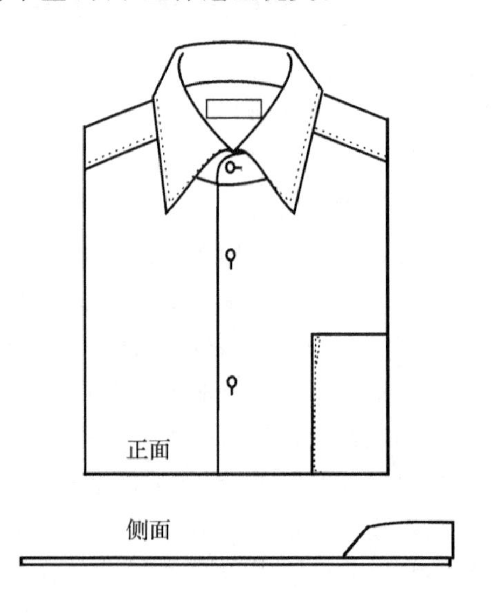

图 6.7

从图 6.7 正面折叠状态看，领尖、领口圆角、育克折烫宽度要求左右对称，门襟、下领叠合处、领圈及整个衣身要求平整顺直。

从图 6.7 侧面折叠状态看，衣身整体保持平整、领子与衣身保持约 90°角的立起形态。

为了达到这种立体折叠包装效果，是以牺牲一定程度的衣身合体性为代价的。因为要使领子如图 6.7 那样直立，关键在于提高后衣片直开领的深度，在折叠状态下后直开领挖得浅领子便能立起，后直开领挖得深领子便会后仰。而在穿着状态下后直开领过浅衣身会产生前吊后垂的毛病。好在衬衫作为内衣穿着，消费者对舒适性的在意程度甚于对合体性的要求，而且在绝大多数场合衬衫的下摆被塞进裤腰内穿着，因此大家对正装衬衫合体与否不太在意。

二、休闲衬衫结构设计的基本要求

休闲衬衫与正装衬衫既有联系又有区别。它们都是衬衣，有相似的结构造型，共同具有衬衫的基本特征。例如休闲衬衫的衣身大多也采用与正装衬衫相同的四开身设计，领子大都是衬衫领的基本样式，缝制工艺的要求几乎完全一样。但休闲衬衫可作外衣穿着，因此相对讲究合体性，注重衣身的结构平衡。胸围、袖肥的放松量不像正装衬衫那样基本恒定，而必须根据流行视款式要求确定，既可以是非常宽松的也可以是非常紧身的；既可以是直身的也可以是收腰的。休闲衬衫的育克可有可无，育克、袖口、口袋、背褶、下摆的形状变化自由，更强调装饰性。就衣片结构而言休闲衬衫与正装衬衫的最大区别在于领型设计。正装衬衫的领型是配合领带设计的，如图 6.8 所示，上领与下领的起翘量差异很大，上领与下领缝合后领口处形成系领带结的空间，因此适合系领带穿着；休闲衬衫的领型变化较多，既有正装衬衫那样的上下领结构，也有立领的、翻领的领型结构，但即便是上下领结构，也大多如图 6.8 所示，上下领都起翘，上下领起翘差异不大，上下领缝合后领口处没有系领带结的空间设计，因此不宜系领带穿着。

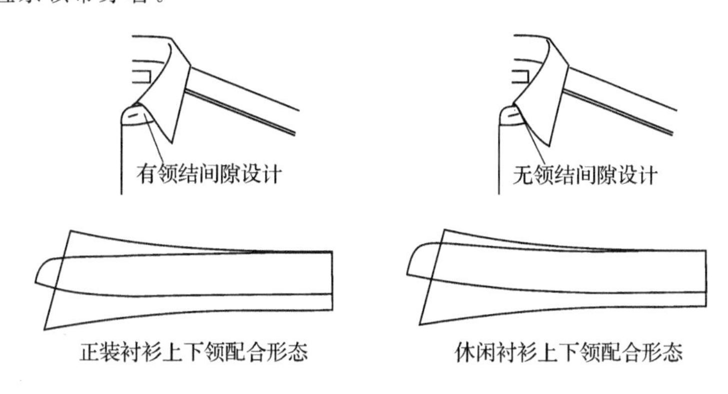

图 6.8

第四节　男衬衫结构制图方法

一、正装长袖衬衫纸样设计

下面介绍的正装长袖衬衫纸样设计方法是专门针对立体折叠包装的要求设计的。方法比较特别，但却能有效解决衬衫折叠包装所要求的前、后衣片相互及与育克配合问题。要想达到图 6.7 所示的折叠状态，则必定要求前、后衣片相互及与育克配合同时满足以下条件：

(1)育克按肩线折烫到前片的宽度即图 6.9 左所示育克肩线 ab 与育克折烫虚线 AB 之间的宽度，应符合款式设计规定；

(2)育克按折烫线折烫到前片后，后领圈所剩的直开领深度即图 6.9 所示 A 点至 H 点的垂直距离，(也就是 H'点至 H 点的距离，A 点与 H'点在同一水平线上，)应保持在 0.3～0.5 厘米之间；

(3)育克按折烫线折烫到前片后，育克的 a 点、b 点应分别与前片的 a'点、b'点重合，且肩

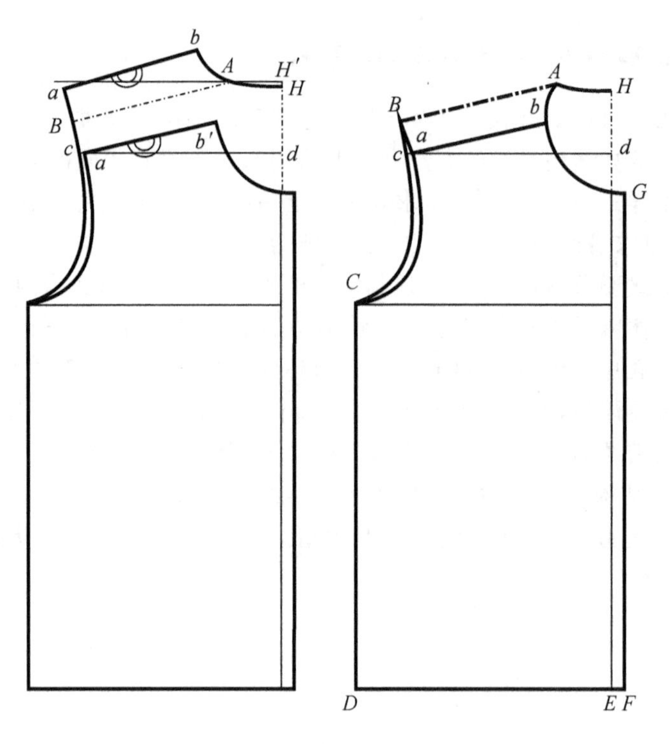

图 6.9

斜虚线 AB 的斜度保持设计规定；

(4)育克按折烫线折烫到前片后，育克领圈弧线应与前衣片领圈弧线顺畅相接，育克袖窿部分的弧线也应与前后衣片袖窿弧线顺畅连接；

(5)上述(1)至(4)项配合的前提是：必须同时对齐前、后衣片的中心线与胸围线。

最终形成如图 6.9(b)右所示的形态，才能满足折叠包装的各项要求。

立体折叠包装男衬衫传统的纸样设计步骤与方法是，先做育克纸样，再做后衣片和前衣片纸样。由于育克和前、后衣片三个部分分别制作，所以很难完全满足上述五项条件。如果育克的形状有变化则会更难。

现在我们改变一下纸样设计的思路。暂且不考虑育克的存在，而将衣身只看作前后两片，并且将前后片的形状也直接根据折叠形态的要求来设计。即把衣身的前片与后片直接设计成如图 6.9(b)所示的形状。后片为 H、A、B、C、D 和 E 点的连接；前片为 A、B、C、D、F 和 G 点的连接。根据款式需要，育克可在 ab 连线和 cd 连线附近随意分割。

款式见图 6.1，号型为 175/92A，制图规格见表 6.4。

表 6.4 （单位：厘米）

衣长	胸围	肩宽	袖长	袖口	领围
74	110	47	60	25.5	40

1. 后衣片制图方法与步骤(参见图 6.10，单位：厘米)

(1)作上平线 AC 与前后中心线 AL。

(2)后横开领：AB=1.5/10 领围－0.6。

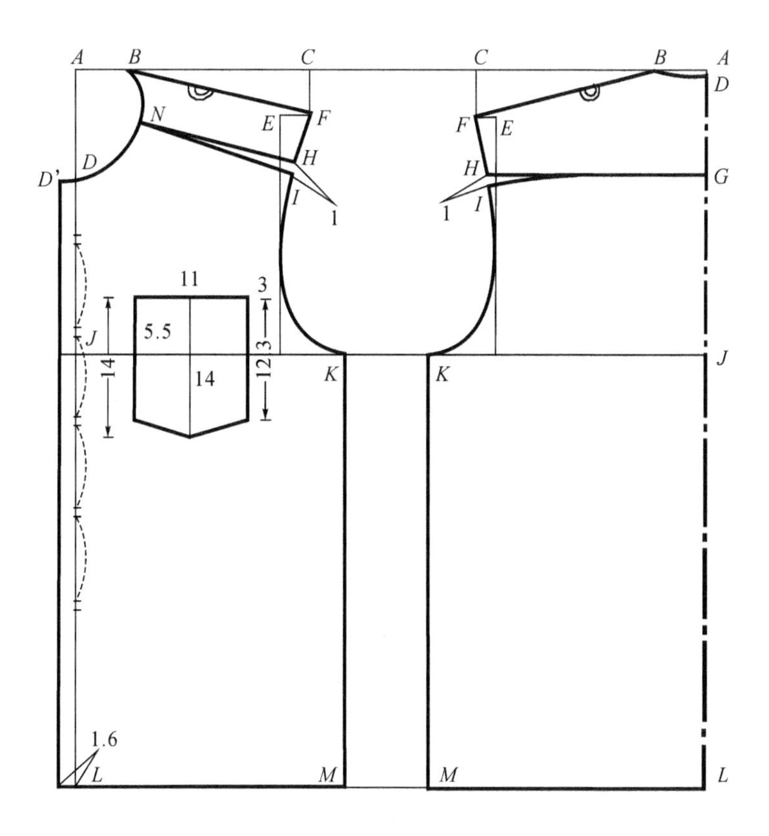

图 6.10

(3)后直开领：AD＝0.4 说明：此处后直开领深 0.4，并非是后领圈一般形态下的深度，而是指育克折烫到前片后，剩余的直开领深度，即图 6.10 所示 A 点至 D 点的垂直距离。实践验证要使立体折叠包装的衬衫领子美观竖起，此处后领圈的深度宜控制在0.3～0.5 之间，这里取平均值 0.4。

(4)后肩斜：16°。

(5)后肩宽：F 点至后中线水平距离＝1/2 肩宽。

(6)后背宽：EF＝2 或 E 点至后中线＝胸围/6＋3。

(7)袖窿深：F 点至胸围线垂直距离＝1.5/10 胸围＋7。

(8)衣长：DL＝衣长，后底边 ML 直线无起翘。

(9)后胸围大：JK＝1/4 胸围＋0.5。

(10)后下摆大：LM＝JK。

(11)连接后领圈弧线，弧线形态参照图示。

(12)连接后袖窿弧线，弧线形态参照图示。

2. 前衣片制图方法与步骤(参见图 6.10，单位：厘米)

(1)前横开领：AB＝后横开领大；N 点与上平线 AC 的垂直距离约 4.5，距前中心线 AL＝领围 1.5/10＋1。

说明：此处领圈不是按通常做法设计的，而是将肩线当做衬衫折叠包装时的育克折烫线，以折烫线划分前领圈与后领圈，所以上平线上 AB 两点的距离前后片是相同的，N 点则是前领圈中横开领最宽处，通常育克与前衣片的分割线也多设在此处。

(2)前直开领：AD=领围 2/10+3.2。

(3)前肩斜：16°。

(4)前肩宽：与后片同。

(5)胸宽：EF=3 或 E 点至后中线=胸围 1/6+2。

(6)前胸围大：JK=胸围 1/4−0.5。

(7)前下摆大：LM=JK。

(8)前衣片长：AL=衣长+0.4，底边 LM 直线无起翘。

(9)叠门宽：1.6。

(10)连接前领圈弧线，弧线形态参照图示。D'角应基本保持直角。

(11)连接前袖窿弧线，弧线形态参照图示。

(12)定纽扣位：正装衬衫门襟一般六粒纽扣，扣距不是均分的。第一粒口定在下领头宽 1/2 处，第二粒口距第一粒扣 7～7.5，末粒扣距底边 20 左右，其余均分。第一颗纽洞横向锁眼，其余纽洞为纵向锁眼。

3. 作前后衣片育克分割线(参见图 6.10，单位：厘米)

(1)作后片育克背部分割线，D 点至 G 点的宽度可按款式自由确定，一般为 8～10。

(2)作背部分割线省，省量 HI 接近 1，省尖在靠袖窿侧 2/5 处与分割线相切。

(3)作育克前肩分割线，分割线 NH 至育克折烫线 BF 的宽度可按款式自由确定，一般为 4～5。

(4)作前肩分割线省，省量 HI 接近 1，省尖延伸至 N 点。

(5)将前、后片育克纸样按肩线 BF 合并。

4. 袖片制图方法与步骤(参见图 6.11，单位：厘米)

(1)作袖肥线 BD 与袖山垂线 AC。

(2)袖山高：AC=胸围 1/10。

(3)分别量取前、后衣片的袖窿弧长，注意测量时应除去前、后袖窿上育克分割线的省量。

(4)定袖肥大：AB=前袖窿弧长−1，AD=后袖窿弧长−1。

说明：衬衫袖通常采用肩压袖的装袖工艺，且肩宽放松量大，肩点呈挂肩(落肩)形态，袖山不需要吃势量，因此以前后袖窿弧长定袖肥时，可预先分别减去 1 左右。

(5)定袖长：AF=袖长−克夫宽，克夫宽度通常为 6 左右。

(6)定袖片的袖口大：EG=克夫大+褶量−大、小袖叉宽+装大、小袖叉缝份。

克夫大为 25.5；袖口褶量为 3×2(一般两个褶)；大袖叉宽为 2.5；小袖叉宽为 1.5；装袖叉缝份为 1×2。

(7)袖叉位置在后袖口 1/2 向后偏 1 处，袖叉净长约 11。袖叉宝剑头封口长通常为 4。

(8)袖口褶位：参见图示。

(9)克夫、袖叉：参见图示。

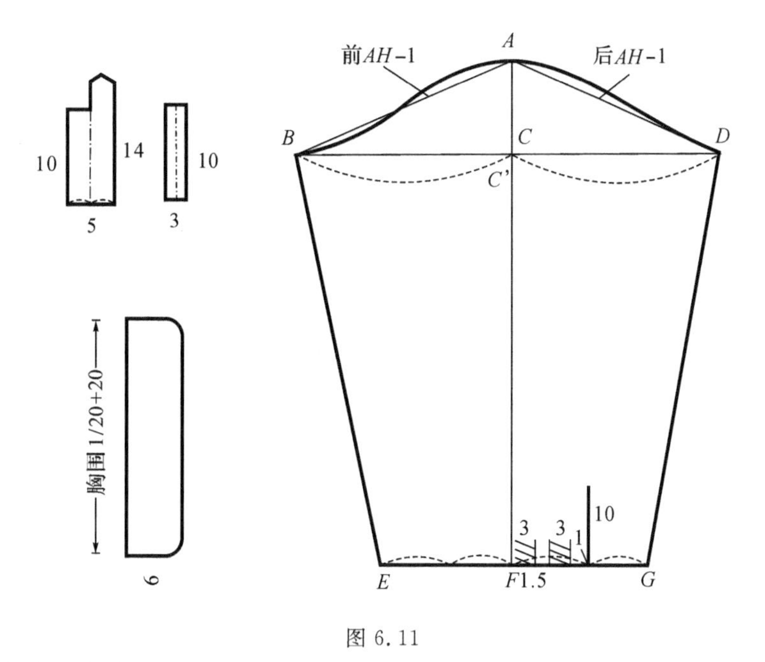

图 6.11

5. 领子制图方法(参见图 6.12)

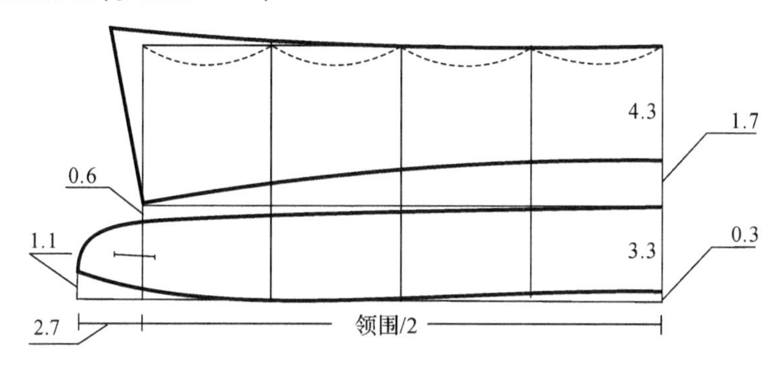

图 6.12

二、短袖休闲衬衫纸样设计

号型为 175/92A，制图规格见表 6.5，款式如图 6.13 所示。

表 6.5　　（单位：厘米）

后中长	前衣长	胸围	肩宽	袖长	袖口	领围
76	74	108	45	23	18.5	40

1. 后衣片制图方法与步骤(参见图 6.14，单位：厘米)

(1)作上平线 AC 与前后中心线 AP。

(2)后横开领：AB＝领围 2/10＋0.5。

(3)后直开领：AD＝领围/20＋0.3。

(4)后肩斜：18°。

(5)后肩宽：F 点至后中线水平距离＝肩宽 1/2。

图 6.13

(6)后背宽:EF=2 或 E 点至后中线=胸围 1/6+3。

(7)袖窿深:F 点至胸围线垂直距离=胸围 1.5/10+7。

(8)衣长:DP=后中长,后底边起翘为 8。

(9)后片胸围:JK=(胸围-褶量 4)/4+0.5。

(10)后片腰围:LM=JK-1.5。

(11)后片下摆:NO=JK-1。

(12)连接领圈、袖窿、侧缝、底边弧线,弧线形态参照图示。

(13)背部育克分割:DG=10,HI 省量约 1,省尖在靠袖窿侧 2/5 处与分割线相切。

(14)背中褶量:2。

2. 前衣片制图方法与步骤(参见图 6.14,单位:厘米)

(1)前上平线 AC 距后领圈 D 点垂直距离 1。

(2)前横开领:AB=后横开领-0.5。

(3)前直开领:AD=领围 2/10+0.5。

(4)前肩斜:18°。

(5)前肩宽:前肩线长度=后肩线。

(6)胸宽:EF=3 或 E 点至后中线=胸围 1/6+2。

(7)前片胸围:JK=(胸围-褶量 4)-0.5。

(8)前片腰围:LM=JK-1.5。

(9)前下摆大:NO=JK-1。

(10)前衣片长:AP=前衣长,前底边起翘 6。

(11)叠门宽:1.6。

(12)连接领圈、袖窿、侧缝、底边弧线,弧线形态参照图示。

(13)前肩育克分割:分割线 GH 与肩线平行距离可视款式要求确定,一般 4~5。

(14)翻门襟宽:3.2。

(15)门襟扣位请参照正装衬衫。

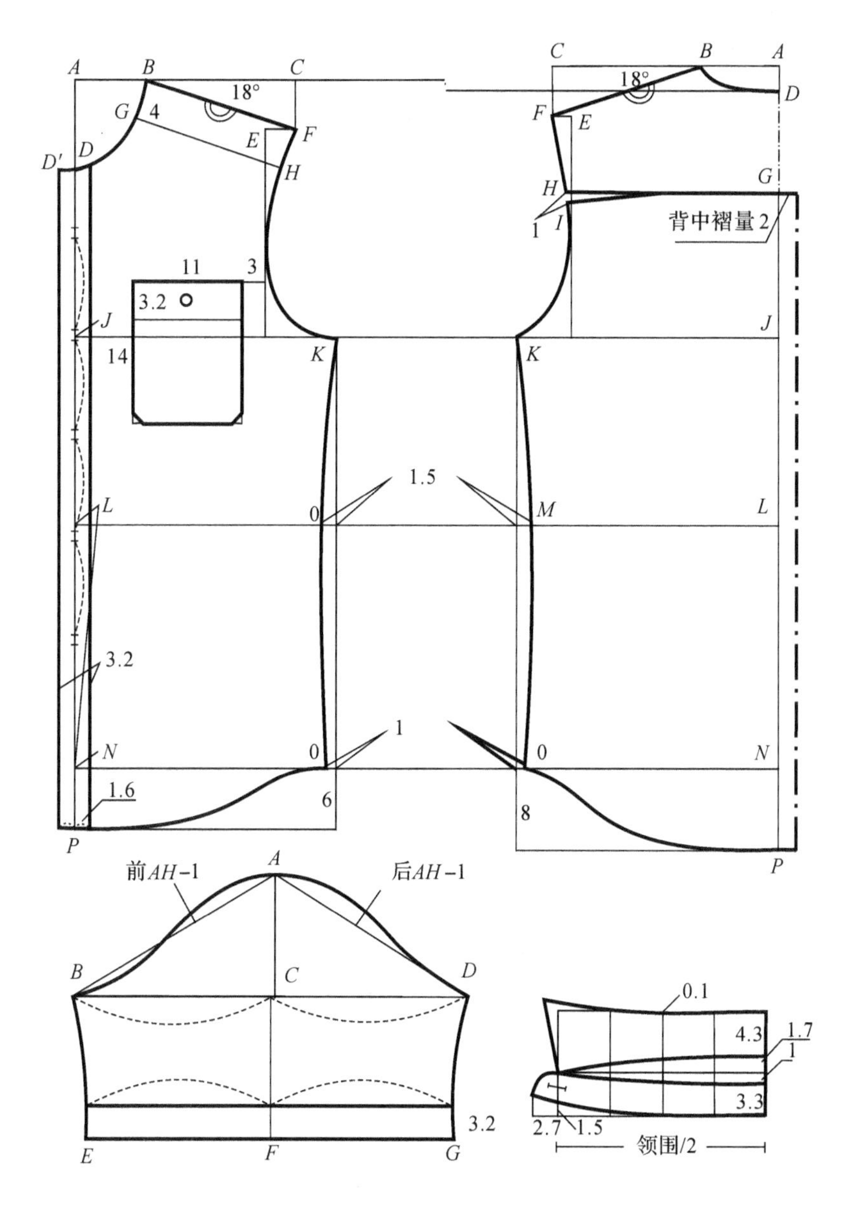

图 6.14

3. 袖片制图方法与步骤(参见图 6.14,单位:厘米)

(1)作袖肥线 BD 与袖山垂线 AC。

(2)袖山高:AC=胸围 1/10+1.2。

(3)分别量取前、后衣片的袖窿弧长,注意测量时应除去后袖窿上育克分割线的省量。

(4)定袖肥大:AB=前袖窿弧长−1,AD=后袖窿弧长−1。

(5)定袖长:AF=袖长。

(6)定袖口大:EF=FG=袖口大。

(7)袖口翻边宽:3.2。

其他部件请参照图示。

三、短袖休闲衬衫纸样设计(夏威夷衫)

号型 175/92A，制图规格见表 6.5，款式如图 6.15 所示。

表 6.5　　(单位：厘米)

衣长(后中长)	胸围	肩宽	袖长	袖口	领围
75	110	47	23	19	40

图 6.15

1. 后衣片制图方法与步骤(参见图 6.16，单位：厘米)

(1)作上平线 AC 与前后中心线 AL。

(2)后横开领：AB=胸围 1/20+3.3。

(3)后直开领：AD=胸围 1/80+1。

(4)后肩斜：18°。

(5)后肩宽：F 点至后中线水平距离=肩宽 1/2。

(6)后背宽：EF=2 或 E 点至后中线=胸围 1/6+3。

(7)袖窿深：F 点至胸围线垂直距离=胸围 1.5/10+7。

(8)衣长：DL=衣长−1，底边起翘 0.5。

(9)后片胸围：JK=胸围 1/4+0.5。

(10)后片下摆：LM=JK+1。

(11)连接领圈、袖窿、侧缝、底边弧线，弧线形态参照图示。

(12)背部育克分割：DG=8，HI 省量约 1，省尖在靠袖窿侧 2/5 处与分割线相切。

(13)背褶量：2。

(14)背褶位：背部育克分割线靠袖窿侧 1/3 处。

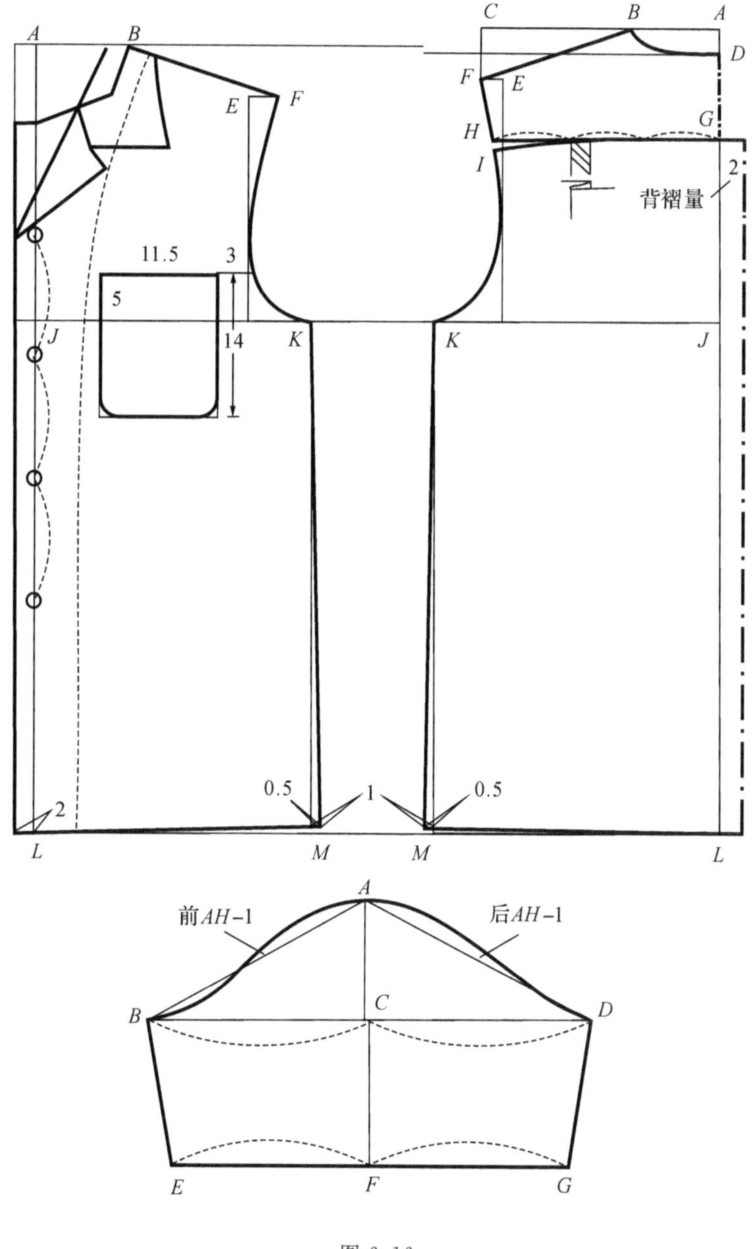

图 6.16

2. 前衣片制图方法与步骤(参见图 6.16,单位:厘米)

(1)前片上平线 AB 至后领圈 D 点的垂直距离 1。

(2)前横开领:AB=后横开领+0.5。

(3)前肩斜:18°。

(4)前肩宽:前肩线长度=后肩线。

(5)胸宽:EF=3 或者 E 点至后中线=胸围 1/6+2。

(6)前片胸围:JK=胸围 1/4−0.5。

(7)前下摆大:$LM=JK+1$。

(8)前衣片长:AL=衣长−1,前底边起翘 0.5。

(9)叠门宽:2。

(10)连接袖窿、侧缝、底边弧线,弧线形态参照图示。

3. 袖片制图方法与步骤(参见图 6.16,单位:厘米)

(1)作袖肥线 BD 与袖山垂线 AC。

(2)袖山高:AC=胸围 1/10。

(3)分别量取前、后衣片的袖窿弧长,注意测量时应除去后袖窿上育克分割线的省量。

(4)定袖肥大:AB=前袖窿弧长−1,AD=后袖窿弧长−1。

(5)定袖长:AF=袖长。

(6)定袖口大:$EF=FG$=袖口大。

4. 领片制图方法与步骤(参见图 6.17,单位:厘米)

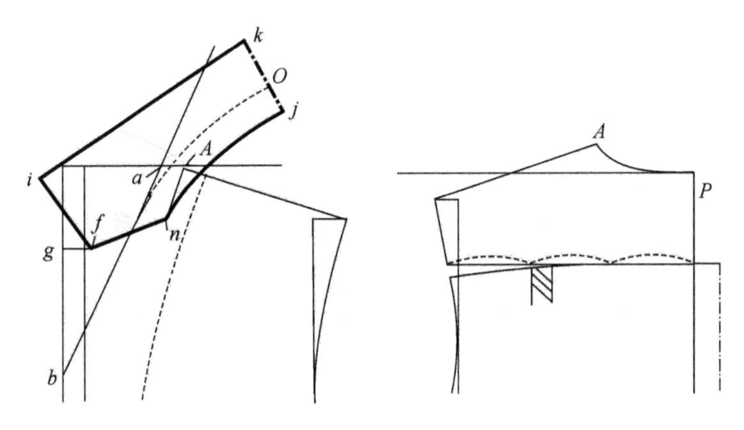

图 6.17

(1)定叠门宽:$gf=2$。

(2)定翻折线:a 点至 A 点水平距离为 1.5,b 点至上平线垂直距离约 18。

(3)定领底线:f 点、n 点至上平线垂直距离分别约 9.2 和 5.2,令 nj 弧线等于或略短于前领圈弧线 An 与后领圈弧线 AP 之和。

(4)确定领型:令领后中宽 $kj=6.5$,领尖 if 约 6.7,且 kj 分别与 jn、ki 保持直角。

(5)确定领座:令 $oj=3$,并弧线连接 o 点与 b 点。

附：衬衫用料及排料参考图

休闲短袖衬衫一件排

尺码：175/92A

面料利用率：81.59％

面料幅宽：110 厘米　实际利用幅宽：108.5 厘米

排料长度：147.8 厘米

面料特性：无条格、无倒顺、色差＜四级

裁片名称：A＝后片　B＝前片　C＝门襟贴边　D＝育克　E＝下领　F＝上领

G＝袖片　H＝贴袋　I＝袋口贴边

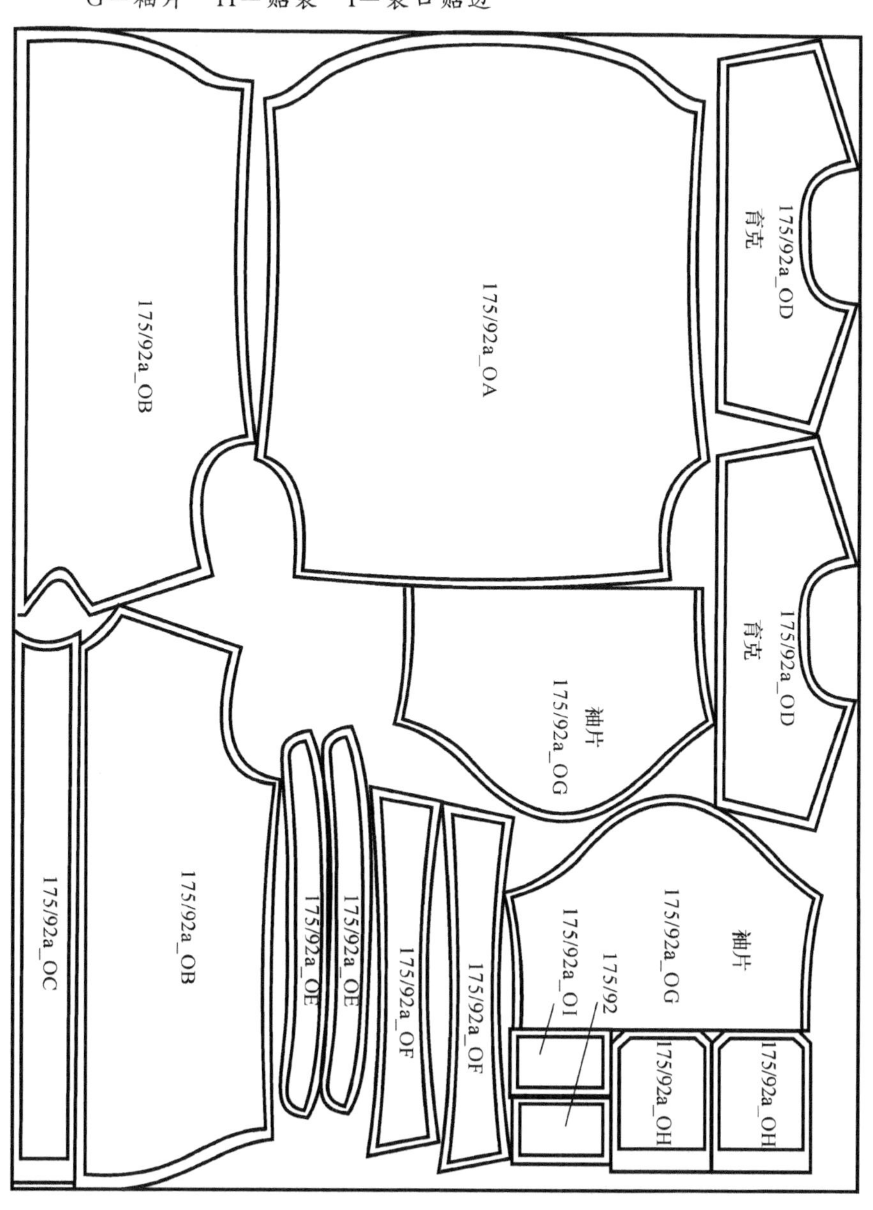

第七章　男夹克结构设计

男夹克是男装常见品种之一。东西方人对夹克的爱好有着惊人的相似，它超越了年龄、职业的限制，穿着场合广泛，选料款式多变，而且四季皆宜。在强化时尚的现代服装市场，夹克装束历久不衰。

通常认为夹克是由工装及军装发展而来的，其造型特点是轻便、随意，适合运动，具有较强的功能性。在日本几乎所有制造业的工作服都是夹克造型，这是因为夹克宽肩、宽胸背、低袖山的衣片造型，加之袖口、下摆的克夫设计，使得夹克在富于机能性的同时又不失干净利索的优点。由于现代人的生活观念趋向放松、自由与休闲，在衣着观念上更加在意服装的机能性与舒适性，因此这种服装式样在日常生活中也被作为非正式场合的休闲类服装穿着，现已成为不同年龄段男性广泛穿着的日常服大类品种之一。

第一节　男夹克种类分析与常用材料

夹克造型的最大特点是"方"。通常夹克衫是短装设计，衣长的尺寸配置较短，胸围的放松量较大，肩部夸张，多为挂肩造型；胸背宽裕，袖肥宽大，袖长加长，因此形成短装长袖的成衣效果。夹克衫的这种方正的形态几乎已成定式，很难改变这种已为人们所接受的造型风格。若将夹克的放松量改小、衣长超过臀围，看上去会非常别扭，这是我们在配置夹克规格、处理夹克衣片结构时所应注意的。男夹克品类多样，大致可分为经典型与时尚新潮型两个大类。

经典型夹克款式通常在材料与装饰上较传统保守，在造型结构中衣身相对较长，其衣身长及臀围线附近，胸围放松量通常在25～30厘米之间，款式简练，装饰较少。材料与色彩的选择通常也是大众化的。适合穿着的年龄跨度较大。

时尚新潮型夹克造型豪放、潇洒，装饰变化较多，在材料与色彩的选择上通常是紧跟流行，衣身短而精干，裁制相对合体衣长较经典夹克相对较短(通常在腰线下10～15厘米)，胸围放松度也较小，通常控制在净胸围加15～20厘米之间，比较适合青年人穿。

在结构设计中，应根据夹克的特点，审视和把握衣片各部位的配置关系。夹克的袖长要比一般袖长加长2～3厘米，这不单是为了配合袖口克夫部位呈鼓松形态所需的尺寸，同时也是为了呼应衣身的短装设计；另外夹克胸宽与背宽需适当加宽；胸宽与背宽的加宽会使袖窿形状变得深而窄；深而窄的尖袖窿须与袖山低、袖肥宽、袖底线长的一片袖相匹配。夹克良好的运动机能性正是由上述夹克衣片的特征形态所赋予的。

男夹克的材料选用范围较广泛，各种组织肌理的棉布、化纤及混纺织物均可使用。同时毛制品与皮革等也有较多的应用。考虑材料性能的不同，我们在结构设计中要做不同的处理，如棉制品要考虑它的缩率，毛制品可以利用它的面料变形性能做归拔处理等。另外像罗口等特殊材料要用不同的裁制方式处理，以达到服装制作的要求。

第二节　男夹克放松量设计与规格设计

在男夹克结构设计中首先要依据款式特点来确定它的放松量。通常合体形夹克胸围放松量控制在15～20厘米，宽松型控制在25～30厘米。长度依据流行的轮廓来确定，其他部位尺寸则可依据胸围放松量的大小，视比例适当确定。

依据这些我们以图例男夹克款式来设计成品规格见表7.1。

表7.1　男夹克款式设计成品规格　（单位：厘米）

部位名称	普通夹克衫	插肩袖夹克衫	运动夹克衫	牛仔夹克衫
胸围	胸围＋30	胸围＋32	胸围＋20	胸围＋20
衣长	号4/10－2	号4/10－3	号4/10－8	号4/10－6
袖长	号3/10＋9	肩袖长＝(胸围3/10＋14.8)/2＋(号3/10＋8.5)	号3/10＋10.5	号3/10＋8.5
领围	胸围2.5/10＋14	胸围2.5/10＋13	胸围2.5/10＋15	胸围2.5/10＋16
肩宽	胸围3/10＋15.4	胸围3/10＋14.8	胸围3/10＋14.4	胸围3/10＋14

第三节　男夹克结构制图方法

一、普通夹克衫纸样设计

这是一款经典的夹克衫式样（如图7.1所示），款式简洁，适合穿着的人群范围较广。其前门襟为拉链设计，下摆松紧带装置，前片有挖袋，袖口开衩，装克夫。

号型为175/92A，制图规格见表7.2。

表7.2　（单位：厘米）

衣长(后中长)	胸围	肩宽	袖长	袖口	领围
68	122	52	61.5	28	44

1.后片制图方法与步骤(参见图7.2，单位：厘米)

(1)后上平线：过B点作上平线与后中线，上平线垂直于后中线，BJ＝衣长－下摆克夫宽，下摆克夫宽一般为5左右。

(2)后横开领：BC＝领围2/10＋0.5。

(3)后直开领：B点15度线与C点铅垂直线相交取得A点，AC即为直开领深。

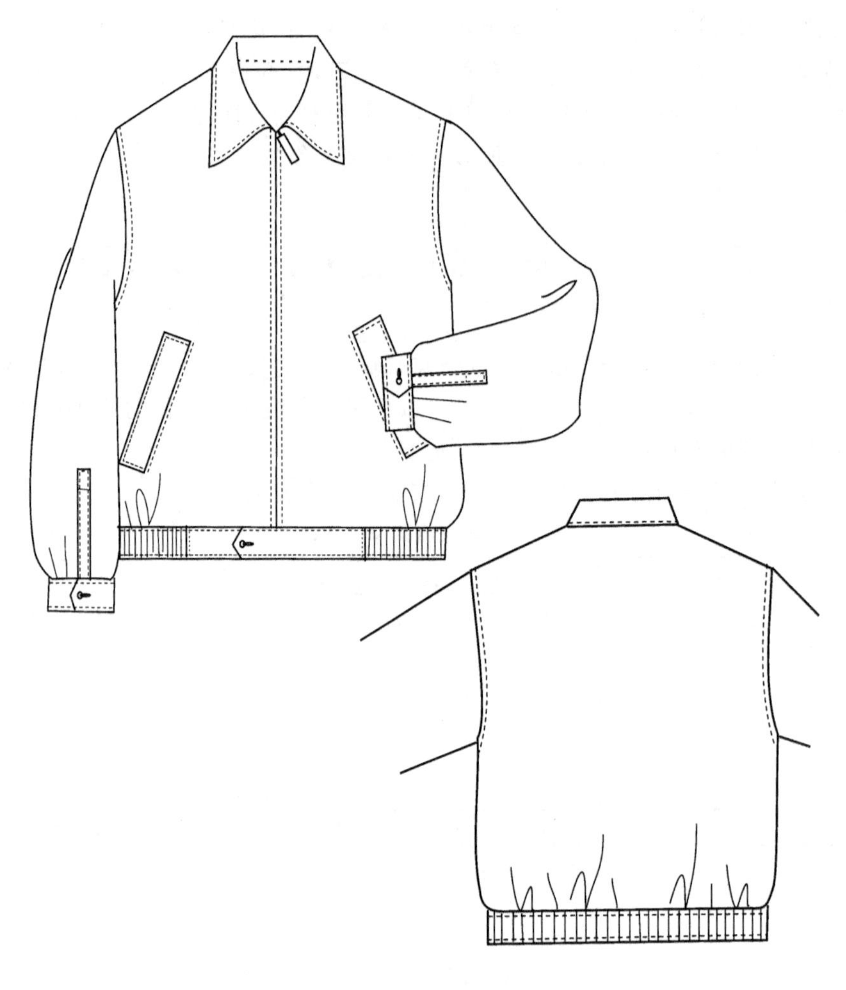

图 7.1

(4)后肩斜:18°。

(5)后肩宽:F 点至后中线的水平距离=肩宽/2+1/2 吃势量。

(6)后背宽:F 点往后中线水平移 1.8 左右形成 EH 线,这是确定袖窿形状的背宽线。

(7)后胸围大:GI=胸围 1/4+0.5。

(8)袖窿深:EH=胸围 1.5/10+8。

(9)连接后领圈弧线:要求参照图示符合人体颈部形状。

(10)连接袖窿弧线:参照图示。

(11)连接侧缝:IK 直线连接。

2. 前片制图方法与步骤(参见图 7.2,单位:厘米)

(1)前上平线与前中线:A'点作水平线与铅垂线,AJ'=衣长-下摆克夫宽。

(2)横开领:$A'B'$=后横开领-0.5。

(3)前直开领:$A'E'$=后横开领+0.7。

(4)前肩斜:19 度。

(5)前肩宽:前肩线 $B'D'$=后肩线 AF-吃势量。

(6)前袖窿深:前片 $A'F'$=后片 BG+1。

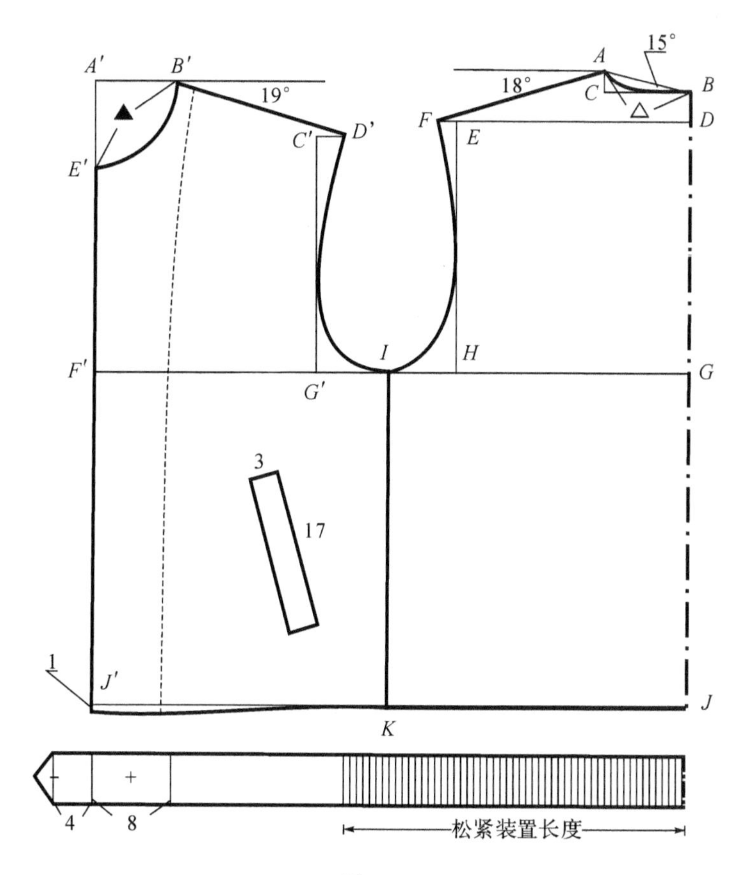

图 7.2

(7)前胸围大：$F'I$＝胸围 1/4－0.5。

(8)前胸宽：D'点往前中心线水平移动 2.8 左右确定胸宽线。

(9)连接领圈弧线：参照图示符合造型要求与人体。

(10)连接袖窿弧线：参照图示。

(11)口袋依据造型与功能来确定。

注：衣片下摆克夫面料长度与衣片下摆相等，松紧材料的长度依据弹力性能与装松紧部位的实际长度，通常取松紧装置部位长的 2/3～3/4，本款取 2/3。

3. 袖片制图方法与步骤(参见图 7.3，单位：厘米)

(1)袖山高：AC＝胸围 1/10＋1 这是一种宽松袖的袖山确定方法。

(2)袖片长：AF＝袖长－袖克夫宽(本款为 4)。

(3)前、后袖山线：AD＝AB＝前、后袖窿弧线总长 1/2－1。

(4)袖口宽：EG＝(袖口＋褶量－大小袖衩宽＋装大、小袖衩缝份)/2，褶量 5，大袖衩宽 2，小袖衩宽 1.5，装大、小袖衩缝份 2。)

(5)袖克夫：长＝袖口，宽为 4。

(6)连接前袖山弧线与连后袖山弧线：前袖山弧线曲率应大于后袖山弧线曲率。

4. 领子制图方法与步骤(参见图 7.4，单位：厘米)

(1)c'到 bc 垂线距离为 1/2 领圈。

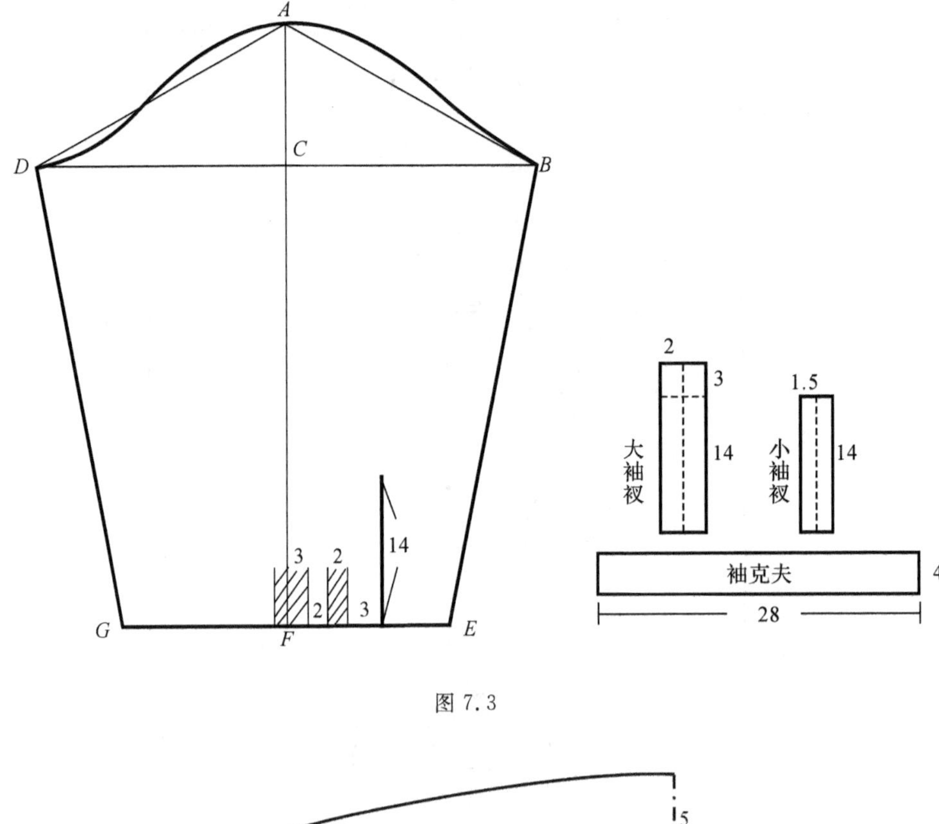

图 7.3

图 7.4

(2)领底线 $c'c$ 弧线=前后领圈弧长和一领脚展开量,展开量以 1.2~1.4 为宜。

(3)领脚 abc 区块展开为 $a'bc$ 区块后,要求 $a'b=ab$,$a'c=ac+$展开量,且角 $a'=$角 a。

二、插肩袖夹克衫纸样设计

这是一款由防水棉布为主要材料,施加以腰襻装饰,肩部以宽松型插肩袖结构为特征的一种流行式样(如图 7.5 所示)。

号型为 175/92,制图规格见表 7.3。

表 7.3 (单位:厘米)

衣长(后中长)	胸围	肩宽	肩袖长	袖口	领围
67	124	52	87	28	44

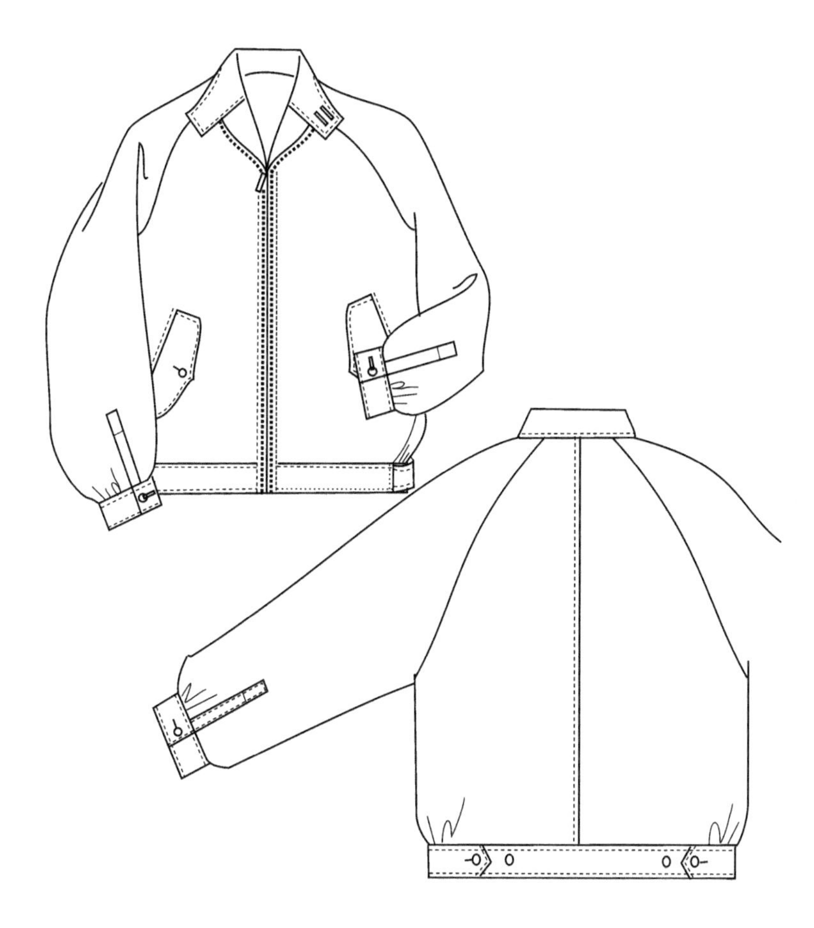

图 7.5

1. 后片制图方法与步骤(参见图 7.6,单位:厘米)

(1)后上平线:过 C 点作上平线与后中线,上平线垂直于后中线,CO=衣长－下摆克夫。下摆克夫一般为 5 左右。

(2)后横开领:CD=领围 2/10＋0.5。

(3)后直开领:C 点 15°线与 D 点铅垂直线相交取得 A 点,AD 即为直开领深。B 点为插肩袖的分割点,一般 AB 距离(4～5)由视觉效果决定。

(4)后肩斜:18°。

(5)后肩宽:F 点至后中线的水平距离=肩宽 1/2。

(6)后袖窿深:FK=胸围 1.5/10＋9。

(7)后胸围大:JL=胸围 1/4＋0.5,I 点与 JL 线垂直距离为 9,此点依据插肩线的形状,可作微调。

(8)肩袖长:延长肩线,令 C、F、H 连线=肩袖长－袖克夫宽。

(9)FG 为袖山高依据袖子的造型不同高度可变化,这个款式是宽松型的,所以取了 8 作袖山高。在规格中肩袖长指过 C、F、H 三点的连线－袖克夫的长度,因此这种袖子要求完成袖片制图后做规格检查。

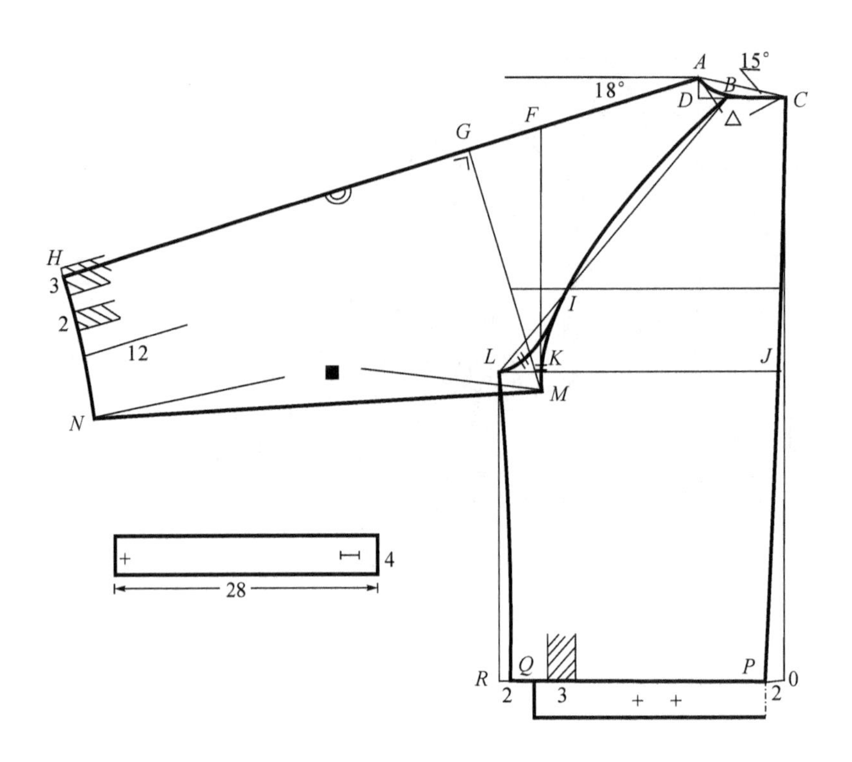

图 7.6

(10)HN=(袖口+褶量－大、小袖衩宽+装大、小袖衩缝份)/2,褶量为 5,大袖衩宽 3,小袖衩宽 2.5,装大、小袖衩缝份 2。

(11)袖山弧线 IM 与袖窿弧线 IL 段要求形状相似,长度相等。

(12)连接后领圈弧线:参照图示要求符合人体颈部形状连接。

(13)连接插肩弧线:参照图示要求形状优美,曲线流畅连接。

(14)连接侧缝 LQ 线:参照图示要求做弧线连接。

(15)连接后中线:参照图示作弧线连接。

2. 前片制图方法与步骤(参见图 7.7,单位:厘米)

(1)前上平线与前中线:过 A 点作水平线与铅垂线,AL=衣长－下摆克夫宽。

(2)横开领:AB=后横开领－0.5。

(3)前直开领:AE=后横开领+0.5。

(4)前肩斜:19°。

(5)前肩袖长:BH=后片 AH。

(6)前袖窿深:AF=后片 CJ 垂直距离+1。

(7)前胸围大:FI=胸围 1/4－0.5。

(8)C 点为插肩袖在领圈上的分割点,一般 BC 距离(4～5)由视觉效果决定。

(9)G 点与 FI 线垂直距离为 9,此点依据插肩袖的形状,可作微调。

(10)HL 与后片同。

(11)袖山弧线 GJ 与袖窿弧线 GI 段要求形状相似,长度相等。

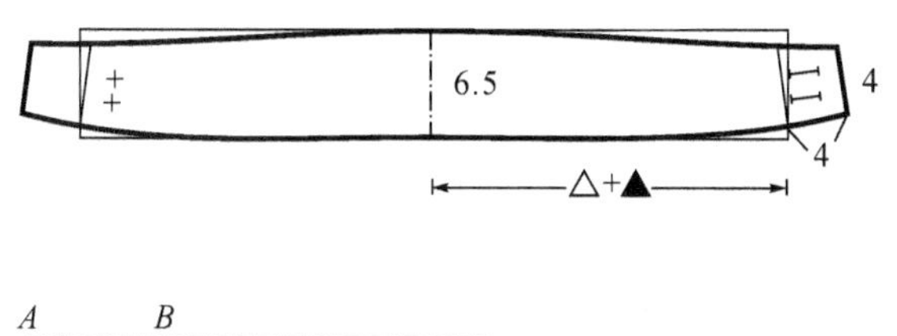

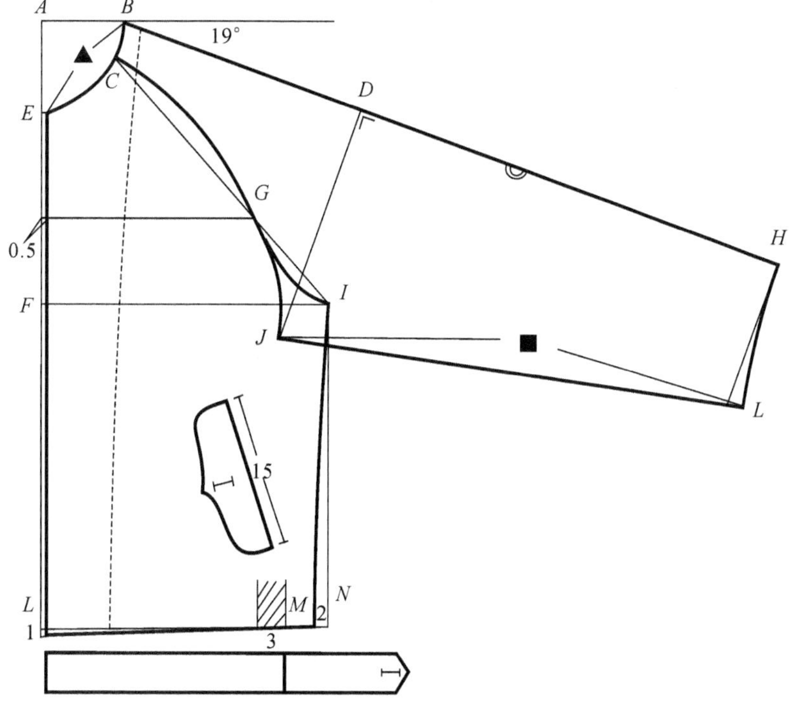

图 7.7

(12)袖底线 JL 应等于或略短于后片 MN，若不符可调 L 点和后片 N 点。

(13)连接领弧线：参照图示符合造型要求与人体。

(14)连接插肩弧线：参照图示要求形状优美，曲线流畅连接。

(15)连接侧缝 IM 线：参照图示要求做曲线连接。

(16)口袋依据机能与视觉效果来确定。

3. 领子

此款式是一个立领结构，起翘度为 1 厘米。

三、运动型夹克纸样设计

这是一款由棒球运动装发展而来的一种男夹克式样(如图 7.8 所示)。其显著特征是衣身与袖片的设计采用不同配色与材料，有明显的标志在前胸、后背作为装饰，被现代青年男性所欣赏。

号型为 175/92，制图规格见表 7.4。

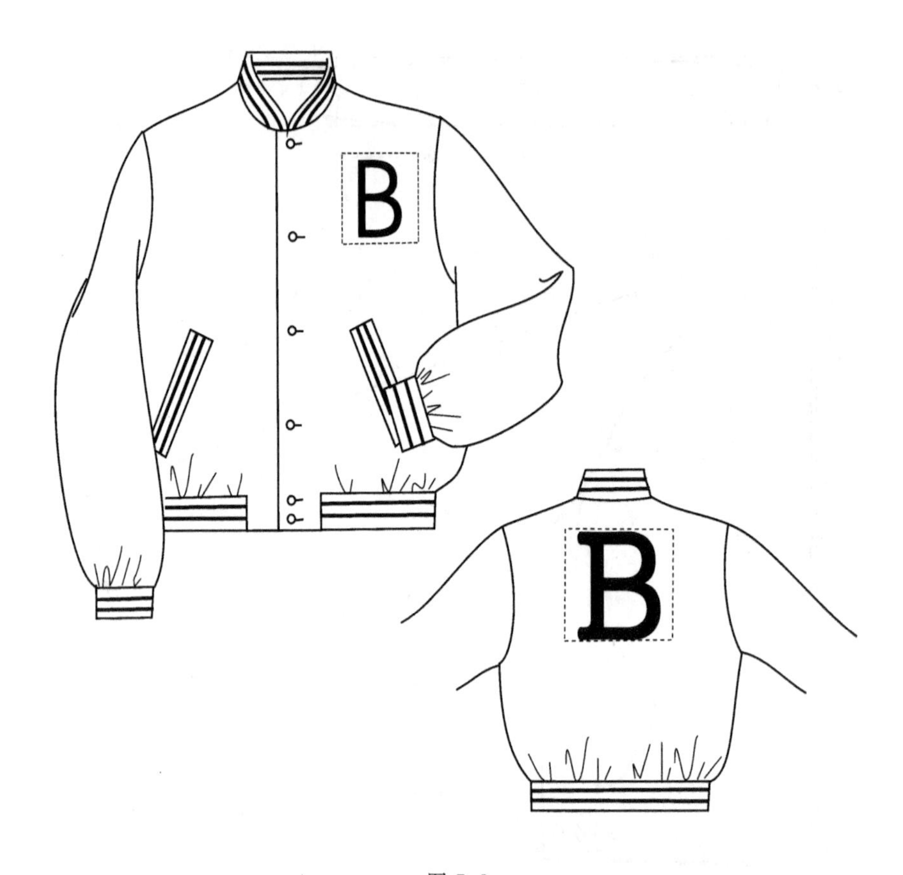

图 7.8

表 7.4 （单位：厘米）

衣长(后中长)	胸围	肩宽	袖长	袖口	领围
62	112	48	63	24	

1. 后片制图方法与步骤(参见图 7.9，单位：厘米)

(1)后上平线：过 B 点作上平线与后中线，上平线垂直于后中线，BJ＝衣长－下摆克夫宽。下摆克夫宽一般为 5 左右。

(2)横开领：BC＝胸围 1/20＋3。

(3)后直开领：B 点 15°线与 C 点铅垂直线相交取得 A 点，AC 即为直开领深。

(4)后肩斜：19°。

(5)后肩宽：F 点至后中线的水平距离＝肩宽 1/2＋1/2 吃势量。

(6)后背宽：F 点往后中线水平移 2 左右确定背宽线 EH，这是袖窿形状确定的依据线。

(7)后胸围大：GI＝胸围 1/4＋0.5。

(8)袖窿深：EH＝胸围 1.5/10＋8。

(9)连接后领圈弧线：要求参照图示符合人体颈部形状。

(10)连接袖窿弧线：参照图示。

(11)连接侧缝：IK 直线连接。

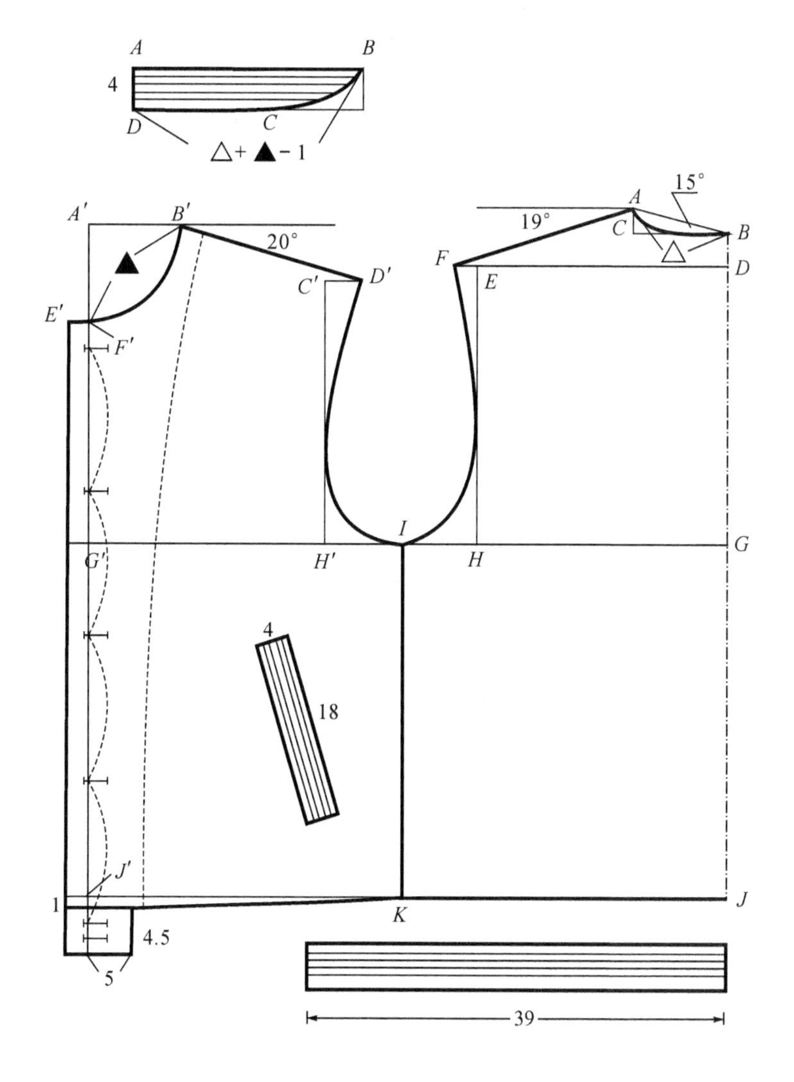

图 7.9

2. 前片制图方法与步骤(参见图 7.9,单位:厘米)

(1)前上平线与前中线:A'点作水平线与铅垂线,$A'J'$=衣长-下摆克夫宽。

(2)横开领:$A'B'$=后横开领-0.5。

(3)前直开领:$A'F'$=后横开领+0.5。

(4)前肩斜:20 度。

(5)前肩宽:前肩线 $B'D'$=后肩线 AF-吃势量。

(6)前袖窿深:前片 $A'G'$=后片 BG+1。

(7)前胸围大:$G'I$=胸围 1/4-0.5。

(8)前胸宽:D'点往前中心线水平移动 3 左右确定胸宽线 $C'H'$。

(9)连接领圈弧线:参照图示符合造型要求与人体。

(10)连接袖窿弧线:参照图示。

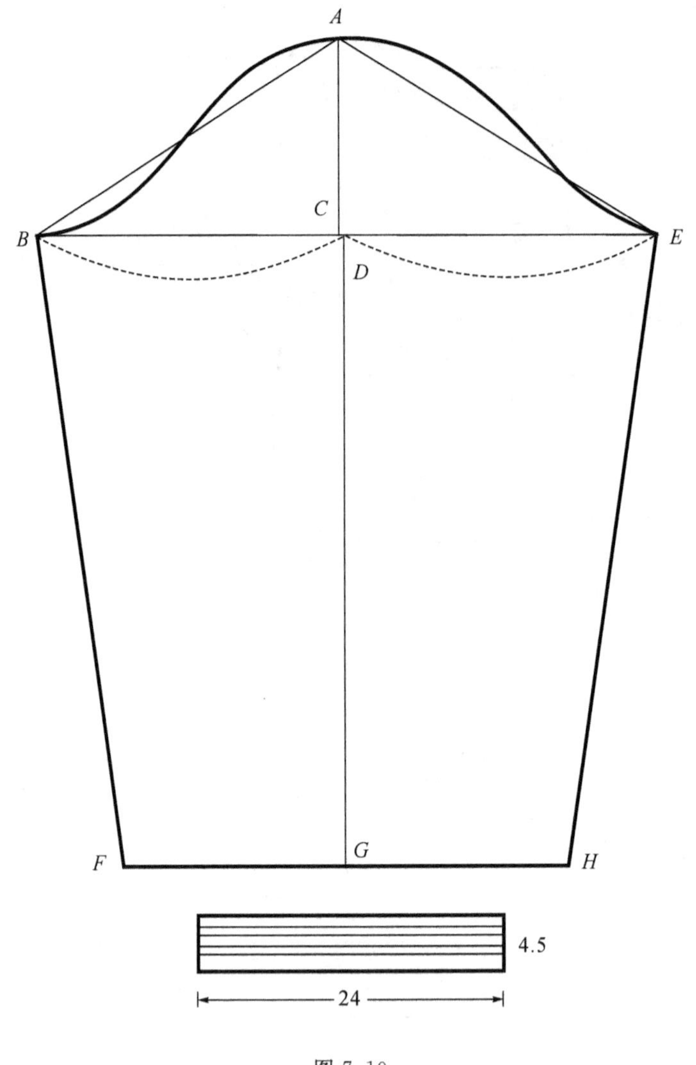

图 7.10

(11)口袋依据造型与功能来确定。

注:衣片下摆克夫罗口的长度依据罗口弹性及装罗部位的实际长度,通常取装罗口部位长度的 2/3～2/4,本款取 3/4。前叠门量 $F'E'$ 依据面料的厚薄不同而定,此款式取 2 厘米。

3. 袖片制图方法与步骤(参见图 7.10,单位:厘米)

(1)袖山高:AC=胸围 1/10+3 这是一种中等宽松的袖山确定方法。

(2)AB=前袖窿弧线－0.8。

(3)AE=后袖窿弧线－0.8。

(4)袖长:$AC+DG$=袖长－袖克夫宽。

(5)前袖山线要求曲率较大,后袖山弧线稍平缓。

(6)D 点为 BE 线的中点。

(7)袖口宽:FH=32 以 G 点平分。

注:袖克夫罗口长 22,宽 5。

4. 领子(参见图 7.9,单位:厘米)

此款式领子与袖口使用的材料是针织罗纹,因此它的造型方法与其他立领不同。领口线 AB 因为连口的,所以保持直线形。领底线 DCB 弧线形成立领的造型。DCB 弧线的长度等于前后领圈弧线的总长度－1。

四、牛仔夹克纸样设计

这是一款由体力劳动者服装发展而来的一款经典男夹克式样(如图 7.11 所示),其最大特征是以牛仔布为材料的剪接分割和明辑线装饰,具有亚文化色彩,是年轻风格的夹克款式之一。

图 7.11

号型为 175/92,制图规格见表 7.5。

表 7.5　　(单位:厘米)

衣长(后中长)	胸围	肩宽	袖长	袖口	领围
64	112	48	61	27	44

1. 后片制图方法与步骤(参见图 7.12,单位:厘米)

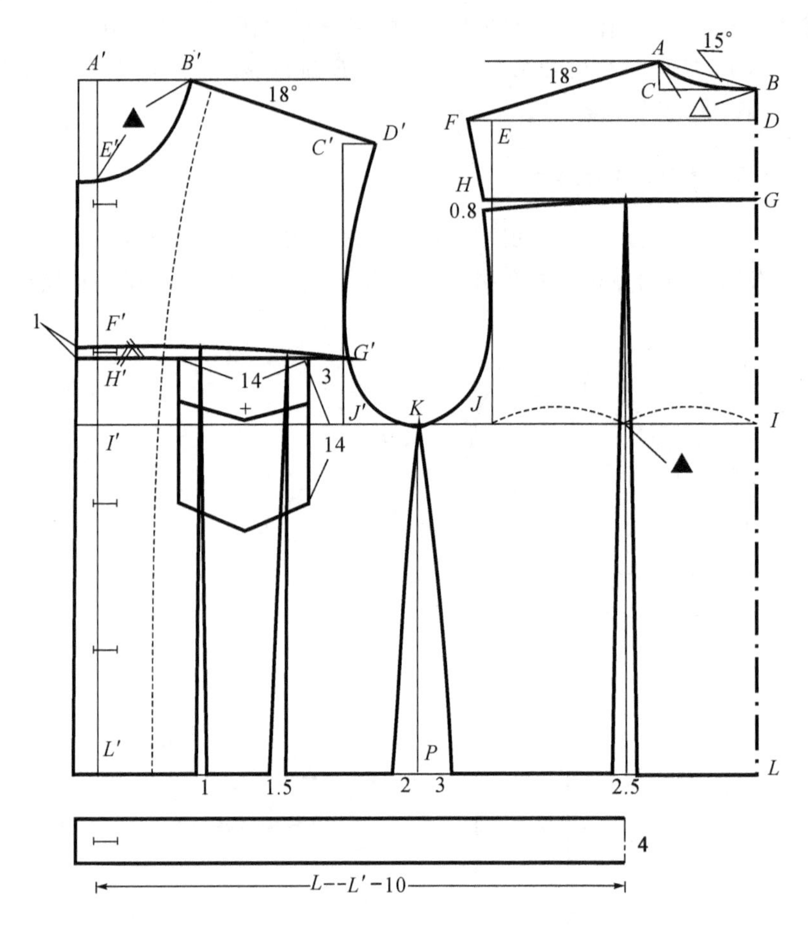

图 7.12

(1)后上平线:过 B 点作上平线与后中线,上平线垂直于后中线,BL=衣长-下摆克夫宽。下摆克夫宽一般为 5 左右。

(2)后横开领:BC=领围 2/10+0.5。

(3)后直开领:B 点 15°线与 C 点铅垂直线相交取得 A 点,AC 即为直开领深。

(4)后肩斜:18 度。

(5)后肩宽:F 点至后中线的水平距离=肩宽 1/2+1/2 吃势量。

(6)后背宽:F 点往后中线水平移 1.8 左右确定背宽线 EJ,这是袖窿形状确定的依据线。

(7)后胸围大:IK=胸围 1/4+0.5+▲(▲=后背分割线在胸围线上减少的量)

(8)袖窿深:EJ=胸围 1.5/10+8。

(9)连接后领圈弧线:要求参照图示符合人体颈部形状。

(10)连接袖窿弧线:参照图示。

(11)连接侧缝:KO 参照弧线连接。

注:GH 线为后背的分割线,BG=12,由于肩胛骨的原因在 H 点收 0.8 的省量。在 JI 中点做分割线,下摆处收省,形成款式造型。

2. 前片制图方法与步骤(参见图7.12,单位:厘米)

(1)前上平线与前中线:A'点作水平线与铅垂线,$A'L'$=衣长-下摆克夫宽。

(2)前横开领:$A'B'$=后横开领-0.5。

(3)前直开领:$A'E'$=后横开领+0.1。

(4)前肩斜:19°。

(5)前肩宽:前肩线$B'D'$=后肩线AF-吃势量。

(6)前袖窿深:前片$A'I'$=后片BI+1。

(7)前胸围大:$I'K$=胸围/4-0.5。

(8)前胸宽:D点往前中心线水平移动2.8左右确定胸宽线$C'J'$。

(9)连接领圈弧线:参照图示符合造型要求与人体。

(10)连接袖窿弧线:参照图示。

(11)连接侧缝线:KO'参照图示弧连接。

(12)口袋依据造型与功能来确定。

注:前衣片上$F'H'$与G点形成一个重叠量的作用相当于劈胸,前衣片上若有类似$H'G'$的横向分割,则应尽量利用,作劈胸处理可改善衣身结构平衡。$H'I'$=7左右。

3. 袖片制图方法与步骤(参见图7.13,单位:厘米)

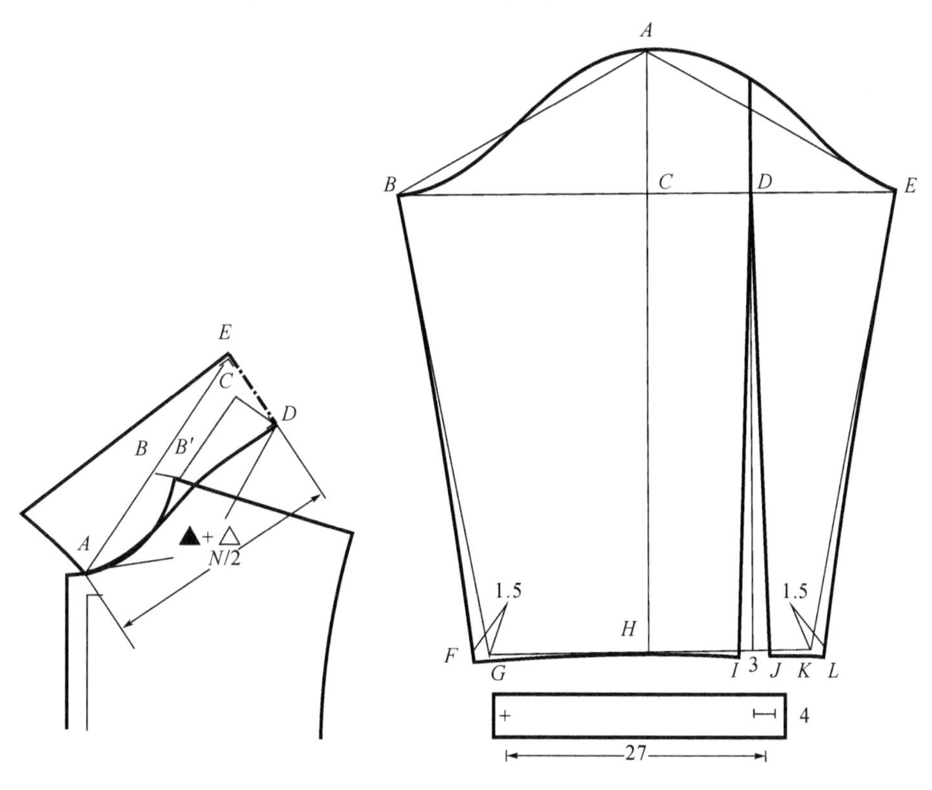

图7.13

(1)袖山高:AC=胸围1/10+1这是一种宽松袖的袖山确定方法。

(2)袖片长:AH=袖长-袖克夫宽(本款为4)。

(3)前、后袖山线:$AE=AB$=前、后袖窿弧线总长1/2-1。

(4)袖口宽:GK=袖口,以 H 点平分。

(5)在后袖片作 DI 与 DJ 的分割线,做收省处理,$CD=HK/2+2$ 左右。

(6)连接前袖山弧线,连接后袖山弧线,前袖山弧线曲率略大于后袖山弧线。

4. 领子制图方法与步骤(参见图 7.13)

此款式为一片翻领,$BB'=2.5$ 厘米(与领座宽有关)$B'C$ 等于后领圈弧线长度。CD 取 5 厘米(与领子的翻折程度有关)。DE 为 8 厘米。AD 弧线等于或略短于前后领圈弧长之和。A 点与 ED 连线的垂直距离等于 1/2 领围。

附：夹克用料及排料参考图

夹克衫一件排

尺码：175/92A

面料利用率：84.17%

面料幅宽：150 厘米 实际利用幅宽：148.5 厘米

排料长度：145.7 厘米

面料特性：无条格、无倒顺、色差＜四级

裁片名称：A＝后片 B＝袖片 C＝前 D＝挂面 E＝上领 F＝袖口克夫

G＝下摆克夫 H＝下领 I＝袋口贴边 J＝大袖衩 K＝小袖衩

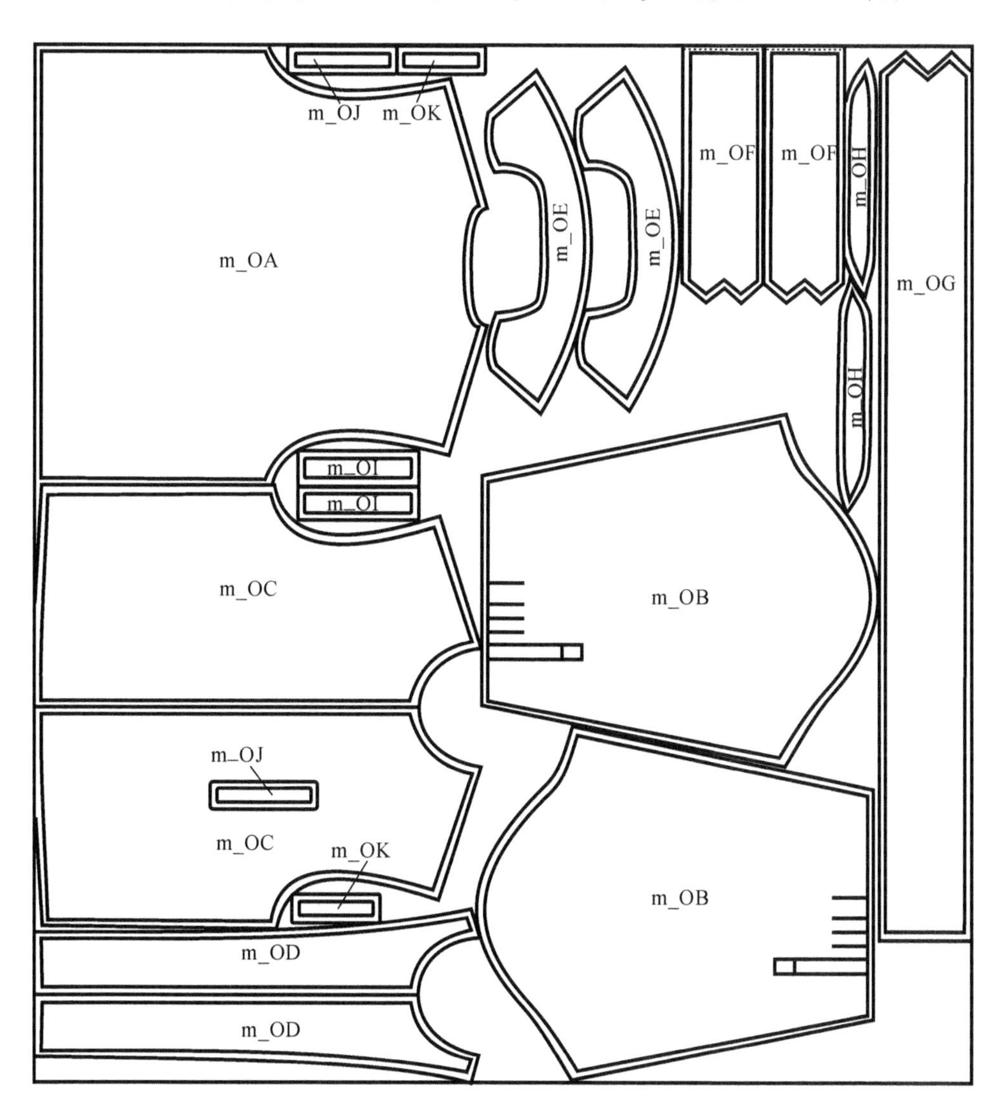

第八章　男运动休闲装结构设计

第一节　运动休闲装的种类分析

一、运动休闲装的定义

所谓运动休闲装，顾名思义就是适合日常运动、上街穿着的日常服。从其功用上讲它既有别于社交服装、又有别于特定的功能型服装及一般的家居服装。其与社交服的不同之处在于，社交服的设计以礼仪性、目的性为优先，强调的是程式化；运动、休闲装的设计则以舒适性、与环境协调性为优先，强调的是穿着者的个性。其与特定的功能型服装及一般的家居服装的区别在于，功能型服装主要强调的是其功能性的表达与传递，展示着装者的特定工作要求；而家居服装则是以满足居家休憩的功能为主要目的的。

运动休闲装最早首推布制的牛仔装、衬衣和夹克。休闲装最早的用途，是利用其耐用、舒适、易整理的特点，作为工作服使用。第二次世界大战之后，经美国娱乐界明星大肆推广，休闲服逐渐成为欧美人所接受的服装。20 世纪 60 年代的嬉皮士，崇尚回归自然，衣服以简单舒适为追求，休闲服理所当然成为那时的日常服装主流。从 70 年代初，休闲服开始成为世界流行时装的一个重要部分，并在 90 年代形成不可阻挡的潮流，强烈影响着人们的穿着风尚。与此同时运动休闲装也进入了中国，并得到大家的喜爱，从而在我国也很快形成了一个相对独立的服装品种。

二、运动休闲装的种类

在对休闲装的分类中可以发现，其实好多服装的称谓是交叉的。这与我们在日常生活中沿承下来的习俗有关。在运动休闲装的分类上，一方面它高度细分，如日常生活中我们对很多单一品种休闲装的称呼；另一方面它又是一个相当笼统的概念，我们可以将社交服、职业服、运动服、居家服装等以外的所有不具备特定功能的服装都称之为休闲装。运动休闲装的发展与当代经济技术的发展同步。随着当今信息时代的发展，正装在日常生活的场合的“生存空间”将逐渐缩小，人们需要的是更为舒适、休闲的服装，从而摆脱正装带来的拘束和压抑感。人们总想从各种禁锢中挣脱出来，以一种舒适、随意和放松的状态生活。着装上注意场合，注重舒适、自然的感觉，注重品味与心理因素，从而构成了一定的服饰文化。过去我们将休闲装统称为"便装"或是日常生活装，而现在我们根据不同的使用目的可将其细分。

1. 商务休闲装

这类休闲装在一般的场合下不失礼仪，又特别体现轻松随意的着装状态与生活方式。这种服装亦庄亦谐，着装要求不是很严谨。上、下班时间均可穿。它随意大方，有亲和力，不像西装那样正统、规矩，形式上较西装自由，但也可用于商务活动等非特别正规场合穿着。从结构要求来看，这类服装兼顾了西装的合体性与舒适性，有西装的外形轮廓和结构形式，但它又与西装相区别，如材料的选用更为广泛、内部分割更为自由。为了体现着装的轻松随意性，经常在领子、袖子的肘关节、口袋等易磨损的部位添加一些防护性的结构设计。但随着时代的发展，这些防护性的结构设计完全演变成了装饰性设计，并在内分割衍生出很多形式，包括纵向与横向以及育克的分割等等，同时充分考虑到其运动机能性。总的来说商务休闲装相对来说还是比较中庸的一类服装。

2. 户外活动休闲装

这类服装一般由运动鞋、户外服组合而成。现在有些人厌倦都市生活，有尝试不同生活体验的渴望和征服自然的欲望，想去开拓不一样的天空。另一方面，追求健康的生活态度已经成为一种时尚，在崇尚室内健身热潮之后，运动重新向传统方式回归。户外活动休闲装是一种以保健娱乐型运动为目的，适合于如户外出游、郊外垂钓、乡村度假等场合穿用的服装。它与竞技运动的专业运动服(如泳装、滑雪服、登山服等)不同，户外活动休闲装兼顾一般性户外运动的特点和日常生活着装的要求。这类服装经常会有一些针对户外运动特点的细部功能设计，如多功能口袋、具加固功能的装饰性辑线、帽子、门襟挡风板、袖口紧缩襻、腰部或下摆紧束装置、脱卸式内胆等等。

3. 日常便装

这是一类在日常生活中比较随意穿着和展示着装者个性的服装。在这类服装里最能体现男装的流行性与个性化。倾向于夹克衫型的休闲服装，造型简洁，线条简练，衣身多采用四开身结构，衣长相对较短，一般它的长度在臀围线附近；前后衣身多有育克等形式的衣片分割设计；领子多配以翻领、立领；前中开口采用拉链的形式；袖子多采用一片袖。

根据休闲装的结构类型我们又可将其分为西装服类和夹克便服类两种。

1. 西装便服类

西装便服类指衣身为三开身的具有西服衣身结构特征的休闲服。这类服装是西服的轻便化，它有西服的结构形式，但不像西服那么严谨与正统。其特点是装饰性强，应用分割线装饰，造型与材料选用在很大程度上受流行支配。就衣片结构与西服的差异而言，主要是口袋设计的形式差异。

2. 夹克便服类

夹克便服类指衣身为四开身的具有夹克衫结构特征的休闲服。这类服装有夹克衫的特点，与夹克衫又相区别，很少采用夹克衫那样的袖口克夫与下摆克夫设计。即便在下摆处有克夫设计，也是平展不缩紧的。

第二节 运动休闲装的材料选用

休闲装在材料的选用上，由于受其穿用场合、造型特点以及工艺要求的影响，每一类别的服装又有所不同。商务休闲类服装在材料的选用上多采用一些毛织物、皮革、棉织物、高级时装面料以及高科技合成面料。运动休闲类服装在材料的选用上范围很广，只要是所选用的材料适合于款式，都可用来制作这类服装，并且新材料也被广泛地用于这类服装上。由于休闲装在材料上难以归类，它只是紧跟流行，与款式相协调，所以这类服装在选材上不受限制。其他类的像羽绒服，这类休闲装的材料选用主要是受限于填充材料的特殊性，因此在材料选用时须考虑面料与填充物的特点以及缝制工艺的情况。一般的面料不能用于羽绒服装，故在羽绒服装的面料选用时多采用一些高密度、具有"三防"性能的面料，如高密度的防绒布、尼龙绸或尼龙纱丁缎等。现在市场上多用的还是涂层面料，这类面料虽具备了防风、防水的功能，但在透气性方面不好；也有一些厂家采用纳米"三防"面料与纳米抗菌面料，经纳米材料改性处理后的织物，既保持原有的透气、透湿性、强力牢度、色泽鲜艳、手感细腻的特点，同时由于纳米材料的独特几何形状与尺寸效应，在织物表面形成互补的界面效果，当油、水、污物等溅落在衣服上时不会浸入布料而自动滑落，使羽绒服具备抗菌、防水、防臭等功能。

第三节 运动休闲装的放松量设计与规格设计

放松量是人体与服装之间的空隙度。在放松量中应包含合体等形态的放松量、动作等运动形态的放松量、衣服内气候等生理性的放松量、材料等物性的放松量、空隙量、皮肤滑移和伸长等人体结构上的放松量。休闲装处于人体着装的最外层，在休闲装的放松量设计中我们应考虑以下因素：

(1)服装与人体基本的松量；

(2)休闲装的结构特点；

(3)休闲装中填充物的使用情况；

(4)休闲装的设计造型。

在休闲装中，因为其款式变化非常大，所以在放松量的取值上很难做一个统一的规定，只能根据不同的款式、流行趋势及穿着的要求设置大小不同的松量，它是可变化和可发展的，所以在放松量设计时必须针对某一特定产品的具体情况来定。

成品规格的设计也应是如此。运动、休闲装最大的特点是其功能性。设定成品规格的时候，在参照放松量的同时，应特别注意其功能性上的要求。另外在结构设计上，运动、休闲装没有西装那么严谨的要求，它主要的控制部位体现在胸围、背长、颈围、总肩宽、臀围、臂长这几个部位上，在衣长、领型成品规格尺寸的设计上还要依据它们各自的造型来设定。

常见的休闲装款式图，如图 8.1 所示。

以图 8.1 所示的款式图为例，进行推算法休闲装规格设计，结果见表 8.1。

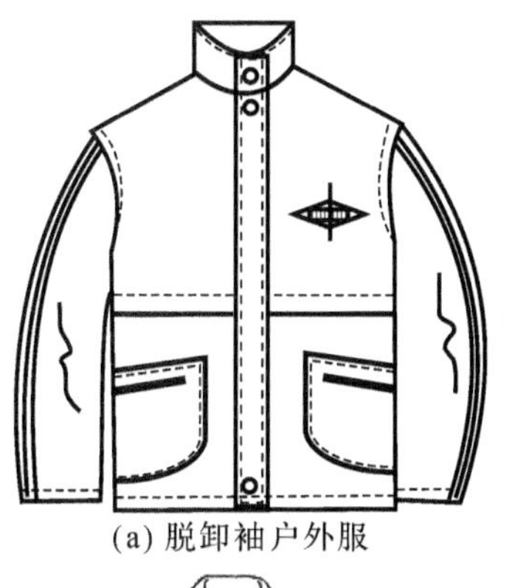

(a) 脱卸袖户外服

(b) 有内胆的休闲服

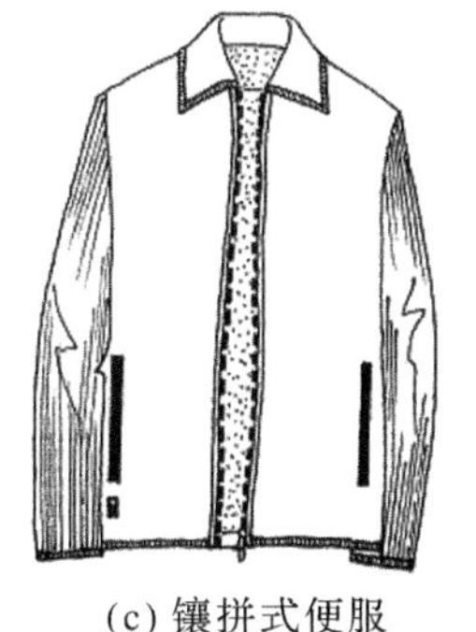

(c) 镶拼式便服

(d) 羽绒服

图 8.1　休闲装款式图

表 8.1　休闲装规格设计　　(单位:厘米)

	脱卸袖户外服	内胆设计休闲服	镶拼式便服	羽绒服
衣长	号 4/10+8	号 4/10+8	号 4/10+6	号 4/10+10
胸围	型+32	型+32	型+18	型+20
肩宽	胸围 3/10+14.4	胸围 3/10+15	胸围 3/10+14.4	胸围 3/10+14.4
袖长	号 3/10+10.5	号 3/10+10	号 3/10+9	
肩袖长				肩袖总长 86
领围	胸围 2.5/10+14	胸围 2.5/10+13.5	胸围 2.5/10+14	胸围 2.5/10+16

第四节　运动休闲装结构制图方法

在进行结构设计之前,读图是必须先完成的一项重要工作。读图应包含以下内容:对象的整体结构造型(包括服装外轮廓的造型,正、背面的内部分割造型);各部位之间所产生的比例关系(领子的形状、翻驳领中驳点所处的比例位置、服装中口袋的比例位置、分割线设置的位置等等);服装结构与工艺的关系;服装的面、里、衬配置要求等。

一、脱卸袖户外服纸样设计

号型 175/92A,制图规格见表 8.2,款式如图 8.1(a)所示。

表 8.2 (单位:厘米)

衣长(后中)	胸围	肩宽	袖长	袖口	领围
78	124	51.5	63		45

1. 后衣片制图方法与步骤(参见图 8.2,单位:厘米)

(1)(作上平线 AC 与后中心线 AM)。

(2)后横开领大:AB=2/10 领围+0.5。

(3)后直开领深:AD=2.5。

(4)后衣片长:DM=78。

(5)后肩斜:19°。

(6)后肩宽:E 点距后中线水平距离=1/2 肩宽+1/2 吃势。

(7)后背宽:背宽线 FK 距肩点 E=1.7。

(8)袖窿深:FK=胸围 1.5/10+9.5 左右。

(9)后胸围大:JL=胸围 1/4+0.5。

(10)连接后领圈弧线,弧线形态参照图示。

(11)连接后袖窿弧线,弧线形态参照图示。

(12)下摆宽:MN=JL,距下摆 2.5 辑线。

(13)DO=44,并在此做褶或是剪接,距 OP 线 3 辑线。

(14)后育克:DG=14.5,过 G 点作 AM 的垂线交 FK 于 H 点,HI=0.8。

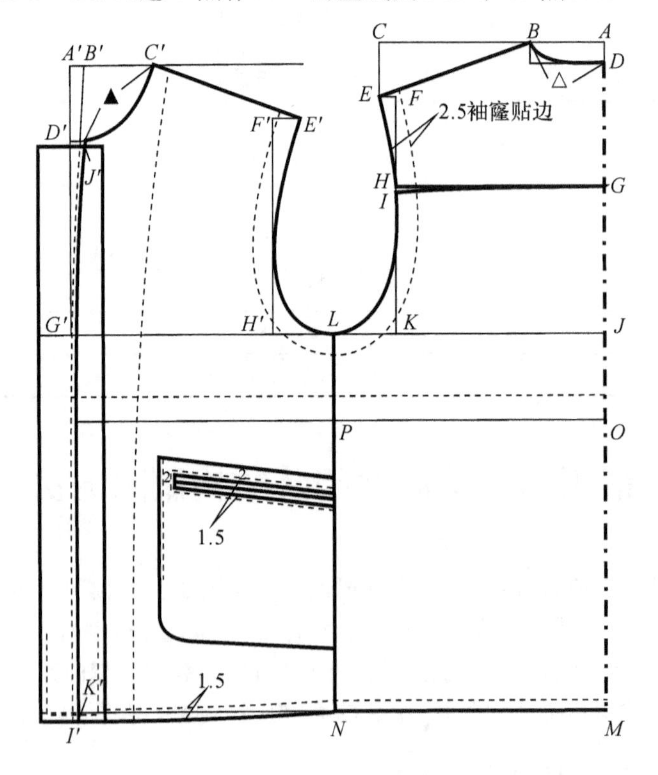

图 8.2

2. 前衣片制图方法与步骤(参见图 8.2,单位:厘米)

(1)作上平线 $A'C'$ 与前中心线 $A'I'$。

(2)撇胸:$A'B'=1.7$。

(3)前横开领大:$B'C'$=后横开领大-0.5。

(4)前直开领深:$A'D'$ 略大于后横开领大。

(5)前肩斜:20 度。

(6)前肩宽:前肩线 $C'E'$=后肩线 BE−吃势量。

(7)前袖窿深:$A'G'$=后片 $DJ+1$

(8)前胸宽:胸宽线 $F'H'$ 距肩点 $E'=3$ 左右。

(9)前胸围大 $G'L$=胸围 $1/4-0.5$。

(10)连接前领圈弧线,弧线形态参照图示。

(11)连接前袖窿弧线,弧线形态参照图示。

(12)前衣片长:$A'I'$=衣长$+1$,前底边起翘 1,与后片连接顺畅。

(13)前止口线:$J'K'$ 距前中线=1/2 拉链宽。

(14)挡风板宽:6,以前中线居中,左右各 3。

(15)挂面:底边处宽约 7 左右,肩缝处宽约 2 左右。

(16)口袋:依据款式要求确定口袋的位置与大小。

3. 袖片制图方法与步骤(参见图 8.3、图 8.4 和图 8.5,单位:厘米)

本款袖子是脱卸式的,袖子与衣身采用拉链连接,因此袖山的弧长应按拉链的长度配置,而拉链的长度应根据图 8.4 所示的拉链中心线在前后袖窿上的周长确定。袖窿与袖山拉链配合的结构如图 8.3 所示,袖山上的拉链夹在袖山面、里的中间;袖窿上的拉链夹在袖窿贴边与衣身里布中,袖窿贴边宽 2.5,袖窿处辑线宽 2.5,拉链宽 1,拉链距袖窿边缘 1。

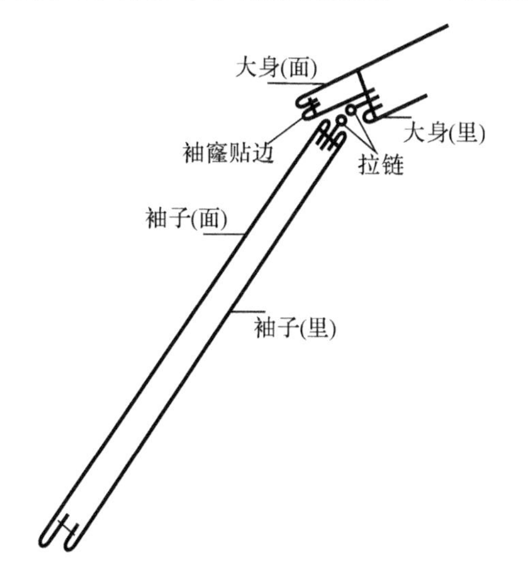

图 8.3 脱卸式袖子与大身连接侧视剖面图

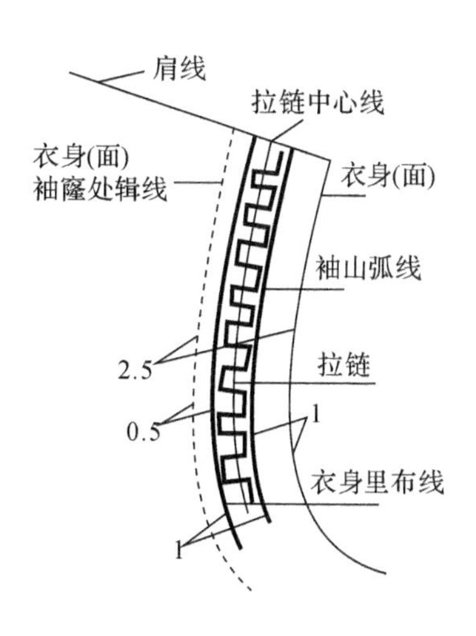

图 8.4 袖子与袖窿拼接正视图

(1)定袖山高:AC=胸围 $1/10+1$。

(2)AB=前袖窿拉链中心线弧长-0.5,AE=后袖窿拉链中心线弧长-0.5。

(3)D 为 BE 的中点,过 D 点作 BE 的垂线,DG=袖长$-AC$。

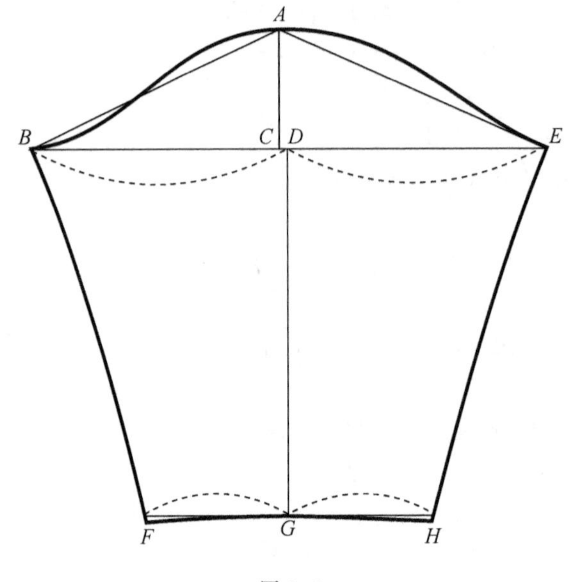

图 8.5

(4)定袖口:$GF=GH=$袖口大=胸 1/10+4。

(5)画袖口弧线:为使袖口线与袖底线的夹角尽量接近直角,F 点与 H 点可适当下降,使 F,G,H 连线呈平缓的弧线。

(6)参照图示连接袖山弧线和袖底弧线。

4. 领子制图方法与步骤(参见图 8.6,单位:厘米)

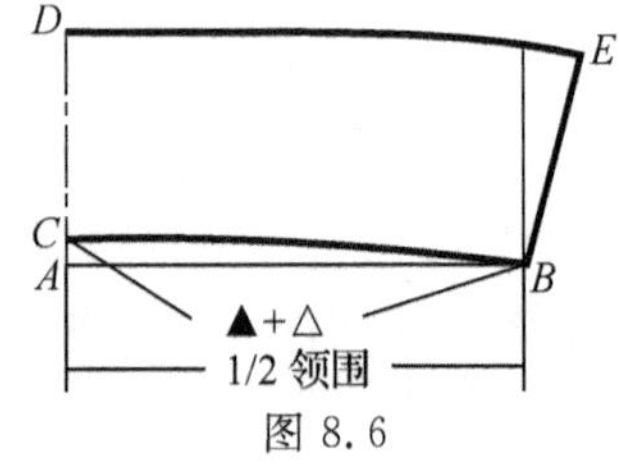

图 8.6

领子的造型为立领,稍往外翻,领片基本形状如图 8.6 所示。$BE=11.5$,$DC=11$,$BC=$前后领圈弧长之和,$AC=$领底起翘量$=1.5$。

5. 里布的制图方法(参见图 8.7,单位:厘米)

本款因袖子是脱卸式的,袖子与衣身采用拉链连接,因此里布的袖窿弧长应按拉链的弧长配置,而拉链的长度应根据图 8.4 所示的拉链中心线在前后袖窿上的周长确定。袖窿上的拉链夹在袖窿贴边与衣身里布中,拉链宽 1,拉链距袖窿边缘 1,所以里布袖窿弧线 $B'C$ 如图 8.7 所示由距面布的袖窿边缘 $CD=B'C'=2$ 所形成的前后袖窿周长确定。后片在领弧、肩线、侧缝处比面布大 0.2;前片在肩线、侧缝、与挂面拼接处比面布大 0.2。下摆处在面布的下摆线上抬 1。$ABCEGF$ 为后片里布,$A'B'D'F'E'$ 为前片里布。

二、有内胆的休闲服纸样设计

号型 175/92A,制图规格见表 8.3,款式如图 8.1(b)所示。

表 8.3 (单位:厘米)

衣长(后中)	胸围	肩宽	袖长	袖口	领围
78	124	52	62.5		45

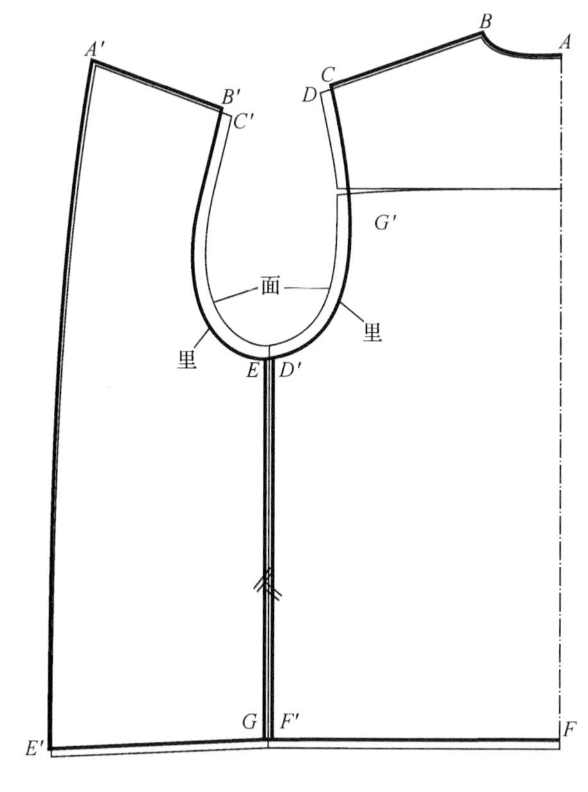

图 8.7

1. 后衣片制图方法与步骤(参见图 8.8,单位:厘米)

(1)作上平线 AC 与后中心线 AJ 。

(2)横开领大:AB=领围 2/10+0.5。

(3)后直开领深:AD=2.5。

(4)后衣片长:DJ=78。

(5)后肩斜:19°。

(6)后肩宽:从后中线水平量至肩点 E=肩宽 1/2+1/2 吃势。

(7)后背宽:背宽线 FH 距肩点 E=1.7。

(8)袖窿深:FH=胸围 1.5/10+10 左右。

(9)后胸围大:GI=胸围 1/4+0.5。

(10)连接后领圈弧线,弧线形态参照图示。

(11)连接后袖窿弧线,弧线形态参照图示。

(12)下摆:JK=GI,距下摆 2.5 辑双线。

(13)画后领贴:BM=DL=5,连线 LM,形态如图所示。

2. 前衣片制图方法与步骤(参见图 8.8,单位:厘米)

(1)作上平线 $A'C'$与前中心线 $A'J'$。

(2)撇胸:$A'B'$=1.2。

(3)横开领大:$B'C'$=后横开领大−0.5。

(4)前直开领深:$A'D'$略大于后横开领。

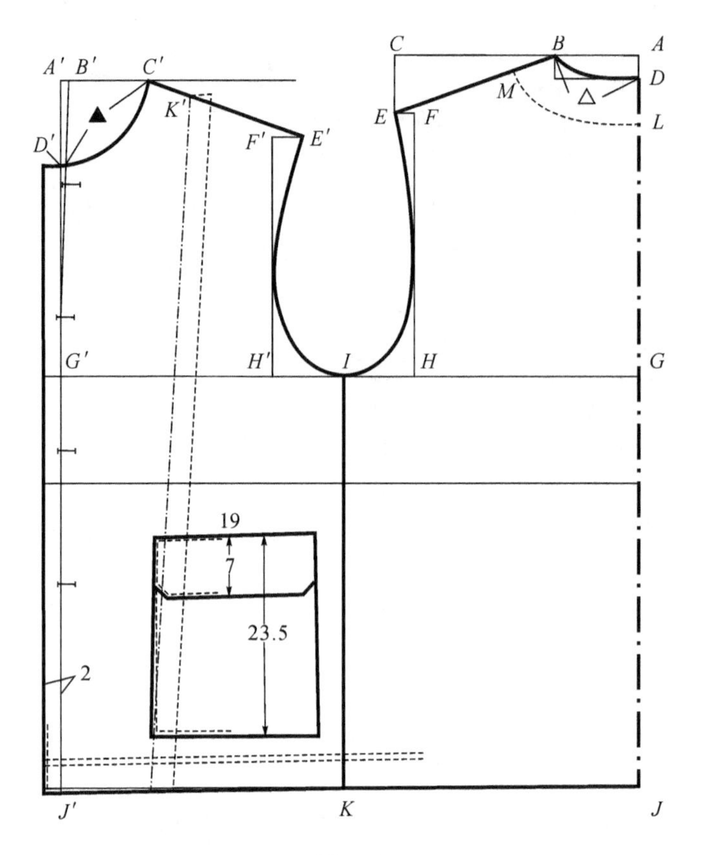

图 8.8

(5)前肩斜:20°。

(6)前肩宽:前肩线 $C'E'$=后肩线 BE−吃势量。

(7)前袖窿深:$A'G'$=后片 DG+1。

(8)前胸宽:胸宽线 $F'H'$距肩点 E'=3 左右。

(9)前胸围大:$G'I$=1/4 胸围−0.5。

(10)连接前领圈弧线,弧线形态参照图示。

(11)连接前袖窿弧线,弧线形态参照图示。

(12)画前止口线:叠门宽 2。

(13)前衣长:$A'J'$=衣长尺寸+1,连接下摆 $J'K$ 并与后片下摆线画顺。

(14)画纽位:依据款式而定(第一颗扣子距领圈弧线 2 左右)。

(15)画挂面:底边处宽约 12 左右,肩缝处宽度 5,考虑与拉链的拼合,画成直线,并放出 2.5 宽的贴边;同时也可把它画成弧线,但在弧线的情况下贴边须与挂面断开。

(16)画口袋:口袋可依据款式而定,口袋的大小及位置应服从款式整体效果。

3. 袖片制图方法与步骤(参见图 8.9,单位:厘米)

(1)袖山高:AC=胸围 1/10+1,AB=前袖窿弧长−0.8,AE=后袖窿弧长−0.8。

(2)D 为 BE 的中点,过 D 点作 BE 的垂线,DH=袖长−AC。

(3)袖口:HG=HL=袖口大=胸 1/10+4。

(4)画袖子的剪切线:袖片上剪切线收省是为了增强袖子的机能性,使袖片设计更符合

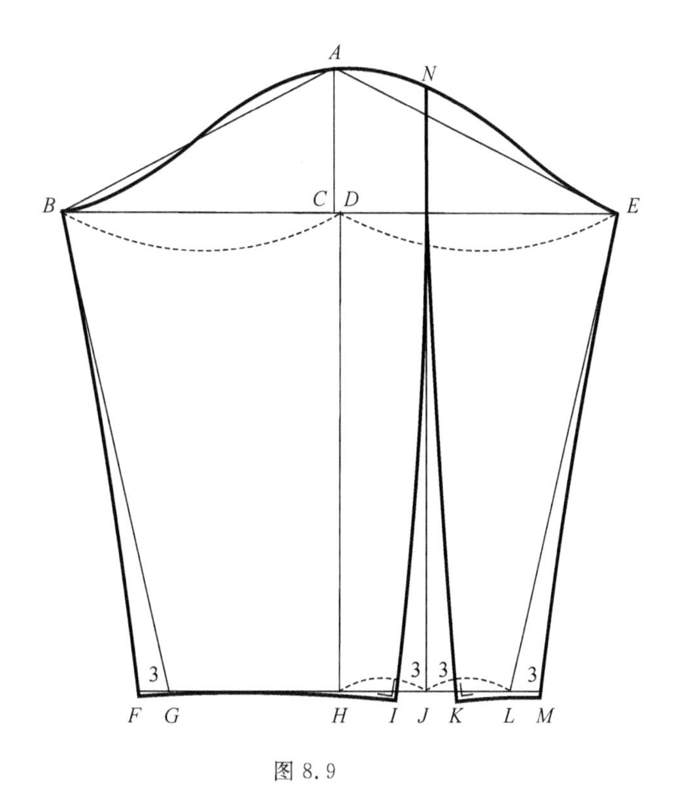

图 8.9

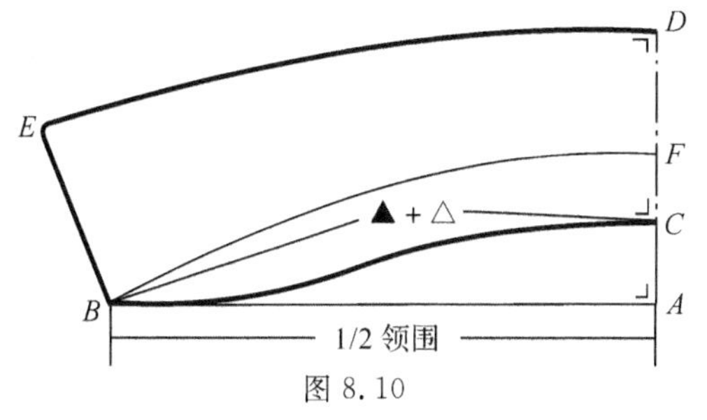

图 8.10

人体工学要求。袖山曲线上 N 点原则上可自由设定，通常袖肘省位置设于后袖口中点，省尖消失于袖肥线，并画顺。收省后袖口两边同时往外放均等的量 $GF=JI=JK=LM=3$。调整袖口 I,K,F,M 点使其基本接近直角，连顺袖口线。

4. 领子的制图方法与步骤(参见图 8.10，单位：厘米)

$BE=8.5$，$DC=8$，$FC=2.8$，BC=前后领圈弧长之和，且 AB 水平距=1/2 领围。

5. 内胆的配置方法与步骤(参见图 8.11，图 8.12 和图 8.13，单位：厘米)

本款休闲男装有内胆配置，内胆通过拉链与衣身连接。连接形式见图 8.11 和图 8.12，连接后拉链不外露。基于这种配置形式，因此需要领贴设计，领贴连接要顺畅，这样才能保证装在挂面与领贴与挂面下的拉链顺畅。因为领贴呈弧形，所以领贴的贴边不能连着，需要另加，如图 8.12 和图 8.13 所示，分为领贴 1 与领贴 2 两层。领贴 1 的形状为 $ABHG$ 四点连线所构成；领贴 2 的形状为 $CDHG$ 四点连线所构成。

图 8.13 中：$AG=BH$=图 8.11 中的 $N'B'=5$，

$CG=DH$=图 8.11 中的 $A'B'=2.5$，

CE=拉链宽=1。

挂面 $B'H'$ 连线因为是直线，为了工艺简便可采用连贴边折转的形式，如图 8.11 所示，可将为了装拉链而设的挂面贴边 $A'B'H'G'$ 连线部分，连在挂面 $B'H'$ 上。

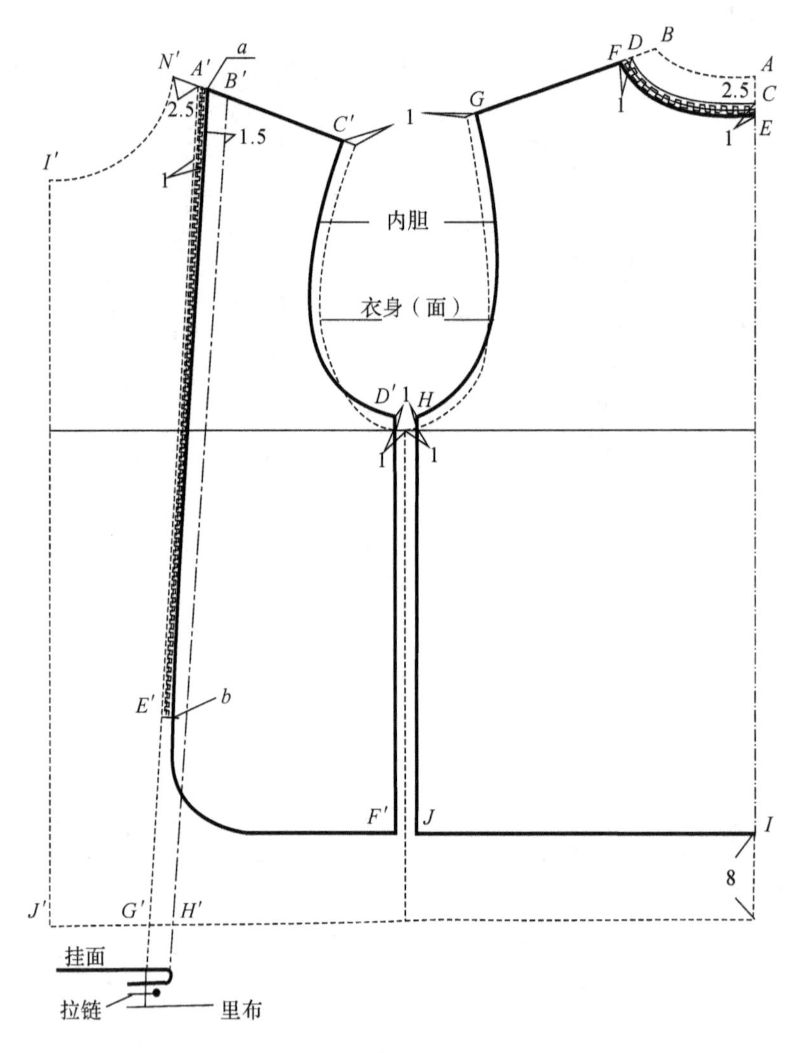

图 8.11

(1)内胆前片

如图 8.11 所示，内胆前片由 $abF'D'C'$ 五点连线构成，内胆前片与表面衣片前片的关系参见图示。

(2)内胆后片

如图 8.11 所示，内胆后片由 $EIJHGF$ 六点连线构成，内胆后片与表面衣片后片的关系参见图示。内胆的底边可如图 8.12 所示，采用滚条滚边的工艺做光。

6. 内胆袖子制图方法与步骤(参见图 8.14，单位：厘米)

内胆袖子的袖山弧线以图 8.11 内胆的前后袖窿弧长为依据，如图 8.14 所示：A，B 点分别根据面布的 A'，B' 点往上提 2 左右，AG 弧长＝图 8.11 中的 $C'D'$(内胆前袖窿弧长)、$B'G$ 弧长＝图 8.11 中的 GH(内胆后袖窿弧长)。在袖口处，内胆的袖长应短于表面衣片，袖口也应小于表面衣片，所以内胆袖口的 C，F 点在面布 C'，F' 的基础上往上抬 2，往里缩 1.5 左右，D，E 点随 C，F 点上抬。连顺袖口线。

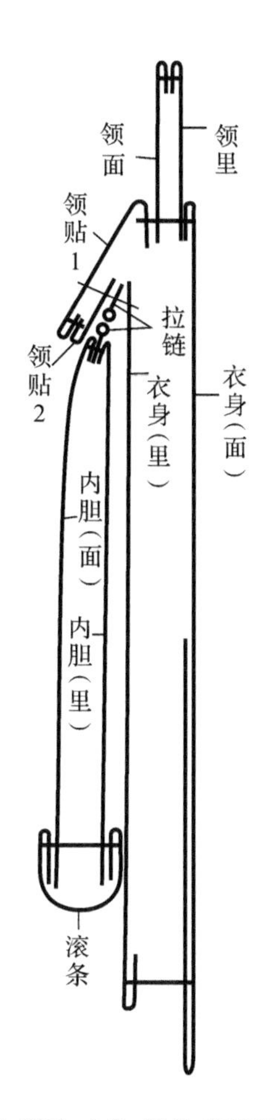

图 8.12 （内胆、领子、衣身、里布、拉链配合侧视剖面图）

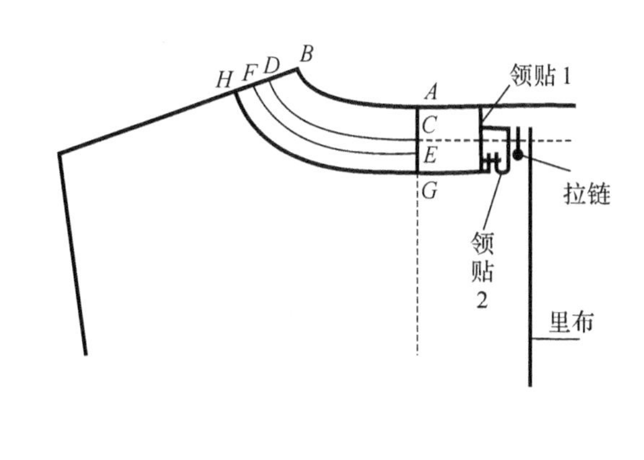

图 8.13 （后领部关系正视图）

三、镶拼式便服纸样设计

号型 175/92A，规格见表 8.4，款式如图 8.1(c)所示。

表 8.4　　（单位：厘米）

衣长（后中）	胸围	肩宽	袖长	袖口	领围
76	110	48	61.5		42.5

1. 后衣片制图方法与步骤（参见图 8.15，单位：厘米）

(1)作上平线 AC 与后中心线 AK。

(2)横开领大：AB＝2/10 领围＋0.5。

(3)后直开领深：AD＝2.5。

(4)后衣片长：DK＝衣长。

(5)后肩斜：19°。

(6)后肩宽：E 点至后中线水平距离＝肩宽 1/2＋1/2 吃势量。

(7)后背宽：背宽线 FI 距肩点 E＝1.7。

(8)袖窿深：FI＝胸围 1.5/10＋7.5 左右。

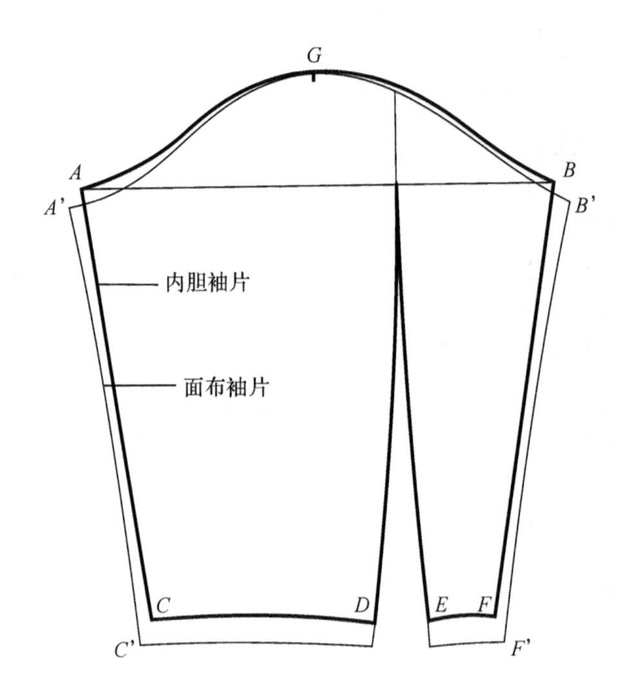

图 8.14

(9)后胸围大:GH=胸围 1/4+0.5。

(10)连接后领圈弧线,弧线形态参照图示。

(11)连接后袖窿弧线,弧线形态参照图示。

(12)下摆宽:KL=GH 同寸,距下摆 2 分割或是用另外的材料包边做光。

2. 前衣片制图方法与步骤(参见图 8.15,单位:厘米)

(1)作上平线 $A'B'$ 与前中心线 $A'I'$,$A'B'$ 至后领圈 D 点垂直距离 1。

(2)横开领大:$A'B'$=后横开领大−0.5。

(3)前直开领深:$A'C'$ 略大于后横开领大。

(4)前肩斜:20°。

(5)前肩宽:前肩线 $B'E'$=后肩线 BE−吃势量。

(6)前胸宽:胸宽线 $F'H'$ 距肩点 E=3 左右。

(7)前胸围大:$G'H$=胸围 1/4−0.5。

(8)连接前领圈弧线,弧线形态参照图示。

(9)连接前袖窿弧线,弧线形态参照图示。

(10)前衣长:$A'I'$=衣长+1。前底边起翘 1。

(11)前片止口线 $D'J'$:$I'J'$=$C'D'$=1/2 拉链露出宽。

(12)连接下摆 $I'L$ 并与后片下摆线画顺。

(13)画挂面:底边处宽约 7 左右,肩缝处宽度为 2。

(14)画口袋:口袋可依据款式而定。

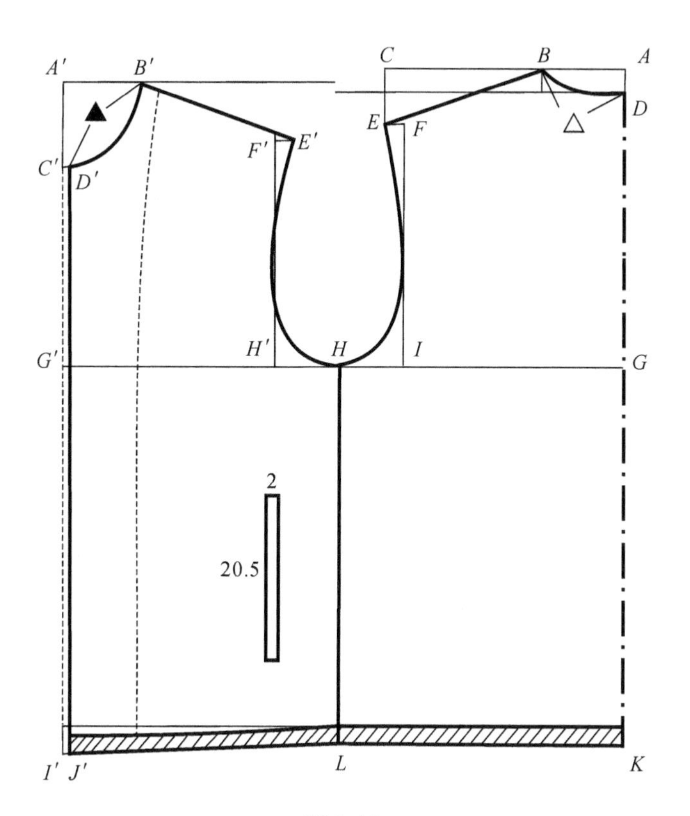

图 8.15

3. 袖片制图方法与步骤(参见图 8.16,单位:厘米)

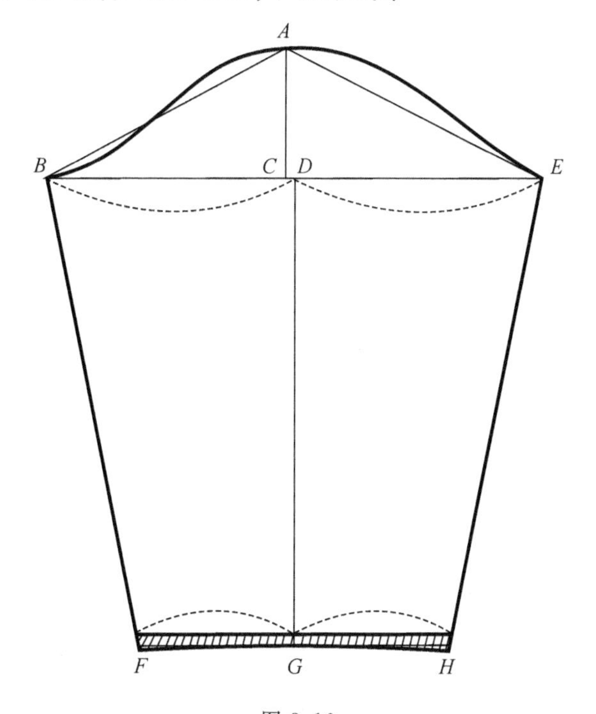

图 8.16

(1)定袖山高:AC=胸围 1/10+1。

(2)AB=前袖窿弧长-0.8,AE=后袖窿弧长-0.8。

(3)D 为 BE 的中点,过 D 点作 BE 的垂线,DG=袖长-AC。

(4)定袖口:GF=GH=袖口大=胸/10+4.5。

(5)画袖山弧线与袖口弧线:连顺袖山弧线;为使袖口线与袖底线的夹角尽量接近直角,F 点与 H 点可适当下降,使 F,G,H 连线呈平缓的弧线,距袖口 2 做分割或是包边做光。

4. 领子的制图方法与步骤(参见图 8.17,单位:厘米)

翻领领片基本形状如图 8.17 所示,DC=7.5,$B'E$=8,FC=3,AC=3,BB'=0.5。

如图所示距领外围线 2 做领子的镶拼分割。

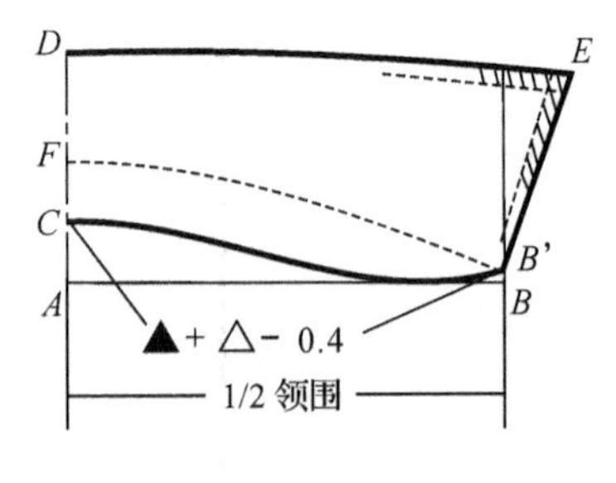

图 8.17

四、羽绒服纸样设计

号型 175/92A,制图规格见表 8.5,款式如图 8.1(d)所示。

表 8.5 (单位:厘米)

衣长(后中)	胸围	肩宽	袖长	袖口	领围
80(不考虑填充量)	112	48	61(肩连袖总长 86)		46

1. 后衣片制图方法与步骤(参见图 8.18)

(1)作上平线 AC 与后中心线 AJ。

(2)后横开领大:AB=2/10 领围+0.5。

(3)后直开领深:AD=2.5。

(4)后肩斜:19°。

(5)后肩宽:从后中线水平量至 E 点=1/2 肩宽+1/2 吃势。

(6)袖窿深:E 点至胸围线的垂直距离=胸围 1.5/10+8 左右。

(7)后胸围大:GH=胸围 1/4-1。

(8)连接后领圈弧线,弧线形态参照图示。

(9)定衣片插肩线:先定 L 点,L 点距侧颈点 4 左右;再定衣身与袖子的离合点 N,N 点可按 IM=12,MN=1～2 确定。参照图示,弧线连接 L、N、H 三点。

(10)定后片下摆:KJ=GH。

(11)定后袖基本形状:

①如图所示作辅助等腰三角形。

②EQ 过等腰三角形底 1/2 提高 1 处。

③EQ=袖长+1/2 吃势量。

④EO=1/10 胸围+1。

⑤令 NP 弧长=NH 弧长。

⑥令 QR=袖口大 1/2+1,且与 EQ 垂直,袖口大可按 1/10 胸+4.5 控制。

⑦弧线连接 PR。

(12)修正后袖片形状:

①确定 $QS=4$。

②弧线连接 ES。

③令 $ST=QR$,$EQ'=EQ$。

④袖底线 $P'T-PR$ 之差作为袖肘省量。

⑤在 U 点设袖肘省,省长为 9 左右。

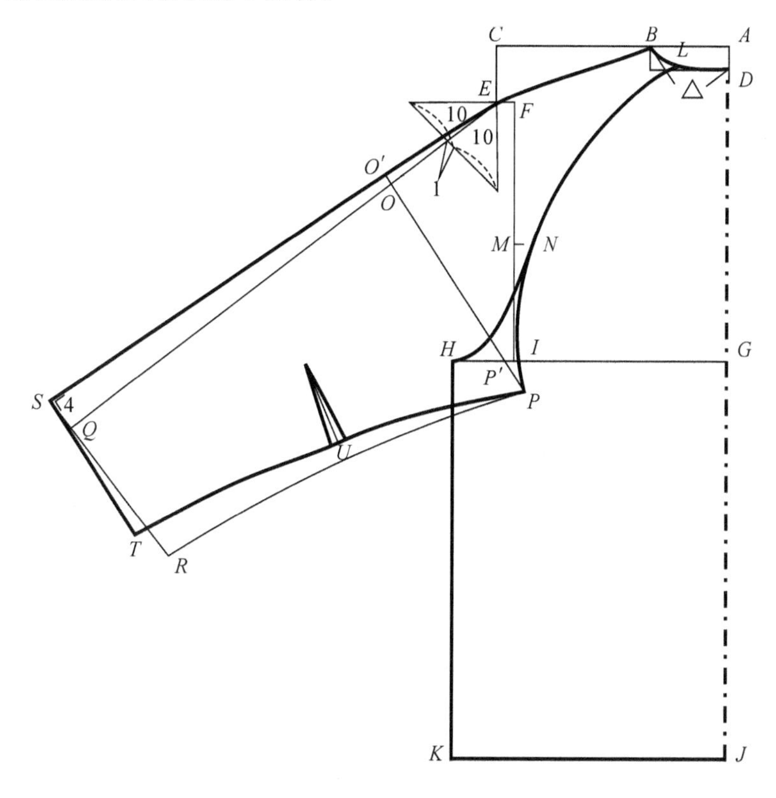

图 8.18

2. 前衣片制图方法与步骤(参见图 8.19,单位:厘米)

(1)作上平线 AC 与前中心线 AI,AI=衣长+1。

(2)横开领大:AB=后横开领大-0.5。

(3)前直开领深:AD 略大于后横开领。

(4)前肩斜:20°。

(5)前肩宽:前肩线 BF 等于后肩线 BE-吃势。

(6)前袖窿深:AG=后片 DG+1。

(7)前胸围线:AG=后片 DG。

(8)前胸围大 GH=胸围 1/4+1。

(9)前下摆:J 点位于 H 点的铅垂线上,且 HJ=后片 HK,连接 IJ 并与后片下摆线画顺。

(10)连接前领圈弧线,弧线形态参照图示。

(11)定前衣片插肩线:先定 P 点,P 点距侧颈点 5 左右,再定衣身与袖子的离合点 Q,Q 点距胸围线 10 左右,距胸宽线 2 左右。参照图示,以弧线形式连接 P、Q、H 三点。

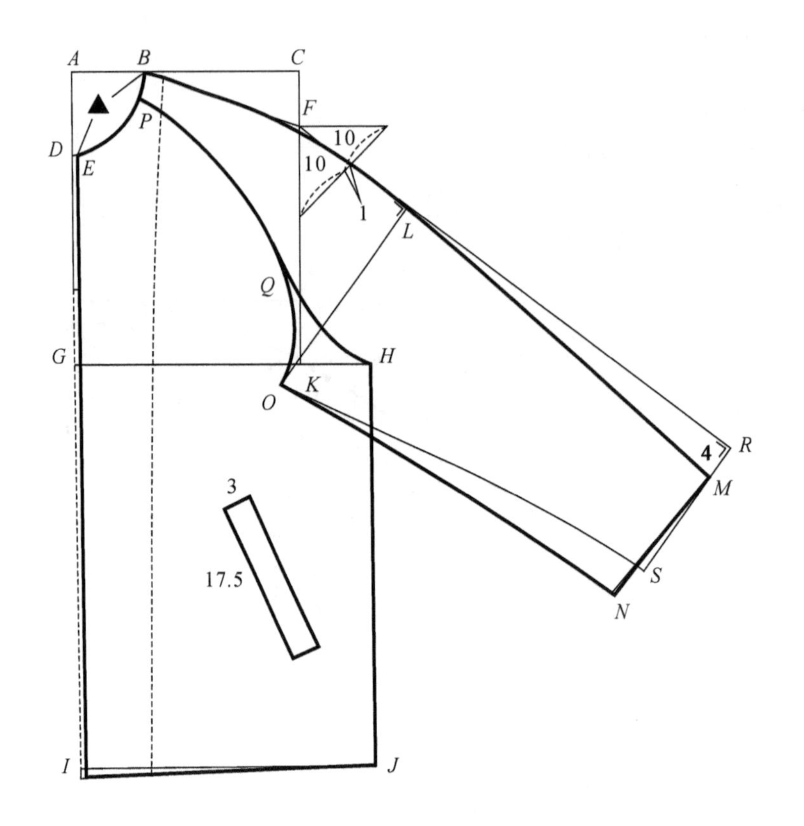

图 8.19

(12)定前袖片基本形状：

①如图所示，作辅助等腰三角形。

②FR 过等腰三角形底 1/2 提高 1 处。

③FR＝袖长－1/2 吃势量。

④FL＝1/10 胸围＋1。

⑤令 QO 弧长＝QH 弧长。

⑥令 RS＝袖口大 1/2－1，且垂直于 FR，袖口大可按胸围 1/10＋4.5 控制。

⑦弧线连接 OS。

(13)修正前袖片形状：

①确定 RM＝4。

②令 LM＝LR，MN＝RS，且袖底线 ON＝后片 $P'T$－袖肘省量。

(14)画挂面：底边处宽约 8 左右，肩缝处宽度为 2，将挂面画顺如图示。

(15)画口袋：口袋可依据款式而定，口袋的大小及位置应服从款式整体效果。

3. 领子的制图方法与步骤(参见图 8.20)

此款领子为直角立领，结构简单。

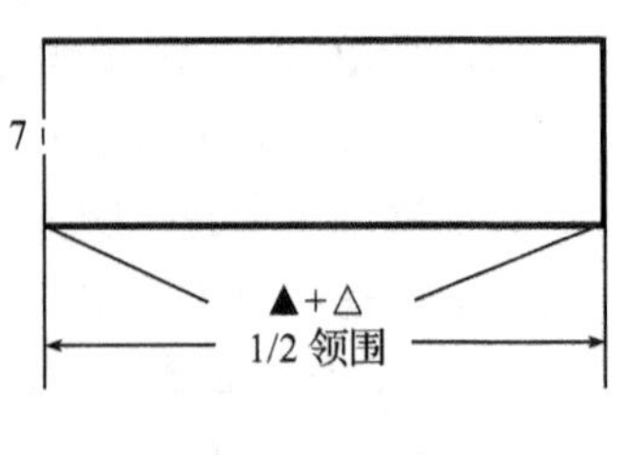

图 8.20

第九章　男大衣、风衣结构设计

第一节　大衣、风衣种类分析与常用材料

大衣、风衣是男性日常外套的基本品种。外套的原本功能是用来防风、防寒、防尘、防雨的，社会的进步使外套的功能不断分化，除了上述原本功能以外，有些外套被用作礼仪场合的着装以及作为追求时尚场合的穿着。

就结构设计而言，大衣与风衣的衣身、领子、袖片结构大同小异，有时同样的款式选用中厚材料制作就是大衣，若采用薄型织物制作则为风衣，因此很难从衣片的结构形态角度来说明二者的不同。为此我们将大衣与风衣作为男装的一个大类品种放在一个章节中进行叙述。但因二者穿着目的、场合及制作材料不同，其结构设计要求与方法还是有所差别的。

大衣的穿着目的主要是用来保暖，一般在冬季穿着，材料大多采用中厚型毛呢类织物。大衣的样式较之风衣更为程式化，规格配置相对合体，造型相对严谨。由于中厚型毛呢类织物具备良好的归拔性能，因此大衣的纸样设计比较讲究且能够讲究差异匹配。风衣的样式较之大衣更为时尚化，在衣片结构中较多采用与其说是功能性的不如说是装饰性的零部件，规格配置相对宽松，追求潇洒飘逸的成衣效果。风衣主要用来防风、防雨、防尘，面料通常选用高密度薄型织物。因为材料质地紧密，在缝制中较难施加归拔工艺，因此在纸样设计中缝边部位的内外经差异或归拔量设置不宜过大。

一、大衣、风衣的种类

男大衣按其长度，可分为长大衣、中大衣和短大衣，长大衣一般长过膝盖，中大衣一般长及膝盖，短大衣的长度一般在大腿中部；按其结构形态，可分为四开身直统型大衣和三开身收腰型大衣，四开身大衣经典的样式有巴尔玛大衣等，三开身大衣经典的有柴斯特大衣等。

1. 柴斯特大衣

柴斯特大衣（如图 9.1 所示）是昼夜兼用的正式场合穿着的外套，通常使用黑或黑蓝色毛料制作。这种大衣最初出现据说是在 1840 年。当时的样式是微微有些收腰，门襟是单排扣或双排扣，是用比较厚实的毛料如麦尔登呢、粗花呢、切维奥特呢等制作的具有运动感觉的外套。作为柴斯特大衣标志性特征的丝绒领子当时尚未使用，丝绒领子设计的出现大概是在 1850 年。

尽管随着流行的变化柴斯特大衣的尺寸与样式会有若干变化，但其基本形态总是：衣长

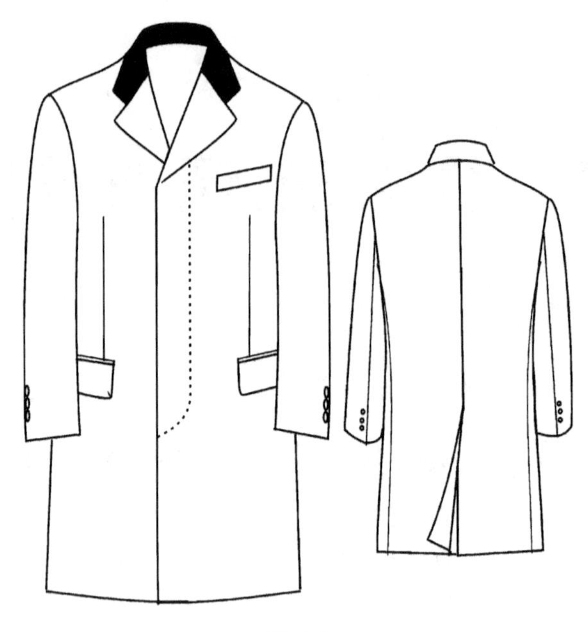

图 9.1

大体在膝盖上下，腰身不是直身，而是沿着人体曲线适度收腰，领型为西装领，上领面通常使用黑色丝绒，口袋设置如同西装上衣，暗门襟，三粒扣。柴斯特大衣在男装中属最高礼节的外套。

2. 巴尔玛大衣

巴尔玛大衣（如图 9.2 所示）的巴尔玛领在我国没有特定的专用名称，通常称为翻领；在日本被称作折立领，是男装大衣、夹克、休闲便服中最为常用的领型之一。这种领子领口第一粒纽扣可敞开穿，也可扣合穿，翻领部分与领座部分有的是合二为一的，也有的为了颈部合体而采用领座分割或采用挖领脚工艺的。巴尔玛坎（Balmacaan）是苏格兰因佛内斯附近的一个地名，在 19 世纪 50 年代，因当地人穿着的宽松的、插肩袖、衣长及膝、下摆微展样式的外套而得名，并成为今天各种所谓的翻立领外套的经典样式。

巴尔玛大衣造型简练，体现男装设计强调功能性的特点，衣服上的所有的造型细部都具备必要的功能性特征。衣片结构为四开身，直腰身，下摆微展。

3. 特莱彻风衣

特莱彻风衣（如图 9.3 所示）最早是英国陆军为战壕作战而开发采用的军装式样，其基本特征为：翻立领领型（即带有分割领座的翻领）、双排扣、插肩袖、肩章装置、右胸部与背部披肩装置。因其优良的防风防雨的功能和美观大气的外观造型而成为现代男性风衣外套的经典样式。

特莱彻风衣的整体结构与巴尔玛大衣相似，都是插肩袖、四开身的衣片结构，只是细部造型有所不同。特莱彻风衣较之巴尔玛大衣的放松量相对要大，机能性要求相对更高，穿着时要求呈现宽松飘逸的动态效果。

另外现代风衣的制作材料多为高支高密棉型织物，质地薄而紧密，缝制工艺采用辑明线装饰，材料性能决定纸样各部位的归拔量设计不宜过大。

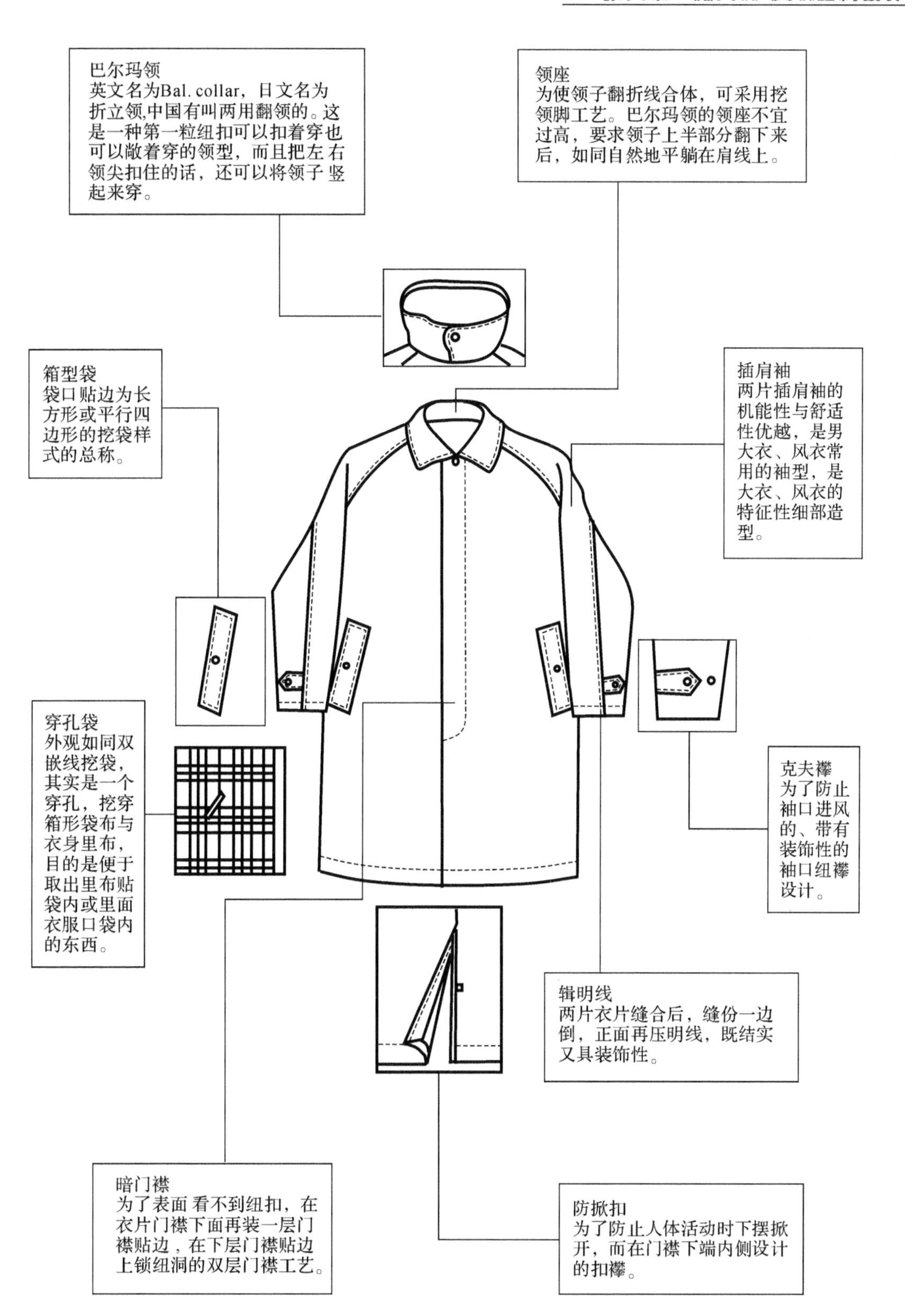
巴尔玛领
英文名为Bal. collar，日文名为折立领,中国有叫两用翻领的。这是一种第一粒纽扣可以扣着穿也可以敞着穿的领型，而且把左右领尖扣住的话，还可以将领子竖起来穿。
领座
为使领子翻折线合体，可采用挖领脚工艺。巴尔玛领的领座不宜过高，要求领子上半部分翻下来后，如同自然地平躺在肩线上。
箱型袋
袋口贴边为长方形或平行四边形的挖袋样式的总称。
插肩袖
两片插肩袖的机能性与舒适性优越，是男大衣、风衣常用的袖型，是大衣、风衣的特征性细部造型。
穿孔袋
外观如同双嵌线挖袋，其实是一个穿孔，挖穿箱形袋布与衣身里布，目的是便于取出里布贴袋内或里面衣服口袋内的东西。
克夫襻
为了防止袖口进风的、带有装饰性的袖口纽襻设计。
缉明线
两片衣片缝合后，缝份一边倒，正面再压明线，既结实又具装饰性。
暗门襟
为了表面看不到纽扣，在衣片门襟下面再装一层门襟贴边，在下层门襟贴边上锁纽洞的双层门襟工艺。
防掀扣
为了防止人体活动时下摆掀开，而在门襟下端内侧设计的扣襻。

图 9.2

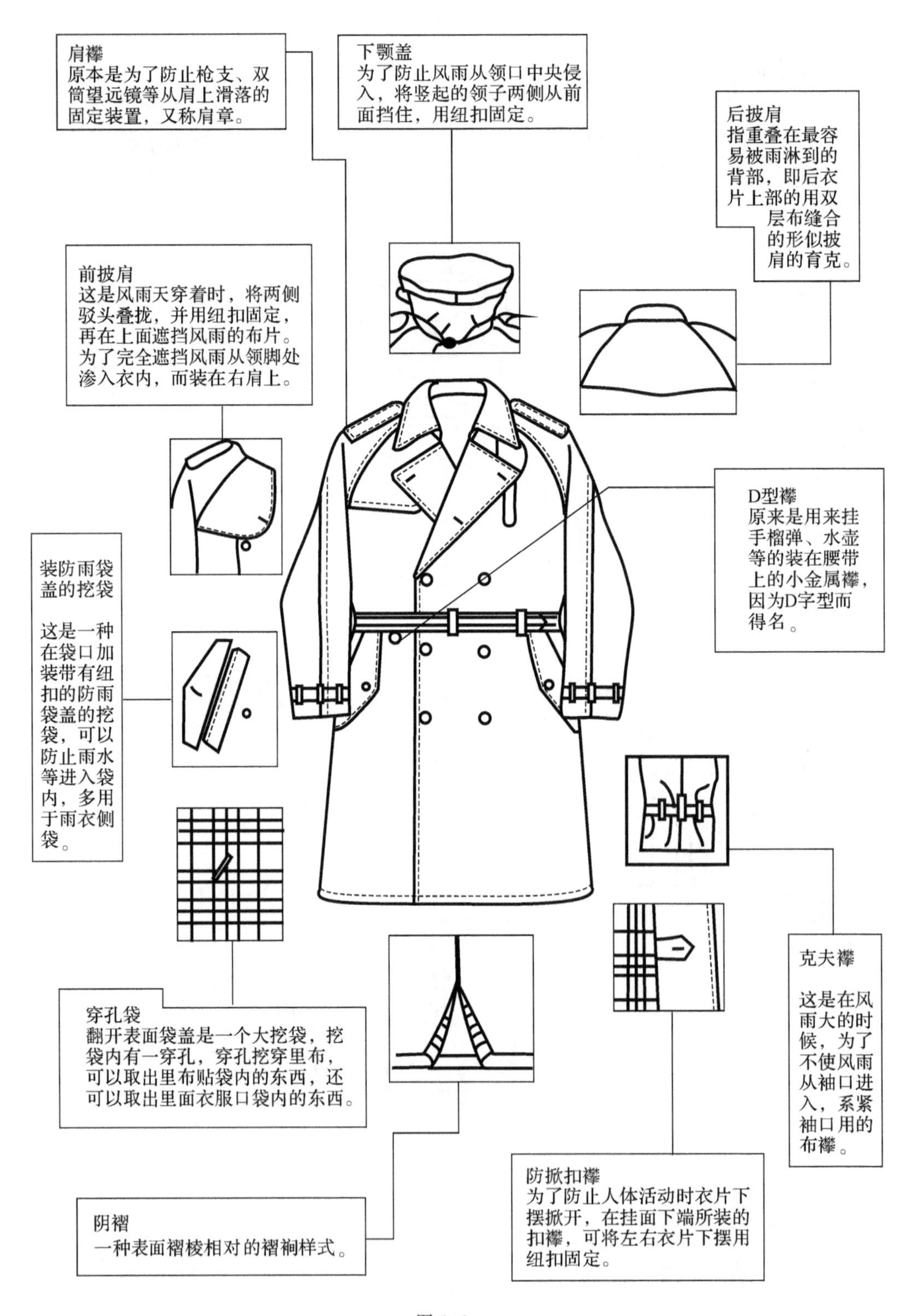

图 9.3

4. 达夫尔外套

达夫尔原本是一种粗纺呢绒的名称，最早产于英国的近郊 Duffel 而得名。这种织物 18

世纪前后开始向欧美各国出口。有关用这种织物制作的防寒衣——达夫尔外套的起源有多种说法，其中有代表性的观点认为最早起源于北欧挪威渔夫的捕鱼装。不管各种起源说确切与否，但有一点是可以肯定的，那就是达夫尔外套最初是作为一种劳动者的防寒工作外套出现的，而绝不是作为宫廷、社交界的一种新装束产生的。

达夫尔外套被一般市民作为时髦样式而广泛穿着，一般认为是在第二次世界大战爆发之后。二次大战中英国海军对北海勤务士兵的军服采用了这种造型设计，使得这种外套样式广为流传，而渐渐成为日常运动型外套的一种基本样式，常用于秋冬季节的山地远足。

达夫尔外套（如图 9.4 所示）的造型融功能性与装饰性为一体，其功能性设计是为了适合防寒穿着的目的，粗厚的呢绒，连帽领型，帽檐、领口和袖口的紧缩襻装置等细部设计充分体现了防寒服装的穿着要求；明线工艺、棒槌形系挂纽扣和因工作服肩拉背扛需要加固而被保留下来的肩背部育克造型是达夫尔外套最具装饰性的细部特征。

二、大衣、风衣的常用材料

男大衣用料比较讲究，大多采用全羊毛或羊毛与化纤混纺织物。毛织物的优点很多，其弹性、保暖性、吸湿性、耐磨性等性能优良，能使服装经常保持挺括，穿着舒服，所以非常适合作为大衣的制作材料。

毛织物分为精纺和粗纺两大种类。精纺织物呢面洁净，织纹清晰，手感糯滑，富有弹性；粗纺毛织物手感丰满，质地柔软，表面都有一层或长或短的绒毛覆盖，给人以暖和的感觉。

男大衣既可选用中厚型的精纺织物也可用厚型粗纺织物，而风衣只能选用中厚型的精纺毛织物或棉织物。

男大衣适用的中厚型精纺面料与西装面料中的中厚型织物品种、质地与性能相同，请参见第六章中的西装常用材料介绍。

粗纺织物中的大衣呢是冬季大衣的主要面料。大衣呢的主要种类有平厚大衣呢、顺毛呢、立绒大衣呢、拷花大衣呢等。

1. 雪花呢

雪花呢是平厚大衣呢的一种花色品种，重量在 430～700g/m^2，以散纤维染成黑色后再添加 5%～10%的本白羊毛，混合后经分梳，使白枪毛均匀分布于呢面，如雪花洒落在呢面上而得名。

2. 银枪呢

银枪呢是一种花式顺毛大衣呢，重量在 380～780g/m^2。其原料配比中掺入 10%左右的粗号马海毛，其余 90%为羊毛、羊绒或其他动物纤维。马海毛是一种安哥拉山羊的毛，光泽特亮。银枪呢使用本白马海毛与染成黑色的羊毛纤维等均匀混合，在乌黑的绒面中均匀地闪烁着银色发光的枪毛，美观大方，是大衣呢中的高档品种。

3. 拷花呢

拷花大衣呢是一种呢面拷出本色花纹的立绒型、顺毛型大衣呢，重量在 580～840g/m^2。呢面厚实，绒毛竖立整齐，呈现人字、斜纹或其他形状的拷花织纹。

4. 马裤呢

马裤呢是用精梳毛纺纱织制的斜纹厚型毛织物。为了强调它的坚牢耐磨以适用于骑马时穿的裤子制作而得名。

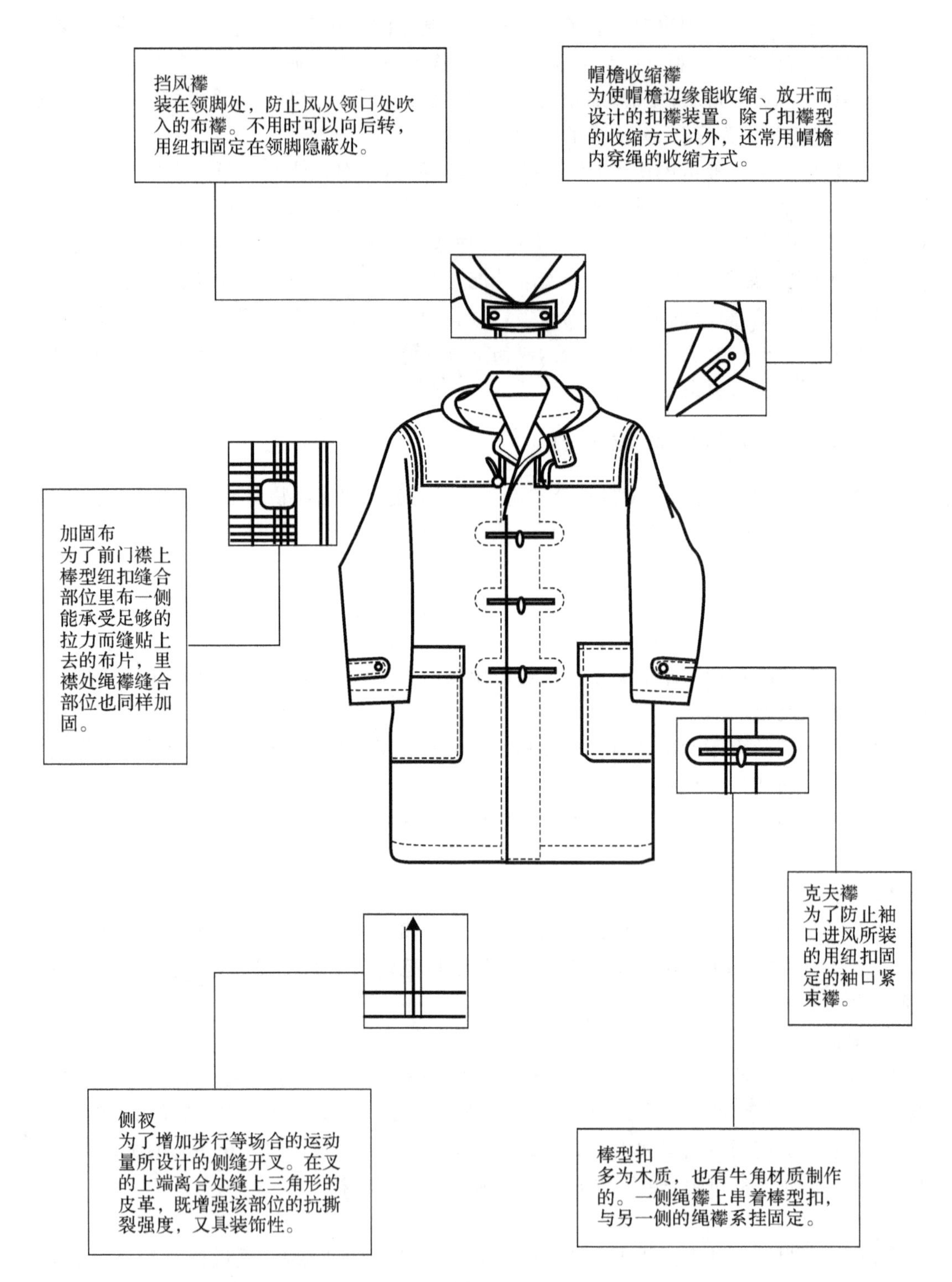

图 9.4

马裤呢呢面有粗壮突出的斜纹纹道，斜纹角度 63°～76°，结构紧密，手感厚实，而又有弹性，有时还在织物背面轻度起毛，丰满、保暖，它与巧克丁、华达呢属于同一类型织物，但重量较重。

5. 羊绒大衣呢

羊绒大衣呢是高档新产品大衣面料。组织结构为变化斜纹组织，原料为100%山羊绒，或50%澳毛、50%山羊绒。特点是重量轻、保暖性好、手感柔软细腻、光泽优雅。

第二节　大衣、风衣的规格设计

一、采寸法大衣、风衣规格设计

以巴尔玛大衣为例，测量工具为卷尺。

测定衣长：第七颈椎骨垂直向下量至膝盖上3～5厘米处，或根据款式要求从侧颈点向下量至适当的位置。

测定胸围：测定胸围时要注意被测者的着装情况，为准确测定被测者的净胸围，以在只穿着一件衬衣基础上测量为基准，皮尺过胸部最丰满处水平围量一周，加放24厘米左右，或根据款式要求酌情加放松量。

测定肩宽：从左肩点水平弧线量至右肩点，加放4厘米左右。

测定袖长：从肩点量至手掌虎口处，加放1厘米左右。

二、推算法大衣、风衣规格设计

设定中码为号型175/92A，以巴尔玛大衣、柴斯特大衣、特莱彻风衣、达夫尔外套为例，其规格尺寸见表9.1。

表9.1　男大衣、风衣规格设计　　（单位：厘米）

	巴尔玛大衣	柴斯特大衣	特莱彻风衣	达夫尔外套
衣长	号6/10－6	号6/10	号6/10	号6/10－9
胸围	型＋24	型＋24	型＋24	型＋24
肩宽	胸围3/10＋14	胸围3/10＋14	胸围3/10＋14	胸围3/10＋12
袖长	号3/10＋10	号3/10＋10	号3/10＋10	号3/10＋11
肩袖长	88			
领围	胸围2.5/10＋16		胸围2.5/10＋16	胸围2.5/10＋17

第三节　大衣、风衣结构设计的原理与方法

一、柴斯特大衣纸样设计

号型为175/92，制图规格见表9.2，款式如图9.1所示。

表 9.2 （单位：厘米）

衣长（后中长）	胸围	肩宽	袖长	领围
105	116	48.8	62.5	

1. 后片制图方法与步骤（参见图 9.5，单位：厘米）

（1）作后上平线 AC 与后中心线 AP。

（2）后横开领宽：AB＝胸围 1/20＋4。

（3）后直开领深：AD＝胸围 1/80＋1.1。

（4）后肩斜：角 $CBF=18°$。

（5）后肩宽：从后中线水平量至肩点 F＝肩宽 1/2＋1/2 吃势量，直线连接肩线。

（6）后背宽：背宽线 EI 距后中线＝胸围 1/6＋4，并延长背宽线至底边。

（7）定袖窿深（胸围线）：从后肩点 F 垂直至胸围线＝胸围 1.5/10＋8～8.5。

（8）后袖窿深：G 点至胸围线的垂直距离＝胸围 1/20，G 点至背宽线 0.6～0.7。

（9）定腰节线：后领圈中点 D 至腰节线的垂直距离＝号 2/10＋9。

（10）定臀围线：臀围线距腰节线＝号 1/10＋1。

（11）定衣长：DP＝衣长。

（12）画背缝线：H 点、J 点、M 点、N 点、分别距后中线 0.9～1.1、2.3～2.5、2.7～2.9、4.3～4.5，参照图示。当衣服规格调整时，上述各点至后中线的距离也会变化，不必拘泥定数，应当重视背缝线的形态。

（13）定后衩：L 点距腰节线 10，衩宽 5。

（14）连接领圈弧线：参照图示，领圈弧线可视作三段，靠后领圈中点的一段几乎是直线。从该三分之一处起呈弧线。

（15）连接后袖窿弧线：参照图示，袖窿与肩线的夹角一般等于或略大于 90°，或与前片互补。

（16）画侧缝线：I 点、K 点、O 点、R 点分别距背宽延长线 0～0.3、2.3～2.5、0～0.3、4～3.8。

（17）连接底边：因为后中缝 L 至 N 连线倾斜，所以角 LNR 注意要调整成直角。角 ORN 要与前片互补。

2. 前片制图方法与步骤（参见图 9.5，单位：厘米）

（1）从后片引伸辅助线：

①延长后片的胸围线，令 H 至 H' 的距离为胸围 1/2＋2.5。

②过 H' 点作铅垂线 $A'P'$ 为前中心线。

③前衣片上平线 $A'C'$ 至后领圈 D 点垂直距离为 1。

④分别延伸后片腰节线、臀围线、衣长线至前中心线，与前中线分别相交于 J' 点、M' 点、P' 点。

（2）定叠门宽：3。

（3）前横开领宽：$A'C'$＝后横开领宽＋1。

（4）前肩斜：上平线与肩线夹角 18°。

（5）前肩宽：前肩线长＝后肩线长－吃势量，直线连接肩线。

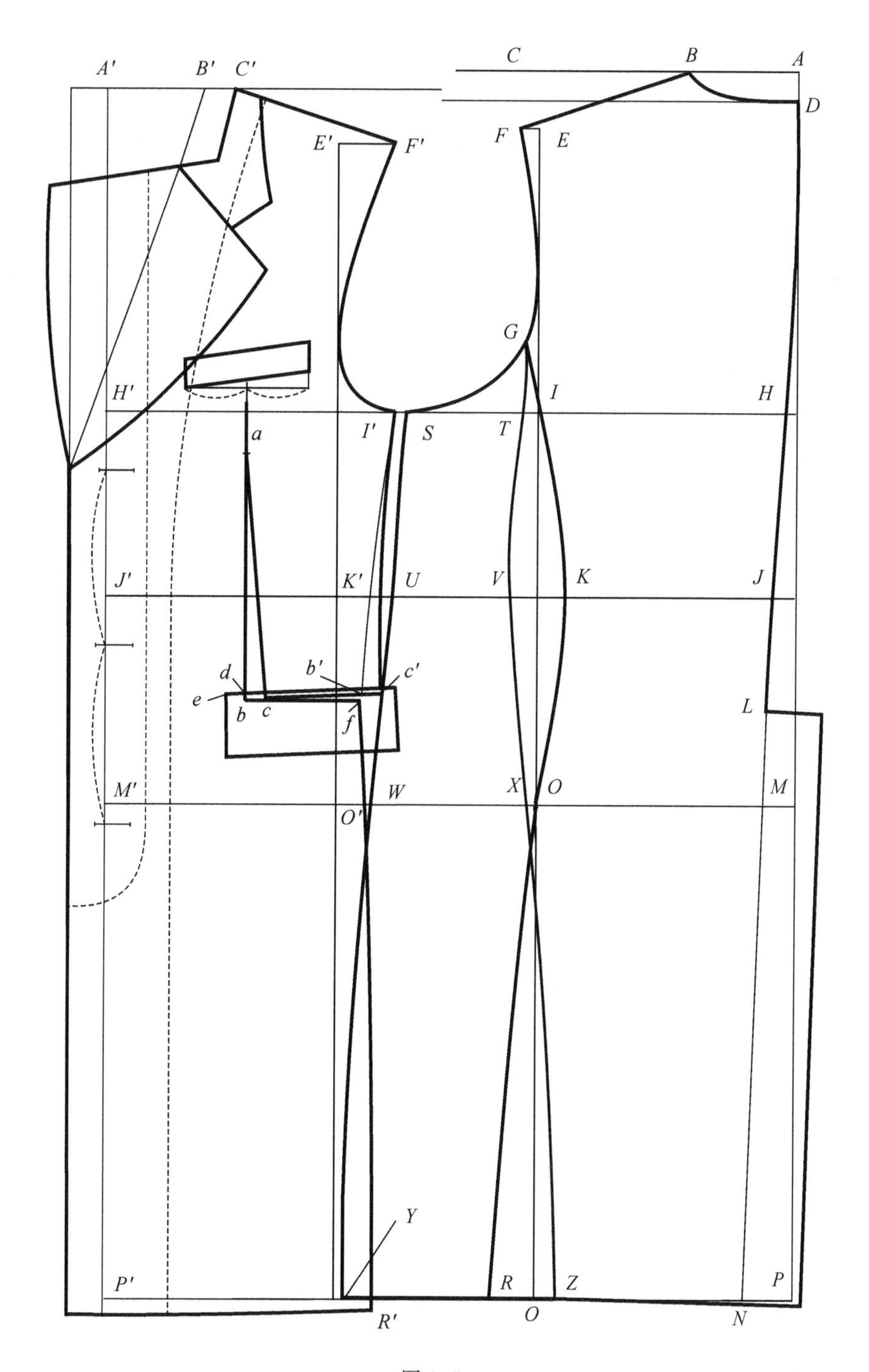

图 9.5

(6)前胸宽:胸围 1/6＋1.5,并延长胸宽线至衣长线。

(7)参照图示连接前袖窿弧线。袖窿与肩线的夹角一般等于或略小于 90°,或与后片互补,前腋窝处弧线曲率要大于后腋窝处弧线。

(8)画前片侧缝线:I'点、K'点、O'点、R'点分别距胸宽延长线 5、2.4、2、3 左右。当规格变化时，以上各点至胸宽延长线的距离也会变化，不必拘泥定数，而应重视侧缝线的形态及与侧片的配合形态。前片与侧片是互补的，前片宽了，侧片就窄，反之也一样。

(9)定胸袋位：胸袋口距上平线为号 1/10+5，胸袋口距胸宽线为胸围 1/40，胸袋口大为胸围 1/20+5，胸袋口宽为 2.5，胸袋口起翘 1.5 左右。

(10)定胸省位：省尖 a 点对准胸袋的 1/2 处，省尖 a 点距胸袋底 6 左右，b 点距腰节线 8.5 左右，bc 间距 1.8～2。

(11)定大袋位：db 间距一般为 0.5～0.7，db 间距是挖袋时剪口的缝份。若是双嵌线袋型，db 的间距会影响嵌线的宽窄，因此可视嵌线的宽窄要求而定。de 间距 1.7 左右，大袋口大为胸围 1/20+10，大袋起翘保持与底边基本平行，袋盖宽为 5.7 厘米。

(12)调整前片侧缝：$b'c'$间距$=bc$ 间距，角 $c'cf$ 略小于角 bac，弧线连接 $I'c'$，且要求角 $I'c'c$ 与角 cfO'互补。

(13)连接底边：底边起翘量 1～1.3，注意前片底边与侧片底边连接顺畅。且使前片的 $I'C'+fR'=$侧片的 SY。

3. 侧片制图方法与步骤(参见图 9.5，单位：厘米)

(1)画侧片后侧缝线：T 点、V 点、X 点、Z 点分别距背宽延长线 1.3、2.2、0.5、2 左右，参照图示，弧线连接 G，V，Z 三点，与胸围线、臀围线分别相交于 T 点与 X 点。后侧缝弧线起伏微妙，画线时一定要用心参照图示，并与后片侧缝线协调照应。

(2)画侧片前侧缝线：S 点、U 点、W 点、Y 点分别距前片侧缝线 I'点、K'点、O'点、R'点 1、2.3、0.5、2 左右。侧片前侧缝线与前片侧缝线一起构成腋下省型，并形成下摆展开。弧线起伏微妙，应用心参照图示，并与前片侧缝线协调照应。

(3)确认胸、腰、臀围：完成前后衣片与侧片分割后，应分别确认胸围规格、衣服的胸腰差和胸臀差。

前片 $H'I'+$侧片 $ST+$后片 $IH=$胸围规格；

胸围规格$-$前片 $J'K'-$侧片 $UV-$后片 $KJ=$衣服胸腰差；

胸围规格$-$前片 $M'O'-$侧片 $WX-$后片 $OM=$衣服胸臀差。

胸围规格必须与制图规格相符，衣服胸腰差和胸臀差应视衣身廓型要求而定(请参见西装 X、H，两种廓型的收腰量和胸臀差设计)，若上述三者有误时，可调整包括前、后片、侧片在内的所有侧缝线，使所有侧缝线既满足形态要求又满足规格要求。

(4)连接底边弧线。注意侧片 SY 连线与前片侧缝的长度配合，且确认侧片底边与前、后片底边能否顺畅连接。

4. 袖片制图方法与步骤(参见图 9.6，单位：厘米)

本款袖片制图方法 H 型西服袖同。请参见 H 型西服袖片制图方法与步骤的介绍。

5. 领片制图方法与步骤(参见图 9.6，单位：厘米)

预定领后中宽 7.5，领座后中宽 3。

(1)确定翻折线位置：A 点距 C 点 2.1，B 点的位置视款式要求而确定，本款 B 点定在胸围线下 5。

(2)确定串口线位置：E 点与 F 点的连线行业俗称串口线。串口线是决定领型的重要部位，定串口线时必须认真比对设计图或实物样品，注意串口线的高低、长短及与翻折线夹角的大小。本款 EA 线段长 6.7，EF 线段长 7，EF 连线与翻折线夹角为 65°。

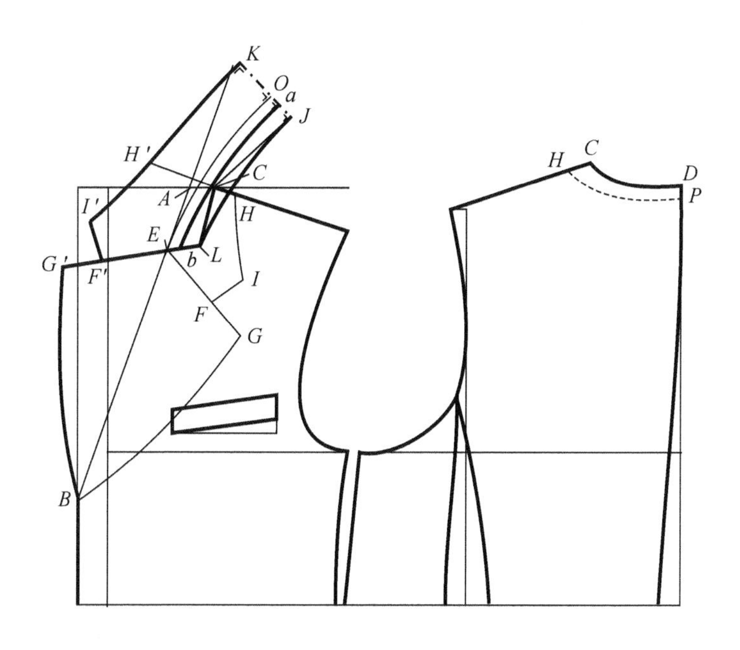

图 9.6

(3)确定 G 点：注意 FG 连线与 EF 的长短比例关系、G 点距翻折线与袖窿线的距离对比关系。本款 FG 线段长 4.3，弧线连接 GB。

(4)确定领子前半部分形状：比对设计图或实物样品确定 HI 连线，注意 H 点与 I 点的水平距离和连线的形状，注意 I 点与 F 点、G 点的距离关系及 IF 连线与 FG 连线的夹角。本款 H 点距 C 点 2.3，I 点距 F 点 3.8。

(5)对称拷贝：以翻折线为对称轴，将 H、I、F、G、B、E 六点连线，对称拷贝为 H'、I'、F'、G'、B、E 连线，完成领子前半部分和驳头的形状设计。

(6)连接前领圈：延长 $F'E$ 连线，大致确定 L 点，连接 LC，然后确认角 HCL 与后片的角 HCD 拼合后是否能保持领圈顺畅，如果不行，可移动 L 点在 $F'E$ 延长线上的位置，或同时调整后领圈弧线形状，直至符合互补要求。

(7)作领子后半部分图形：

①直线连接 CH'。

②量取后领圈弧长，令线段 CJ＝后领圈弧长－0.5。

③令 JK 线段＝领后中宽，且与 CJ 垂直。

④测量后片 H 点至 P 点弧线长度。后片 H 点至 C 点距离与前片同，P 点至 D 点的距离＝领后中宽－领座后中宽－翻折厚度量，详见上衣结构设计原理领子部分的有关内容。

⑤令 KH' 与 JK 成直角，且使 KH' 弧长＝后片 HP 弧长。

⑥JL 弧长＝前领圈 LC 段＋后领圈弧长－领底拔开量(挖领座的场合－领脚展开量)。

(8)确定领座：确定 O 点，O 点距 J 点＝领座后中宽＝3，弧线连接 OE 两点，领座部分的翻折线要与驳头部分的翻折线顺畅连接。

二、巴尔玛大衣纸样设计

号型为175/92，制图规格见表9.3，款式如图9.2所示。

表9.3 （单位：厘米）

衣长（后中长）	胸围	肩袖长（肩宽）	（袖长）	领围
99	116	88　　48.8	63	45

1.后衣片制图方法与步骤（参见图9.7，单位：厘米）

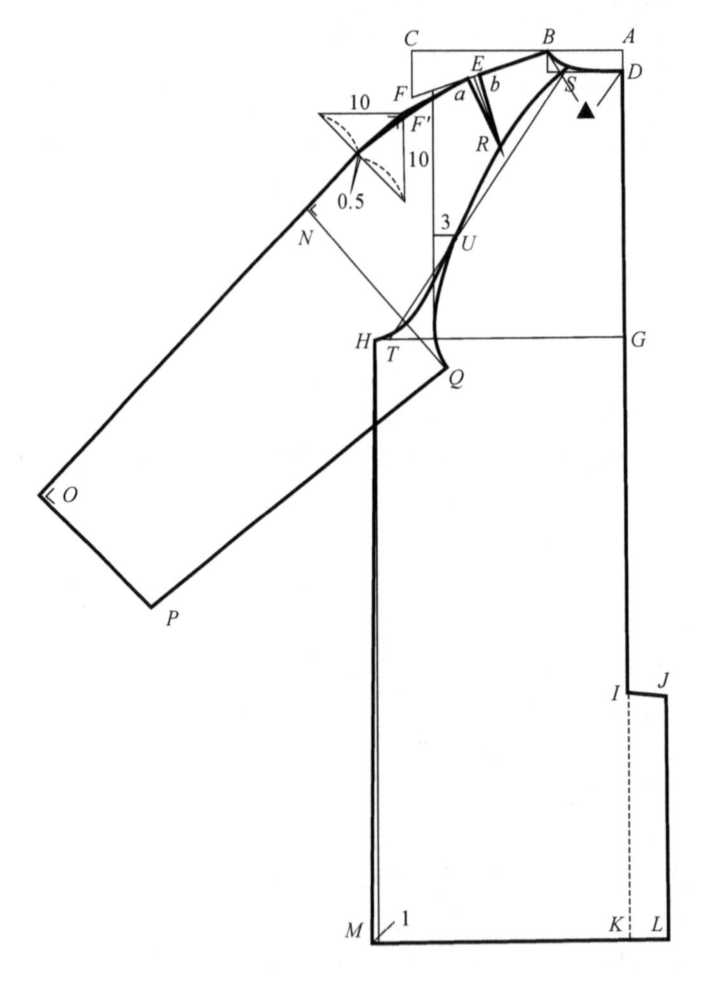

图9.7

(1)作上平线 AC 与后中心线 AK。

(2)后横开领大：AB＝领围 2/10＋0.5。

(3)后直开领深：AD＝领围 1/20＋0.2，连接后领圈弧线，弧线形态参照图示。

(4)后肩斜：角 $CBF=18°$。

(5)后肩宽：F 点至后中线水平距离＝肩宽 1/2。

(6)袖窿深:从后肩点 F 垂直向下至胸围线＝胸围 1.5/10＋9 左右。

(7)定衣长:DK＝衣长,后底边 KM 直线无起翘。

(8)后胸围大:GH＝胸围 1/4＋0.5。

(9)下摆大:KM＝GH＋1,直线连接侧缝 HM。

(10)定后插肩线:可先作辅助线 ST,S 点在领圈 1/3 处,T 点距 H 点 2 左右,参照图示确定后插肩线。

(11)后衩:后衩长 28,宽 4.5。

(12)肩省。

①确定肩省位。E 点在肩线上的位置原则上可随意定,省尖 R 点则必须对准肩胛骨突起部位。本款肩省将来还要转移到插肩缝中,这里是为了转移预设省量,因此 E 点的位置无关紧要,省尖 R 点则既要对准肩胛骨区域中心,为了配合肩省转移,R 点还必须正好调整在插肩线上;

②确定肩省形。省端 ab 闭合量不是绝对的,它是随省缝长短变化的,因此省量的大小还是以角度确定更为妥当。根据男性标准体形肩胛骨隆起形态,肩省取 10°左右为宜(作等腰三角形,腰长 9,其底 1.8 所对的角大约为 10°)。

作为肩省,省缝 aR 和 bR 的形状,本应是瘦省型的,因本款这里只是预设省量,因此作直省型处理。

③调整肩线。使角 $F'aR$ 等于角 FbR,并使线段 $F'a$ 的长度等于 Fb,这样就使肩点的位置从收省前的 F 点转移至 F' 点,而肩宽与肩线的长度仍然不变,因 F 点下降至 F' 点,缩短了后袖窿纵向的长度,从而达到消除因肩胛隆起产生的袖窿余量的目的。

④按照图 9.8 所示,合并肩省,将肩省转移到插肩缝中。

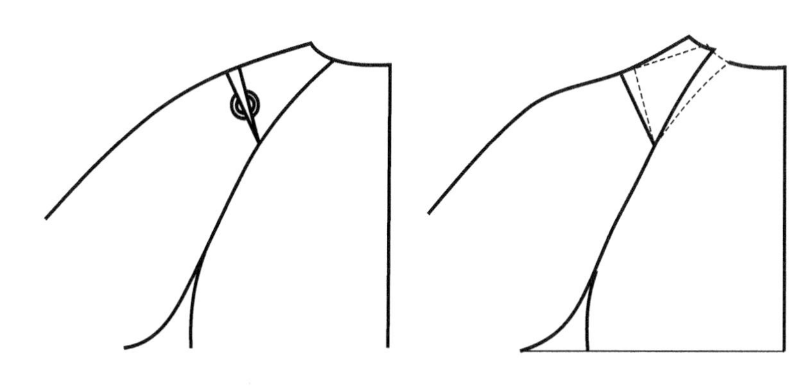

图 9.8

2. 后袖片制图方法与步骤(参见图 9.7,单位:厘米)

(1)确定袖中线角度:男装的一般插肩袖,其后袖中线与后中线的夹角,根据合体程度或机能性要求考虑,可在 45°～55°范围内确定。确定袖中线角度其实质是在确定袖山的形状。一般的装袖,若袖山陡峭其合体性相对好些,而袖山平坦则其机能性相对好些。插肩袖的袖山与肩部是连成一体的,袖中线角度越大意味着袖山越平坦,袖子机能性相对要好,合体性要差;袖中线角度越小则意味着袖山越陡峭,袖子合体性相对要好、机能性要差。通常的方法是在肩点作腰长为 10 的等腰直角三角形辅助线,袖中线与肩点连线过底边中点是 45°,过底边中点提高 0.5 处大约是 50°,过底边中点提高 1 处大约是 55°。本款取 50°。

(2)定肩袖长:修顺肩线与袖中线的连接,用皮尺从后领圈中点 D 点,过修顺后的肩点 F'点,沿袖中线量至袖口 O 点,再减去肩部测量线上的省量即为肩袖长。原则上前后肩袖连线长度可以等长,但若讲究合体美观的话,最好是后片略长于前片,即后片在肩袖长的基础上应加适当的吃势量。肩袖线上的吃势量应包括肩线吃势和袖中线吃势两个部分,本款因后肩线上已经设省,所以只要考虑袖中线吃势量即可(袖中线吃势量大小须视材料质地而定,最好是后片加 1/2 吃势量,前片减 1/2 吃势量)。侧面观察人体上肢自然下垂的形态,不难发现上臂肩点与肘点连线几近垂直,而下臂肘点与腕点连线明显前倾。因此若是合体设计的插肩袖,其袖中线后片略长,就可以如图9.9所示,在肘点附近做吃势,使成衣后袖中线略呈弧形,更加美观合体。

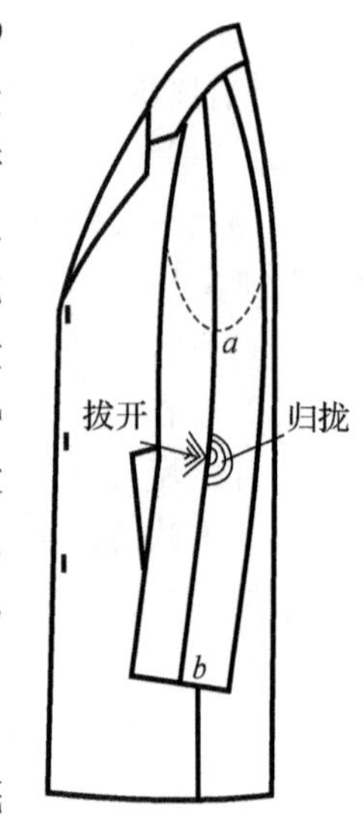

图 9.9

(3)定袖山高:$F'N$ 两点距离=胸围 1.5/10。在插肩袖情况下,袖山高低对袖子的机能性与合体性同样有较大影响,袖山越高、袖底线越短、袖肥越小、机能性相对变差,反之则机能性改善、合体性相对变差。本款希望做成比较合体的插肩袖造型,以胸围 1.5/10 作为袖山高,其高度已经比较接近西装的袖山高,因此是比较合体的。

(4)定后袖片袖口大:袖口大可按胸围 1/10+5 左右确定,后片可按袖口大+1 左右控制。

(5)定衣袖离合点:离合点 U 点以上袖片与衣身吻合,U 点以下袖片与衣身交叉重叠,因此 U 点定得高,袖片与衣身重叠量加大,袖子机能性提高,合体性下降,U 点定得低则反之。通常 U 点定在背宽线内侧 3 处较为常见。

(6)定后袖片袖肥:袖中线角度与袖山高确定之后,其实袖肥已经不能有大的改变,因此只要量取 UH 弧长,用 UH 弧长大致确定 Q 点在袖肥线 NQ 上的位置,待 UQ 两点弧线连接后,再作精确微调。

(7)连接袖山弧线:用弧线连接 U 点与 Q 点,注意 UQ 弧线应与 UH 弧线形态匹配,若出现一条过直另一条过弯,相互难以匹配时(形态匹配要求请参见第九章中袖山与袖窿形态匹配的有关论述),可通过左右微调 U 点的位置,调整插肩线的形状,使过直一侧的弧线适当变弯,另一侧适当变直。另外 UQ 与 UH 弧线原则上应当是一样长的。但插肩袖的装袖缝一般不分缝,通常是缝份倒向袖片一侧,而插肩缝在腋下处呈转折形态,由于材料有厚度,所以 UQ 与 UH 弧线存在内外径关系,所以 UQ 段弧线应略长于 UH 段弧线,作为装袖时在转折处的吃势。

(8)连接袖底线:袖底 QP 连线,最简单就用直线连接。当袖肥与袖口尺寸差异较大,导致袖口角 OPQ 过大时,可修改成弧线,这样可使角 OPQ 尽可能接近直角。

袖底线长度也宜后片略长于前片。参见图 9.10,因为袖底线 ab 成品后处在与袖中线同一位置,所以前后片袖底线差异设计的方法、要领与袖中线同。

3. 前衣片制图方法与步骤(参见图 9.10,单位:厘米)

(1)作上平线 AD 与前中心线 AK。

(2)前袖窿深:上平线 AD 至胸围线的距离=后片 DG+1。

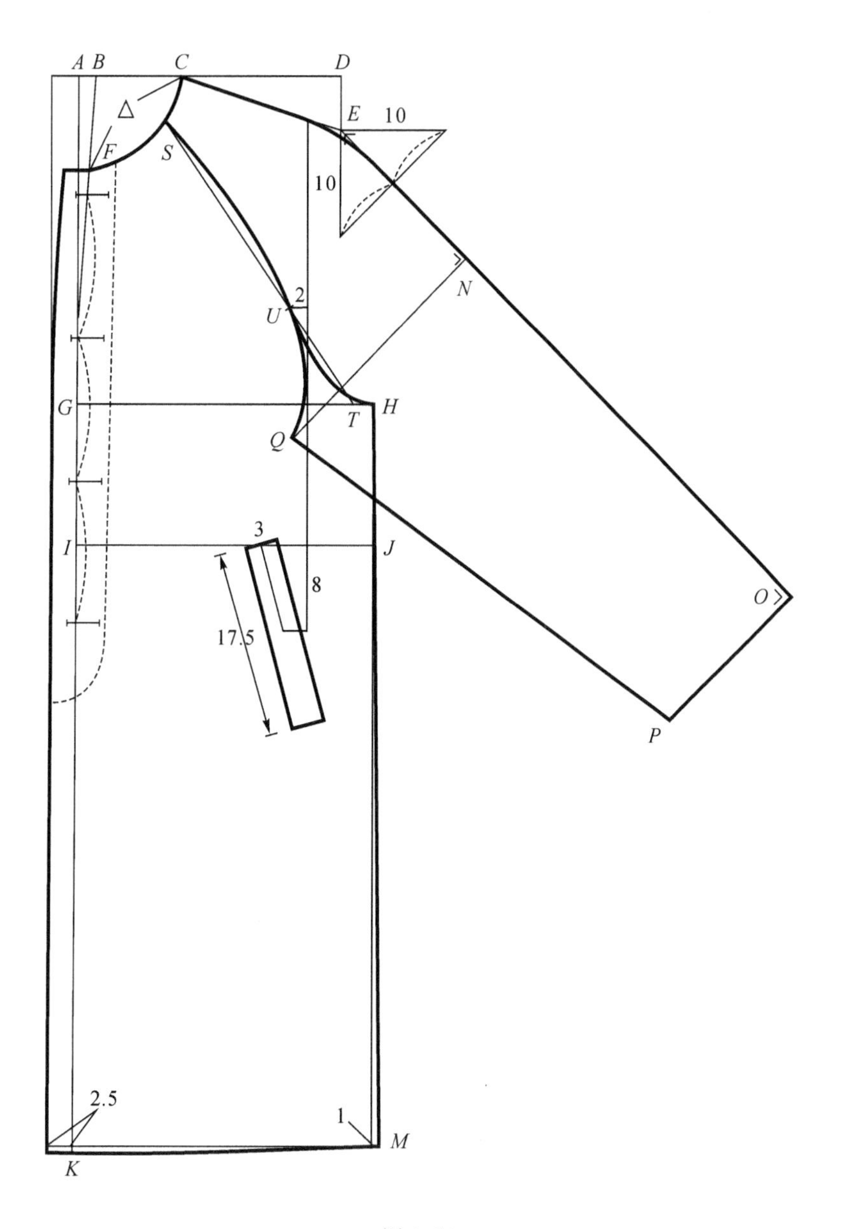

图 9.10

(3)定腰节线:上平线 AD 至腰节线=背长=号 2/10+9。

(4)劈胸:AB=1.7。

(5)前横开领大:BC=后横开领大-0.5。

(6)前直开领深:BF 略大于后横开领。可适当调节,以满足领子规格或造型需要。

(7)连接前领圈弧线,弧线形态参照图示。

(8)前肩斜:18°。

(9)前肩宽:前肩线 CE 等于后肩线 BF。

(10)胸宽:肩点 E 距胸宽线约 3。

(11)前胸围大 GH=胸围 1/4－0.5。

(12)前衣片长:AK=衣长＋1,前底边起翘 1,与后片连接顺畅。

(13)下摆宽:KM=GH＋1。

(14)叠门宽:2.5。

(15)扣眼位:四粒扣,第一粒距前领圈中点 2.3,第四粒扣距腰节线 7,其余均分。

(16)暗门襟缉线宽 5。

4. 前袖片制图方法与步骤(参见图 9.10,单位:厘米)

(1)定袖中线角度:前袖中线与前中线的夹角,应小于后片,就像衬衫袖、西装袖等装袖袖片的袖山那样,前袖山相对陡峭、后袖山相对饱满。袖中线角度前片小于后片可使成衣后袖中线前倾,更接近人体上肢自然下垂形态,符合手臂向前运动的需要。前后袖中线角度差异一般可控制在 5°～10°范围内,本款前袖片袖中线前中线的夹角取 45°。

(2)定肩袖长:修顺肩线与袖中线的连接,按后片的肩袖连线长度确定前片的肩袖连线长度。袖中线的长度若后片加 1/2 吃势量的话,则前片减 1/2 吃势量。

(3)定袖山高:与后片同,为胸围 1.5/10。

(4)定前袖片袖口大:袖口大可按胸围 1/10＋5 左右确定,前片可按袖口大－1 左右控制。

(5)定衣袖离合点:方法原理与后片同。但因手臂大都向前运动,所以前片的 U 点通常可比后片定得略低。V 点距胸宽线 2 左右。

(6)定前袖片袖肥:方法原理与后片同。

(7)连接袖山弧线:方法原理与后片同。

(8)连接袖底线:方法原理与后片同。若后片加 1/2 吃势量的话,则前片减 1/2 吃势量。

5. 领片制图方法与步骤

请参见第四章中领片结构设计原理、方法与步骤,或第七章普通夹克衫一节中的介绍。

三、特莱彻风衣纸样设计

号型为 175/92,制图规格见表 9.4,款式如图 9.3 所示。

表 9.4 (单位:厘米)

衣长(后中长)	胸围	肩宽(肩袖长)	袖长	领围
105	116	49 (87)	62.5	45

1. 后衣片制图方法与步骤(参见图 9.11 ,单位:厘米)

(1)上平线 AC 与后中心线 AM。

(2)后横开领大:AB=领围 2/10＋0.5。

(3)后直开领深:AD=领围 1/20＋0.3,连接后领圈弧线,弧线形态参照图示。

(4)后肩斜:20°。

(5)后肩宽:F 点至后中线水平距离＝1/2 肩宽＋1/2 吃势量,若以高密府绸为例此处吃势量 0.5 为宜。

(6)后背宽:背宽线 EH 至肩点 F 的距离＝2.5 左右。

(7)袖窿深:从后肩点 F 垂直向下量至胸围线＝胸围 1.5/10＋9 左右。

(8)定背长:D 点至腰节线 KK' 的距离=背长=号 2/10+9。

(9)定衣长:D 点至 M 点=衣长。

(10)画背缝线:G 点、K 点、L 点、N 点分别距后中线 0.9、1.8、2.2、2.2 左右。

(11)后胸围大:GI=胸围 1/4−5.5,过 I 点作铅垂线与底边线交于 O 点。

(12)下摆大:P 点按 O 点放出 3 左右。

(13)连接侧缝线,直线连接 PI 并顺延至 U 点,UI 约为 4.7。

(14)定后插肩线:可先作辅助线 ST,S 点在领圈 1/3 处,T 点距 J 点 2 左右。GJ=胸围 1/4+0.5,参照图示确定后插肩线。

(15)后叉:L 点距腰节线 18,宽 4.5。

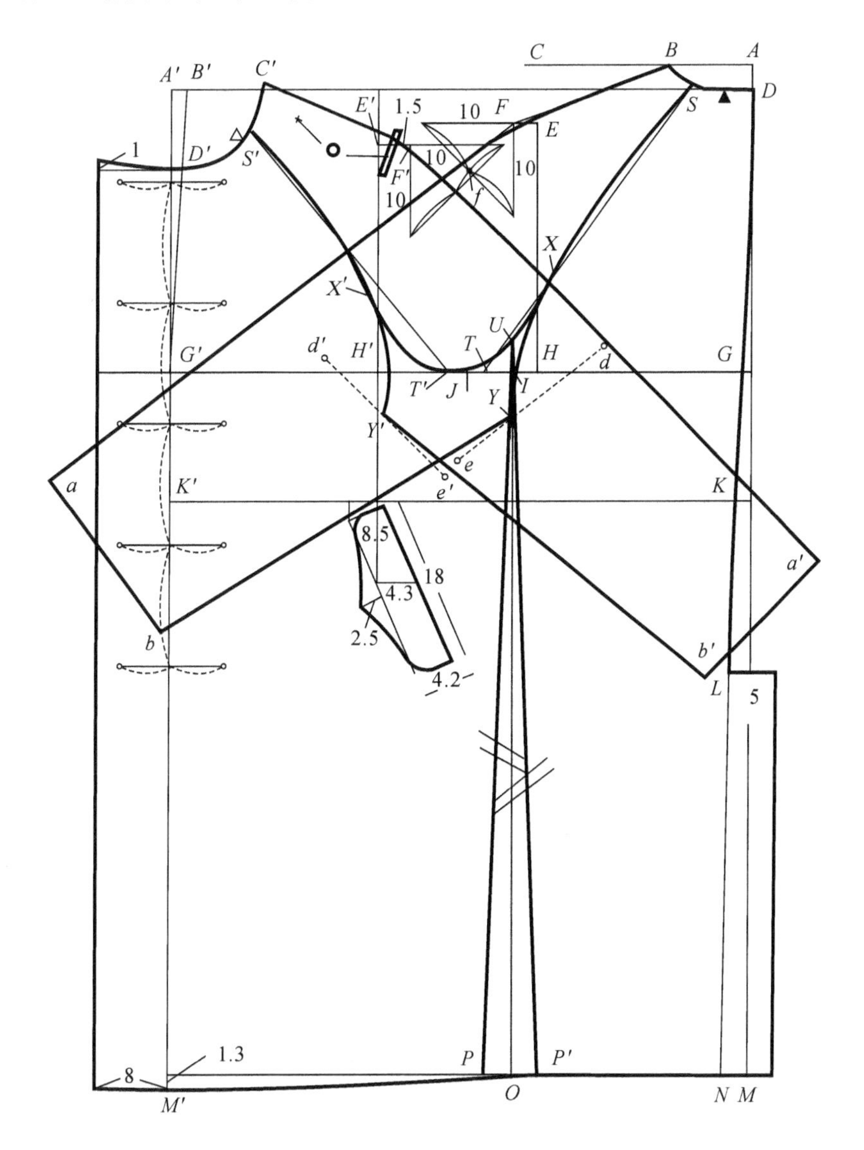

图 9.11

2. 后袖片制图方法与步骤(参见图 9.11,单位:厘米)

本款插肩袖的做法与本书巴尔玛大衣插肩袖的做法有所不同。巴尔玛中采用先定袖山高然后确认袖肥的方法,本款拟采用先定袖肥然后确认袖山高的方法,两种做法体现目的不同,前者是出于合体性优先的考虑,后者则是出于机能性优先的考虑。这两种方法同样可以应用于其他袖型的袖片设计。

(1)定袖中线角度和袖长:在后肩点 F 作腰长为 10 的直角等腰三角形,袖中线 Fa=袖长+1/2 吃势,袖中线过 f 点,f 点按等腰三角形底 1/2 均分点提高 0.5。

(2)定袖口:ab=成品袖口大+1,且与袖中线成直角。本款成品袖口大可按胸围 1/10+5 控制。

(3)作袖肥辅助线:de 连线与袖中线平行,与袖中线的间距=成品袖肥+1 左右,本款成品袖肥可按胸围 1/6+3.5 控制。

(4)定衣袖离合点:离合点 X 可定在距背宽线 2 左右处。

(5)量取 XJ 段弧长,用 XJ 弧长、并以 XJ 弧线的大致形状,从 X 点出发与辅助线 de 相交,交点为 Y 点,从而优先保证 Y 点至袖中线的垂直距离=成品袖肥+1 左右。连接 X 点与 Y 点,并注意 XY 的弧长等于或略长于 XJ,且 XY 的弧线形状与 XJ 相似。

(6)弧线连接肩线与袖中线。

(7)连接袖底线:Yb 可用直线也可用弧线连接。

(请参见参见巴尔玛大衣袖片制图的详细说明。)

3. 前衣片制图方法与步骤(参见图 9.12,单位:厘米)

(1)延长后片胸围线,令 GG'=胸围 1/2,过 G'点作铅垂线作为前中线。

(2)上平线 $A'C'$至后领圈 D 点垂直距离 1。

(3)分别延长后片的腰节线、衣长线与前中线相交于 K'、M'。

(4)叠门宽:8。

(5)劈胸:$A'B'$=1.7。

(6)前横开领大:$B'C'$=后横开领大−0.5。

(7)前直开领深:$B'D'$略大于后横开领,可适当调节,以满足领围规格和领子造型需要。

(8)连接前领圈弧线,弧线形态参照图示。驳头起翘 1 左右。

(9)前肩斜:18°。

(10)前肩宽:前肩线 $C'F'$=后肩线 BF−吃势量。

(11)胸宽:胸宽线 $E'H'$距肩点 F'约 3.5 厘米。

(12)前胸围大 $G'I$=胸围 1/4+5.5。

(13)前下摆大:$M'P'$=$G'I$+3。

(14)前衣片长:AM=衣长+1.3。

(15)连接侧缝线,直线连接 P'和 I 并顺延至 U 点。

(16)定前插肩线:可先作辅助线 $S'T'$,S'点在领圈 1/3 处,T'点距 J 点 2 左右。$G'J$=胸围 1/4−0.5,参照图示确定后插肩线。

(17)连接底边弧线:因为是双排扣,所以中心线左右 8 厘米的底边应基本保持水平,且注意确认前片底边能否与后片底边顺畅连接。

4. 前袖片制图方法与步骤(参见图 9.11,单位:厘米)

(1)定袖中线角度:在前肩点 F' 作腰长为 10 的直角等腰三角形,袖中线 $F'a'$＝袖长－1/2 吃势,袖中线过等腰三角形底 1/2 均分点。

(2)$a'b'$＝成品袖口大－1,且与袖中线成直角。本款成品袖口大可按胸围 1/10＋5 控制。

(3)作袖肥辅助线:$d'e'$ 连线平行于袖中线,与袖中线的间距＝成品袖肥－1 左右,本款成品袖肥可按胸围/6＋3.5 控制。

(4)定衣袖离合点:离合点 X' 可定在距胸宽线 1 左右处。

(5)量取 $X'J$ 段弧长,用 $X'J$ 弧长、并以 $X'J$ 弧线的大致形状,从 X' 点出发与辅助线 $d'e'$ 相交,交点为 Y' 点,从而优先保证 Y' 点至袖中线的垂直距离＝成品袖肥－1 左右。连接 X' 点与 Y' 点,并注意 $X'Y'$ 的弧长等于或略长于 $X'J$ 弧长,且 $X'Y'$ 的弧线形状与 $X'J$ 相似。

(6)弧线连接肩线与袖中线。

(7)连接袖底线:$Y'b'$ 可用直线也可用弧线连接。

5. 零部件制图(参见图 9.12,单位:厘米)

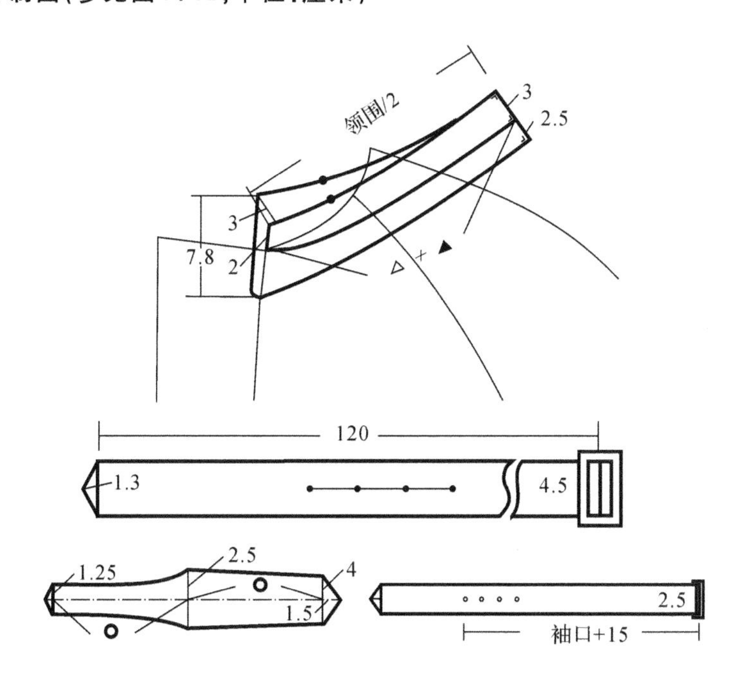

图 9.12

四、达夫尔大衣纸样设计

号型 175/92,制图规格见表 9.5,款式如图 9.4 所示。

表 9.5　　(单位:厘米)

衣长(后中长)	胸围	肩宽	袖长	领围(帽子领口)
96	116	46.8	63	46

1. 后衣片制图方法与步骤(参见图 9.13,单位:厘米)

(1)作后上平线 AC 与后中心线 AK。

(2)后横开领大:AB=胸围 1/20+3.6。

(3)后直开领深:AD=胸围 1/80+1。

(4)后肩斜:18°。

(5)后肩宽:后肩点 F 至后中线水平距离=1/2 肩宽,直线连接肩线。

(6)后背宽:背宽线 EI 距后中线=胸围 1/6+3 左右。

(7)袖窿深:F 点至胸围线垂直距离=胸围 1.5/10+8.5。

(8)衣长:DK=衣长,底边直线无起翘。

(9)后胸围大:HJ=胸围 1/4−5。

(10)后下摆大:KL=HJ=胸围 1/4−5,直线连接侧缝。

(11)连接后领圈弧线,弧线形态参照图示。

(12)连接后袖窿弧线,弧线形态参照图示,可与前片一起画袖窿弧线。

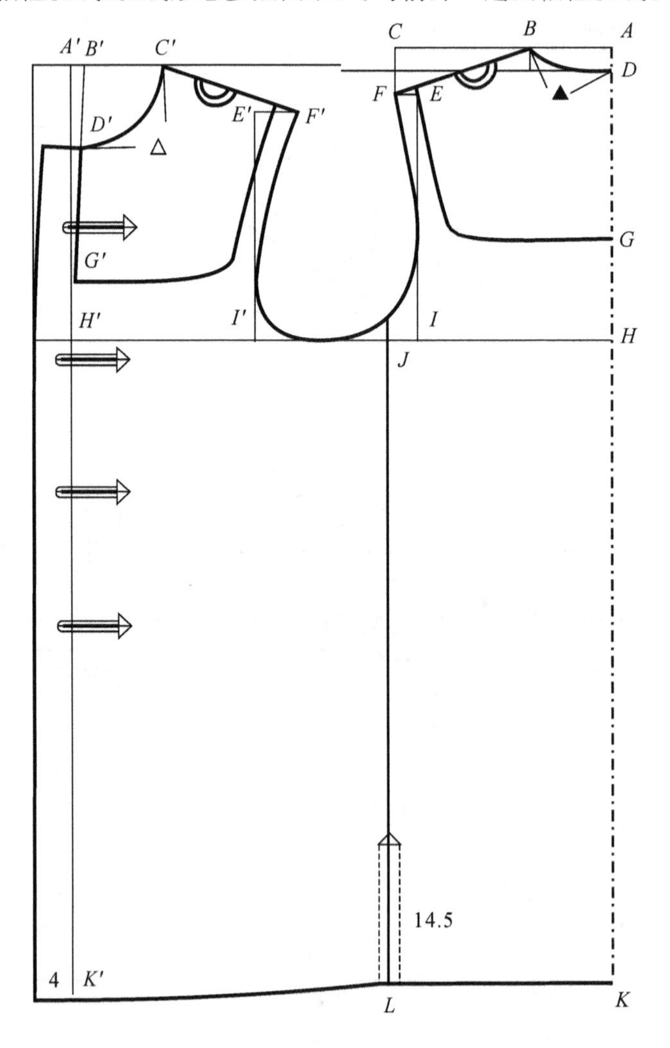

图 9.13

2. 前衣片制图方法与步骤(参见图 9.14,单位:厘米)

(1)作上平线 $A'C'$,$A'C'$连线至后领圈 D 点垂直距离 1。

(2)劈胸:$A'B'=1.7$。

(3)前横开领:$B'C'$=后横开领大-0.5。

(4)前直开领:$B'D'$略大于后横开领,视帽子领口大小需要可适当自由调节。

(5)前肩斜:18°。

(6)前肩宽:前肩线 $C'F'$=后肩线 BF 长度。

(7)前胸宽:胸宽线 $E'I'$距前中线=胸围 1/6+1.5 左右。

(8)前胸围大:$H'J$=胸围 1/4+5。

(9)前下摆大:$K'L=H'J$=胸围 1/4+5。

(10)叠门宽:4。

(11)连接前领圈弧线,弧线形态参照图示。

(12)连接前袖窿弧线,弧线形态参照图示。

(13)前衣片长:$A'K'$=衣长+1.5,前底边 $K'L$ 起翘 1.5,与后片连接顺畅。

3. 袖片制图方法与步骤(参见图 9.14,单位:厘米)

本款袖型看似一片袖,但其结构却是两片袖的结构,只是大小袖片在前侧缝处合而为一,因此可按两片袖的方法进行结构设计。这样的袖型由于没有袖子前侧缝份割,袖子前侧肘弯处的造型只能是直统的,而袖子的后侧缝因为正好在大小袖片分割线上,又比较合体,因此适用于既宽松又适度合体的外套设计。

(1)定大袖片的上平线 FG:先连接前后肩点,在线段 AA' 上取中点 D,取 EB 垂直距离为 DB 垂直距离的 8/10。过 E 点作大袖片上平线 FG。

(2)定后袖窿上大小袖片分割线的对位 H 点:从大袖片的上平线垂直量下 5.8(通常为胸围 1/20),作与大袖片上平线的平行线与后袖窿弧线相交于 H 点。

(3)定袖肘线 JK:可按腰节线提高 1 确定。腰节线至后领圈中点的距离即背长可按号 2/10+9 确定。

(4)定袖长线 LM:E 点至袖长线的垂直距离=袖长。

(5)定对位点 b 点:前衣片袖窿上的 b 点是袖窿弧线与胸宽线相切点,距胸围线约为 5。

(6)定袖山角度:斜线 ab 过袖窿 b 点,且与上平线相交于 a 点。令 ab 斜线与上平线呈 53°夹角,且与 ac 线段呈 93°夹角。

(7)确定袖山大小:领线 $ab+ac+0.3$=前袖窿 Ab 弧长+后袖窿 $A'H$ 弧长。

(8)连接袖山弧线,弧线形态参照图示。袖山弧线形状对袖山吃势量和袖子造型有影响,因此须认真参照图示。

(9)定袖口:首先确定袖口大,本款袖口可按胸围 1/10+5 确定,袖口线 ef 的中点过袖长线,袖口 e 点可比袖山 b 点前倾 1 左右,袖口线起翘的程度主要取决于袖口线与袖片后侧缝的配合形态。一般要求袖口线 ef 与大袖片后侧缝 cf 成直角。可参照图示,通过调整袖口线的起翘程度、或调整袖片后侧缝弧线形态,最终确定袖口起翘程度。

本款袖型因为袖子前侧缝不分割,为使 e 点处袖口顺畅,此处袖口线可酌情处理成弧形,使袖口线与 be 连线也成略大于 90°角的形态。

(10)连接大袖片后侧缝:后侧缝的形态可对袖肥大小作微调,希望袖肥大时侧缝弧线可

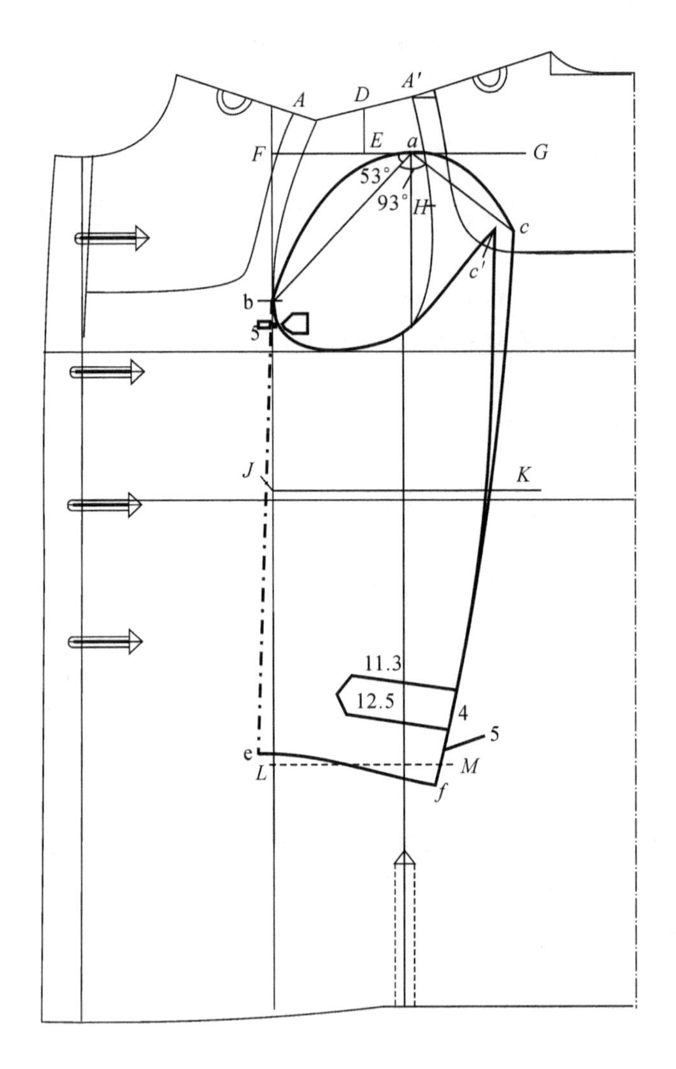

图 9.14

适当外鼓，反之则可使其平坦甚至适当内倾。成品袖肥可按胸围 1/6＋1.7 控制，大袖片袖肥按成品袖肥＋0.5 左右。

(11)定小袖片 c'点：用放码尺量取袖窿 b 点至 H 点的弧长，按住 b 点放开 H 点，以 b 点至 H 点的弧长再加上适当吃势量确定 c'点的位置。c'点的位置可作上下左右微调，c'点的上下左右移动不仅会影响小袖片袖山弧长、影响小袖片后侧缝弧长，还会影响袖肥大小，因此 c'点的最终确定，应同时兼顾小袖片与袖窿形态、吃势配合；与大袖片的形态、吃势配合及袖肥尺寸等要求。小袖 c'点与大袖片 c 点的水平距离一般控制在 1～1.5。

(12)连接小袖片袖山弧线：弧线形态参照图示。注意小袖片与袖窿形态的匹配要求，强调机能性时，小袖片弧线可略满过袖窿，若想强调装袖美观时，则最大限度使袖片与袖窿吻合。此外还要特别注意小袖片的角 $bc'f$、角 $c'be$ 必须分别与大袖片的角 acf、角 abe 成互补关系，即外侧缝缝合后大、小袖片的袖山弧线能圆顺连接。

(13)连接小袖片外侧缝弧线，要领与大袖片同，小袖片的袖肥可按成品袖肥－0.5 控制。

(14)确认袖山吃势:详见 H 型西服袖片制图方法介绍。

4. 帽子制图方法与步骤(参见图 9.15,单位:厘米)

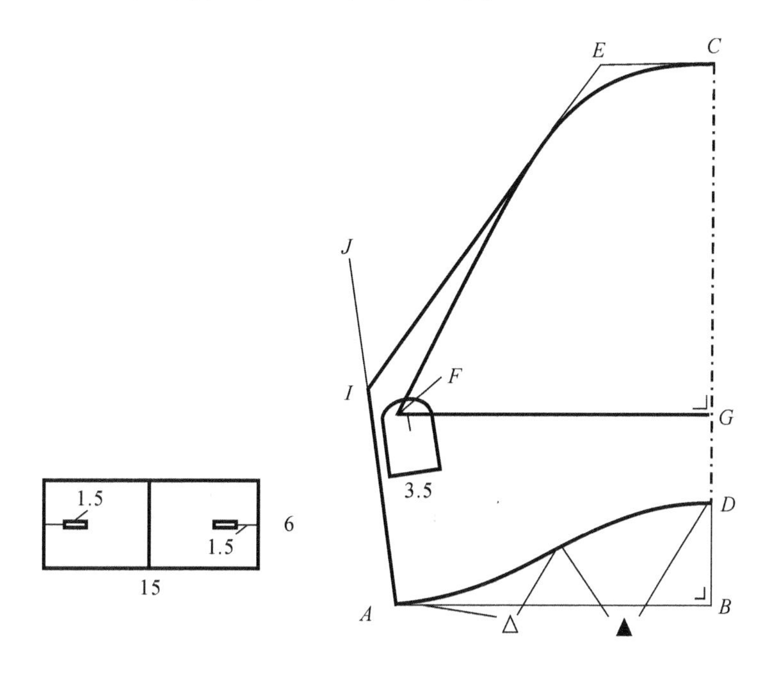

图 9.15

(1)作辅助线 AB 垂直于帽子后中线 CB。

(2)取 BD 为胸围 1/20+1.2。

(3)从 D 点出发,画领底弧线 AD,并使弧线 AD 等于前后领圈弧长之和,参照图示调整领底弧线形态,注意保持领底弧线与帽子后中线的夹角等于或略大于 90°。

(4)DC=30。

(5)CE=8。

(6)CG=24(DC+CG 之和应是第七颈椎骨过后脑壳至前额再加放松量的长度)。

(7)在 G 点作辅助线 FG=胸围 2.5/10-4.5 且垂直于后中线。

(8)弧线连接 C,E,F,H 点,要使弧线 FG 与后中线的夹角保持等于 90°。

(9)根据弧线 CEF 的长度确定弧线 CEI 的长度,要求二者长度相同,且使角 EIA 与角 EFG 互补,即要求角 EIJ 等于角 EFG,从而确定 AJ 连线的斜率和 I 点的位置。

附：大衣用料及排料参考图

巴尔玛大衣一件排

尺码：175/92A

面料利用率：78.55%

面料幅宽：150 厘米　　实际利用幅宽：148.5 厘米

排料长度：184.4 厘米

面料特性：无条格、无倒顺、色差＜四级

裁片名称：A＝前片　B＝后片　C＝挂面　D＝后袖片　E＝前袖片　F＝上领片
　　　　　G＝门襟贴边　H＝下领片　I＝袋口贴边

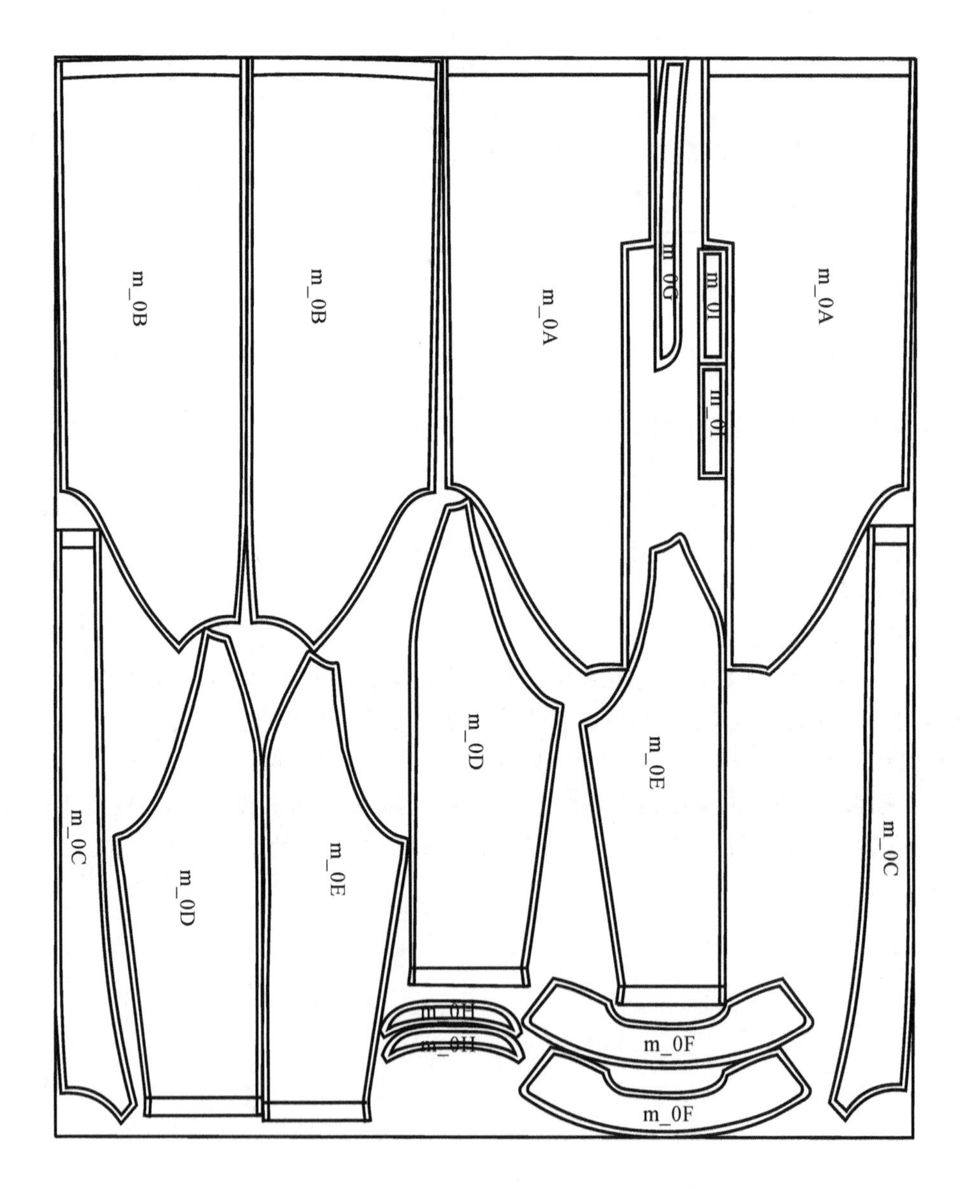

第十章　男士礼服结构设计

西方国家男士在正式场合有穿着礼服的习惯。由于文化背景、生活习惯等原因，国人对男士礼服的认识仍然比较欠缺。随着全球经济一体化，大量的国外企业涌入中国，我们与西方人士的交往将会更加密切，同时西方的文化以及生活习惯也会不可避免地带入我国，中国人穿礼服的机会将逐渐增多，于是了解男士礼服也就显得有必要了。

第一节　男士礼服概述

男士礼服作为男性礼仪的标志性服装，一般在重要的场合穿着，它也是男性服装的最高等级，因此在礼节要求上，具有相当严格的程式性。过去礼服的穿着过于严谨、正统，现在也在逐渐简化。

男士礼服一般分为日间礼服、晚间礼服和简礼服三大类。日间礼服主要由晨礼服、董事套装构成；夜间礼服则是由燕尾服、塔士多礼服构成；简礼服主要以黑色套装为代表，黑色套装则是作为全天候礼服，同时还包括运动型西服、休闲西服、夹克西服等。黑色是男装礼服最正式的颜色，虽然与一般的黑色西服差异不大，但是礼服专用的面料、扣饰及缝制工艺等与一般的西服相比，都有着明显的差别。

一、日间礼服

日间礼服分为晨礼服和董事套装，以晨礼服(morning coat)为代表。

1. 晨礼服的典型样式(参见图 10.1)

上衣为大幅后斜圆摆的黑色长外套，配以灰色背心、黑底灰条纹礼服裤，打黑白相间斜纹领带，或银灰织纹领带，手套是白色或灰色。双翼领、无胸饰的白色衬衫，银灰色领巾，银灰色戗驳领双排扣专用背心和手套，黑色三接头皮鞋。脱去上装，晨礼服的背心为双排六粒扣戗驳领；脱去背心，裤子不系皮带，而是用白色吊带固定。

晨礼服在美国称为 cutway，是日间的正统大礼服，与燕尾服属同一层次。在 19 世纪，欧洲兴起了打猎的风潮，绅士们主要以骑马为主，原有礼服前面过长的双襟叠门很碍事，由此产生了去掉前摆的设想。一直到第一次世界大战以后，晨礼服才升格为日间礼服，并被广泛流行，直至沿用到今天，今天的晨礼服仍然保持着维多利亚时期的风格。

晨礼服主要是人们在日间出席一些重要场合如婚礼、葬礼、庆典等活动时穿着的。如果参加葬礼则配穿与外套同质料的黑色背心，打黑色领带，手套黑色或灰色。另一种全套银灰

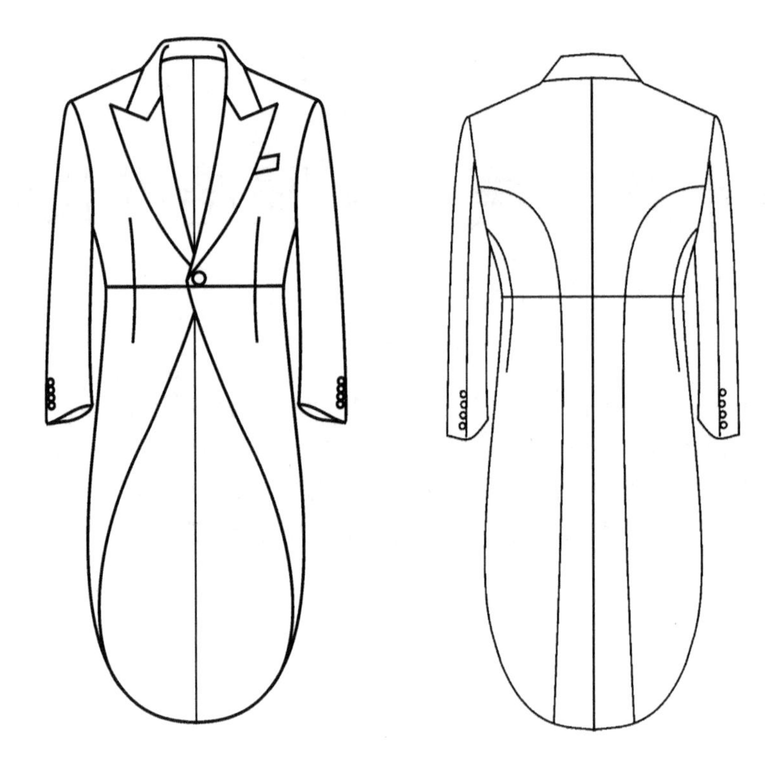

图 10.1

色的晨礼服，通常适用于结婚作新郎礼服。

晨礼服的面料主要是以礼服呢、法兰绒、驼丝锦、开司米等精纺面料为主。

2. 董事套装的典型样式

董事套装是采用黑色礼服布料制成的上装，双排扣或单排扣款式均可，单排扣款式通常以两粒扣较正式，搭配灰色背心、黑底灰纹裤，打银灰织纹领带，双排扣则可免背心。

董事套装的英文名称是 director's suit，来自 20 世纪初期的英国，因当时英国管理人员喜爱穿着而得名。董事套装最早出现在 1900 年，绅士们白天经常出席一些聚会等商务活动，晨礼服后面的长尾巴带来了许多不便，于是借鉴塔士多礼服的形式，将晨礼服进行简化而形成现行的样式。董事套装的款式是由 morning coat(晨礼服)简化而来的，因此穿着方式、适用场合与晨礼服完全相同，但是没有晨礼服的隆重繁琐，可轻松穿着，用途更广。

二、晚间礼服

晚间礼服主要分为燕尾服和塔士多礼服。

1. 燕尾服的典型样式(参见图 10.2)

传统的燕尾服为采用黑色缎面戗驳领上装；配同色同料非翻脚西裤，西裤侧缝用双条黑色缎条镶嵌；衬衫为双翼领、硬胸饰、系白色领结；三粒扣丝瓜领白色麻质的背心；白色手套；晚装漆皮皮鞋形成燕尾服经典的组合。燕尾服和晨礼服相同，均不系皮带，而是用白色吊带固定。

燕尾服(evening dress coat)是晚间最正式隆重的大礼服，最早起源于 1789 年法国大革命时期，其样式一直保留着法国的传统风格。到 1850 年正式成为晚间第一礼服，并沿袭到

图 10.2

今天。因燕尾服黑色上装外套后面的长摆裁剪成燕尾状，故而得名为“燕尾服”。丝光缎面的领子，裤管两侧必须加两条与领子相同质料的丝缎饰带，中间要穿白色礼服背心，打白色领结，黑色漆皮亮光皮鞋。

现代社会除了国家隆重庆宴、授勋、外交官或交响乐团指挥家之外，一般穿着机会不多。但是近年来由于男装流行趋向复古，很多古典正统礼服都出现在结婚时新郎的身上。燕尾服必须打白色领结，因此，如果请柬上有服装规定注明“white tie”时，就必须穿着燕尾服参加。

燕尾服作为男士的第一礼服，由于有特殊的礼仪传统规范的制约，其构成形式、材质要求、配色、服饰配件等均有严格的限定，被视为礼服程式化的典范。燕尾服的面料首选为黑色，为了突出它的华丽感觉，一般使用礼服呢、驼丝锦等质地紧密的精纺毛织物。

2. 塔士多的典型样式(参见图 10.3)

塔士多(taxedo)礼服，款式为单排一粒扣，领型为丝瓜领，并且使用丝光缎面的材质，裤管两侧也必须有两条丝缎饰带，可搭配丝光织纹质料的礼服背心，如不穿背心则必须使用与领结相同材质做成的礼服腰封(卡玛绉饰带)，围在裤腰间，穿着塔士多礼服原则上应使用吊裤带，礼服专用竖领衬衫，打黑领结。因此，在请柬上如果有注明“black tie”就是指定要穿塔士多礼服参加。

塔士多礼服为晚间准礼服，又称半正式晚礼服(俗称小礼服)，是从燕尾服简化而来的，是现代国际上最通用的晚间正式礼服。在国外由于晚间社交和夜生活男士形象的需要，塔士多礼服穿着相当广泛。而在我国则没有穿着的习惯，大多出现在豪华宾馆的服务员身上，被人们误认为是职业服。塔士多礼服最早出现在 1886 年，定型于 19 世纪末到 20 世纪初期

图 10.3

(大约在 1899 年)。它的整体结构始终保持着英国的传统风格,一直沿用到现在。其间塔士多礼服也经过了细节部分的修改,比如在 1893 年,开始采用不加袋盖的口袋形式;从 1898 年开始,以一粒扣的款式为主导等。

材质方面除了最正统的黑色之外,银灰、白色、枣红及黑灰丝光织纹的各种礼服面料都可采用,展示多彩多姿充满欢乐豪华的盛装气氛。适合晚宴、观赏古典歌剧、婚典、舞会等场合穿着。

三、简礼服

简礼服以黑色西装(black suit)为代表。

黑色西装的款式与一般西装无异,单排扣、双排扣不拘,但以双排四粒扣戗驳领的款式较为正式。现代的黑色西装往往采用三件套的形式。双排四粒扣和加袋盖的大袋是其最主要的特点。为了与一般的西服套装相区别,所以黑色西服保留了礼服式的戗驳领型;背心为普通的单排六粒扣款式;衬衫和普通的款式已完全一样了;裤子一般为颜色、质地与上衣相同的非翻脚西裤,也可根据出席场合的不同级别,选择其他颜色较为相配的西裤。

在当今广泛的社会交往中,男士们想尽力摆脱传统礼服繁琐的礼节约束,同时,又具有一定的绅士风度,于是黑色西装出现了,它是对传统礼服的提炼,适用于更广泛的社交场合。当你遇到必须穿着礼服的场合,但又觉得正统礼服过于正式隆重,不妨选择简便又得体的日夜通用万能型简便礼服——黑色西装。随着国际上礼仪的简化,黑色西服作为简化的礼服形式,也可以和其他礼服相互搭配组合。在晚间一些较为正式的场合,可以将礼服的白色双翼领衬衫、黑白领结与黑色西服相配,不过裤子最好选择和上装相同颜色、质地的。

黑色西装的材质必须采用精梳羊毛织成的礼服料,才能显示出礼服的高贵特质。黑色西装没有日夜之分,不论婚、丧、喜、庆,都能派上用场,方便得体又不失庄重,实为男士必备的一套服装。但必须注意应因各种不同性质场合,领带、领结、袖扣、胸袋、饰巾等相关配件要适宜调配。例如珍珠白、银灰丝光领带适合喜庆场合,而参加告别仪式、哀悼则必须打素黑色领带才合适。

总之，男士礼服的严肃性是被国际社会所认同的，它的功能性、稳定性奠定了其经典的地位。

第二节　礼服规格设计

一、采寸法规格设计

以晨礼服为例，测量工具为卷尺。

由于晨礼服的造型相对稳定，因此规格设计较为严谨，人体测点及松量加放不像其他日常服那样变化多，其测点位置、测量方法、测量要求基本固定。

(1)测定衣长：从后颈点垂直向下量至膝弯。

(2)测定胸围：为了准确测定被测者的净胸围，要求以在被测者穿着一件衬衣的基础上测量为基准，皮尺过胸部最丰满处水平围量一周，加放约16～18厘米。

(3)测定肩宽：从左肩点至右肩点横弧长，加放2厘米左右。

(4)测定袖长：从肩点量至手腕处。

二、推算法规格设计

设定中码号型为175/92A，其规格尺寸见表10.1。

表10.1　男礼服规格设计　　（单位：厘米）

	晨礼服	燕尾服	塔士多
衣长	号6/10	号6/10	号1/4＋1
胸围	型＋16～18	型＋16～18	型＋16～18
肩宽	胸围3/10＋14	胸围3/10＋14	胸围3/10＋14
袖长	号3/10＋7.5	号3/10＋7.5	号3/10＋7.5
袖口	胸围1/10＋4	胸围1/10＋4	胸围1/10＋4

三、礼服成品规格测量方法

男礼服成品规格的测量方法见表10.2。

表10.2　男礼服成品规格测量方法

部位名称	测量方法
衣长	由后领圈量至后身底边。
袖长	由袖山最高点量至袖口中点。
胸围	扣好纽扣，前后身放平在袖底缝处横量。
肩宽	将肩部放平，由左肩点量至右肩点。

第三节　男礼服结构设计的原理和方法

一、晨礼服纸样设计

号型 175/92，制图规格见表 10.1，款式如图 10.1 所示。

晨礼服的标准款式为戗驳领、一粒扣、大圆摆，后片长至膝盖部位，在腰节处分割，前片收两只腰省，手巾袋一只，背部腰节处开叉至圆摆，两边刀背缝式分割，与腰节的连接处用纽扣装饰；袖子为大小片式装袖，袖口以四粒装饰扣为标准。

表 10.3　　　　（单位：厘米）

衣长（后中）	胸围	肩宽	袖长	领围
105	108	46.5	60	

1. 后片制图方法与步骤（参见图 10.4，单位：厘米）

（1）作上平线与后中线：后中线 Aa'＝衣长 105，垂直于上平线 AC。

（2）定腰节线：号 2/10＋9。

（3）定臀围线：YV 连线距腰节线 20。

（4）定后横开领：AC＝胸围 1/20＋4。

（5）定后直开领：BC＝胸围 1/80＋1.1。连接后领圈弧线。

（6）定后肩斜：18°。

（7）定后肩宽：D 点至后中线的水平距离＝肩宽 1/2＋吃势量，在 BD 的 1/2 处向内凹0.3。

（8）定胸围线：D 点至胸围线垂直距离＝胸围 1.5/10＋7。

（9）定后背宽：胸围 1/6＋4。

（10）定背中线：后中线在腰节处收腰 2，弧线连接 AO，与胸围线交与 H 点，HG＝0.7。

（11）定前中心线：HD'＝胸围 1/2＋3.7。

（12）定前横开领：$A'B'$＝后横开领＋1。

（13）前肩斜：20°。

（14）前肩宽：$B'C'$＝前肩线 BD－吃势量，连接 $B'C'$ 点，并在 1/2 处向外凸 0.3。

（15）前胸宽：胸围 1/6＋1.5。

（16）绘制袖窿弧线。

（17）确定 E 点位置：先作辅助线，连接 $C'D$ 并二等分为 O' 点，作垂线相交胸围线于 L 点，将 $O'L$ 二等分并向上抬高 1.5，作 $O'L$ 的垂线，与后袖窿弧线相交于 E 点。

（18）斜线连接 OE 点，与胸围线相交于 K 点，从 K 点向后中线方向取 6 为 I 点，J 点距 I 点 0.7 作为省量。作背衩：ON＝$a'Z$＝3。

（19）确定后片分割线：先定 e' 点，Oe'＝胸围 1/20＋0.5。从 a' 向前中心方向量胸围 1/20＋1.3为 b' 点。弧线连接 $EIe'b'$。

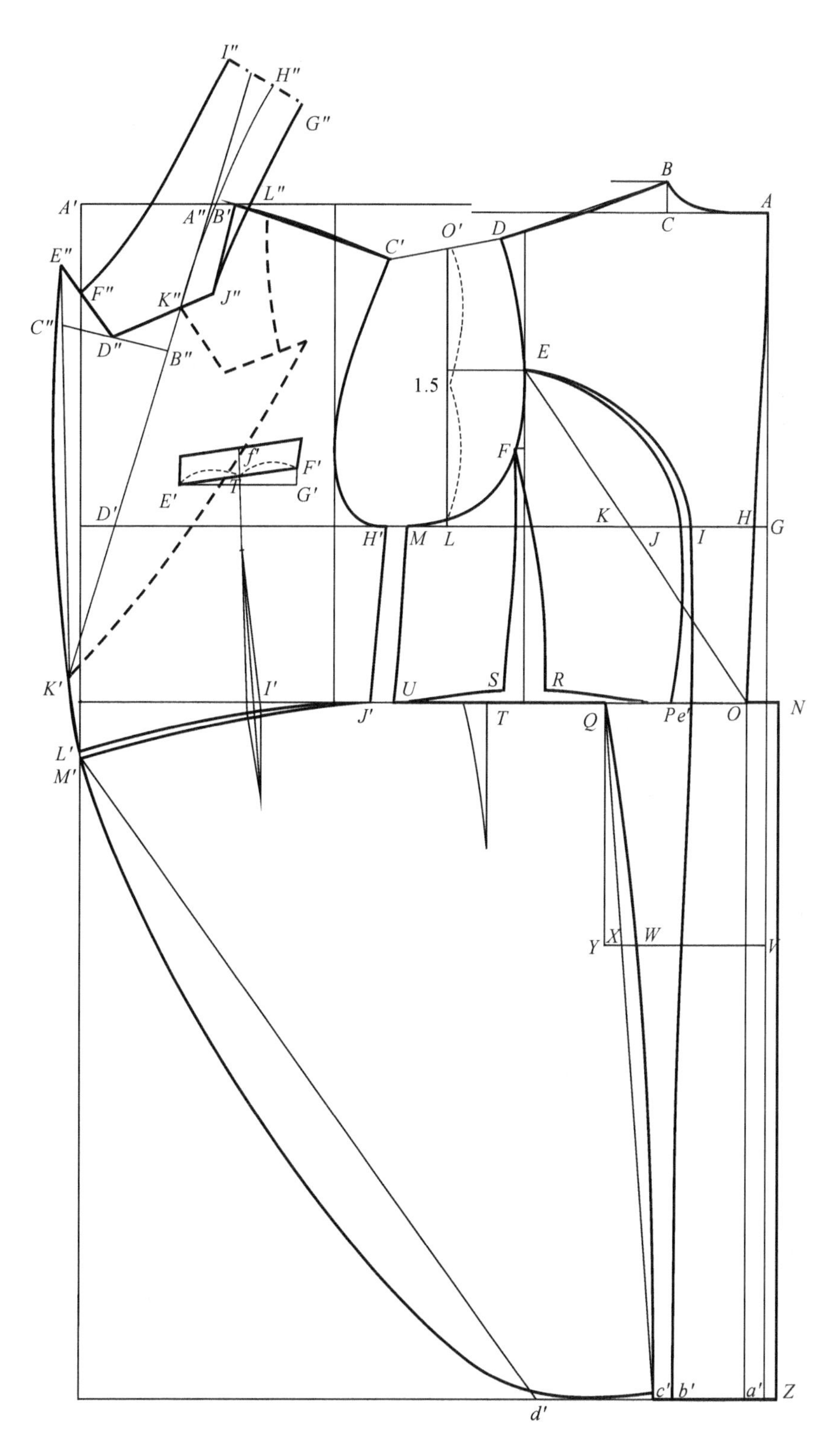
I″
H″
G″
L″
B
A
A′
A″
B′
C
O′
D
C′
E″
F″
K″
J″
C″
D″
B″
E
1.5
F
f′
F′
E′
T
G′
D′
K
H
G
H′
M
L
J
I
K′
I′
U
S
R
J′
T
Q
P
e′
O
N
L′
M′
Y
X
W
V
c′
b′
a′
Z
d′

图 10.4

2. 后侧片制图方法与步骤(单位:厘米)

(1)$e'P=2$,连接 EJP 三点。

(2)将 E 点至胸围线的距离二等分,作水平线与袖窿相交于 F 点。

(3)R 点距背宽延长线 1.5、距腰节线 0.5,连接 FR。

(4)连接 RP。

3. 前片制图方法与步骤(单位:厘米)

(1)前上平线 $A'B'$ 至后领圈 D 点垂直距离 1。

(2)从前中心线与腰围线的交点,向上约 2.0 为 K' 点,即翻驳点,叠门量为 2。

(3)H' 距胸宽线 4,J' 距胸宽延长线 3,连接 $H'J'$。

(4)L' 距腰节线垂直距离=胸围 1/20,$M'L'=0.8$。

(5)连接 $L'J'$。

(6)定手巾袋:距上平线号 1/10+4.5,距胸宽线 3,交点为 G' 点,$G'F'=1.5$,$F'E'=10.5$,手巾袋宽=2.5。

(7)作前腰省:首先取 $F'E'/2$ 为 f' 点;确定 I' 点,在 $L'J'$ 上,$I'J'=8$,连接 $f'I'$,省尖距 f' 为 6,省量为 1。

4. 前侧片制图方法与步骤(单位:厘米)

(1)S 点分别距背宽延长线 1.5、距腰节线 0.5,连接 FS。

(2)M 点与 H' 点间距为 1,U 点与 J' 点间距为 2,连接 MN。

(3)连接 US。

5. 领子制图方法与步骤(单位:厘米)

设定领后中宽=6.5;领座宽=2.7。

(1)确定 A'':$A''B'=2$。

(2)确定翻驳线:连接 $A''K'$。

(3)在翻驳线上,$A''B''=15$,作 B'' 的垂直线,$B''C''=10$,连接 $K'C''$,同时延长 6 为 E'' 点,弧线连接 $E''K'$。

(4)确定 K'':将 $A''B''$ 三等分,取三分之一点为 K''。

(5)确定串口线:将 $B''C''$ 二等分,等分点为 D'',连接 $D''K''$,并延长 2.5,为 J'' 点。

(6)连接 $D''E''$。

(7)确定领角大:$D''F''=3.5$。

(8)确定翻领松度:H'' 点距 $K'B''$ 延长线 2。

(9)按照图示,连接 $J''G''$,$H''K''$,$I''F''$。$G''L''$=后领弧长。

6. 圆摆制图方法与步骤(单位:厘米)

(1)连接 $M'J'$。

(2)定 Q 点:$M'Q$ 的净长,应等于前片腰节线 $L'J'$ 净长+前侧 US+后侧 RP。

(3)作前腰省:延长前片腰省,长度为 9,省量为 1。

(4)作后腰省:QT 弧线长度=RP,省长 12~15,省量为 2。

(5)确定 c' 点:c' 距 b' 点 2;QC' 弧长=$e'b'$ 弧长。

(6)定 W 点:先定辅助点 X 点,X 点是辅助线 QC' 点与臀围线的交点,$XW=2$,弧线连接 QWc' 三点。

(7)连接 $M'C'$。

7. 袖片制图请参考第五章 H 型西服袖片绘图方法。

二、燕尾服纸样设计

号型 175/92,制图规格见表 10.4,款式如图 10.2 所示,燕尾服的标准款式为后背长至人体膝部,背中缝从腰节处开衩至下摆,形似"燕尾"而得名,两边为刀背缝式分割;戗驳领并用黑色绸缎包裹;前片有六粒装饰性纽扣,前片收两只腰省,不设纽眼;前身长至腰部,后片长至膝盖部位,前片长短与背心长短一样或略短;袖子为大小两片式装袖,袖口开衩,并有四粒纽扣装饰。

表 10.4　　(单位:厘米)

衣长(后中)	胸围	肩宽	袖长	领围
105	108	46.5	60	

1. 后片制图方法与步骤(参见图 10.5,单位:厘米)

(1)作上平线和后中线。

(2)定衣长:作 AC''=衣长 105,作 AC''的垂线 $C''H''$。

(3)定腰节线:AP=号 2/10+9。

(4)臀围线:从腰围线向下量 20。

(5)后横开领 AC=胸围 1/20+4。

(6)后直开领 BC:胸围 1/80+1.1。

(7)后肩斜为 18°。

(8)后肩宽:D 点至后中线的水平距离=肩宽 1/2+吃势量。

(9)后肩线 BD:连接 BD,并在 1/2 处向内凹 0.3。

(10)胸围线:D 点至胸围线垂直距离=胸围 1.5/10+7

(11)后背宽:胸围 1/6+4。

(12)背中线:后中线在腰节处收腰 2,弧线连接 AQ,与胸围线交与 I 点,HI=0.7。

(13)前中心线:ID'=胸围 1/2+3.7。

(14)前横开领:$A'B'$=后横开领+1。

(15)前肩斜:20°。

(16)前肩宽:前肩线 $B'C'$=后肩线 BD-吃势量,连接 $B'C'$点,并在 1/2 处向外凸 0.3。

(17)前胸宽:胸围 1/6+1.5。

(18)绘制袖窿弧线。确定 F 点位置:先作辅助线,连接 $C'D$ 并两等分,等分点为 E 点,过 E 点作垂线相交胸围线于 N 点,连接 EN,二等分并向上抬高 1.5 作垂线,与后袖窿弧线相交于 F 点。

(19)斜线连接 QF 点,与胸围线相交于 L 点,从 L 点向后中线方向取 6 为 J 点,K 点距 J 点 0.7 作为省量。

(20)作背衩:$OQ=B''D''$=3。

(21)确定后片分割线:先定 R 点:QR=胸围 1/20+0.5。从 D''向前中心方向量胸围 1/20+1.3 为 E''点。弧线连接 $FJRE''$。

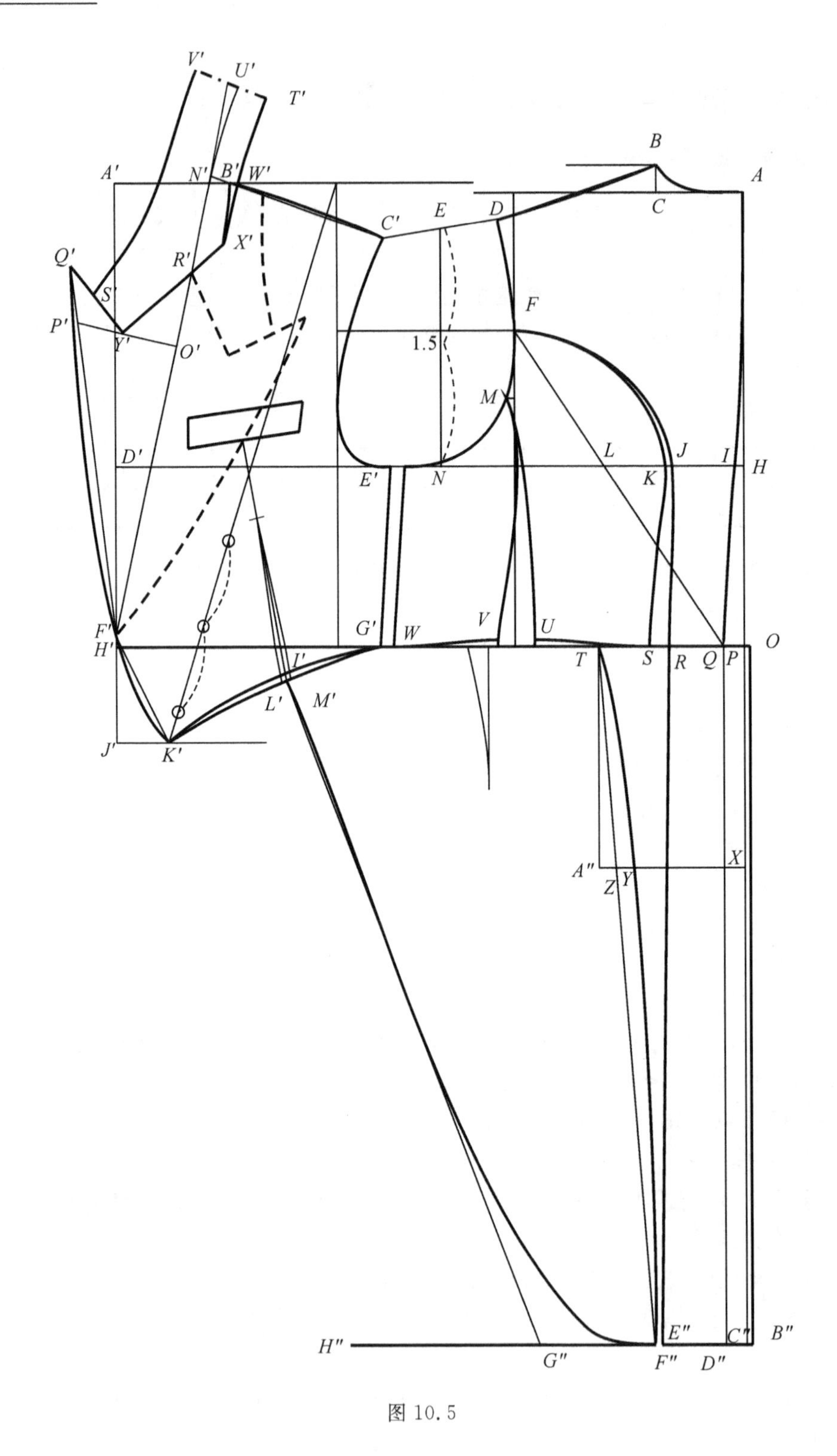

图 10.5

2. 后侧片制图方法与步骤(单位:厘米)

(1)$SR=2$,连接 FKS 三点。

(2)将 F 点至胸围线的距离二等分,作水平线与袖窿线相交于 M 点。

(3)U 点距背宽延长线 1.5、距腰节线 1.0，连接 MU。

(4)连接 US。

3. 前片制图方法与步骤(单位:厘米)

(1)前上平线 $A'B'$ 至后领圈 D 点垂直距离 1。

(2)前中心线与腰围线的交点为 H' 点，$H'F'=1$，即翻驳点。

(3)E' 距胸宽线 4，G' 距胸宽延长线 3，连接 $E'G'$。

(4)$H'J'=9.5$，过 J' 点做垂线，$J'K'=4.5$。弧线连接 $K'G'$，$H'K'$。

(5)定手巾袋:与晨礼服手巾袋的制图方法相同。

(6)作腰省:首先取 $K'G'/2$ 为 I' 点;与手巾袋的 1/2 相连接，省尖距手巾袋 6，省量 1。

(7)定纽扣位置:上平线与胸宽线延长线的交点和 K' 相连接，末粒扣距 K' 点 3，其余纽扣间距为 11。

4. 领子制图方法与步骤(单位:厘米)

设定领后中宽=6.5，领座宽=2.7。

(1)确定 N':$N'B'=2$。

(2)确定翻驳线:连接 $F'N'$。

(3)在翻驳线上，$N'O'=15$，在 O' 点作垂线，$O'P'=10$;连接 $P'F'$，同时延长 6 为 Q' 点，弧线连接 $Q'F'$。

(4)确定 Y':将 $O'P'$ 两等分，等分点为 Y'。

(5)确定串口线:将 $N'O'$ 两等分，等分点为 R' 点;连接 $Y'R'$;并延长 3，为 X' 点。

(6)连接 $Q'Y'$。

(7)确定领角大:$Y'S'=3.5$。

(8)确定翻领松度:V' 点距 $N'F'$ 延长线间距为 2。

(9)按照图示，连接 $X'T'$，$R'U'$，$V'S'$。$W'T'$=后领弧长。

5. 圆摆制图方法与步骤(单位:厘米)

(1)确定 M':$I'M'=1.3$，与腰围线相连接。

(2)确定 T 点:取 TM' 的长度$=I'G'+WV+US+2.0$。

(3)作后省:从 T 点向前中心方向量取 US 等长处作省，省量 2.0，省长 12.0～15.0。

(4)定 Z 点:$A''Z=1.5$。

(5)定 Y 点:$ZY=2$。

(6)定 F'' 点:$E''F''=1$。

(7)连接 TYF''。

(8)定 G'' 点:$G''F''=10$。在 $M'G''$ 的 1/4 处向内凹 0.5，下摆为圆角，与 TYF'' 线成直角。

6. 袖片制图请参考 H 型西服袖片绘图方法。

三、塔士多礼服纸样设计

号型 175/92，制图规格见表 10.3，款式如图 10.3 所示。塔士多礼服的标准款式一般分为两种，一种是将燕尾服的下摆直接去除，另一种则是采用六开身的裁剪方法。单排一粒扣，丝瓜领或戗驳领，大袋为双嵌线不加袋盖的设计，衣长至腰部;大袋嵌线、裤子两侧均使用丝光缎面的材质进行装饰，并且丝瓜领采用无拼接缝式设计;圆装袖，在袖口有三粒装饰扣；搭配丝光织纹质料的礼服背心，如不穿背心则必须使用与领结相同材质做成的礼服腰封（卡玛绉饰带），围在裤腰间；穿着塔士多礼服不使用皮带，而使用黑色吊带；配以礼服专用竖领衬衫，打黑领结。

表 10.5　　　　（单位：厘米）

衣长(居中)	胸围	肩宽	袖长	领围
45	108	46.5	60	

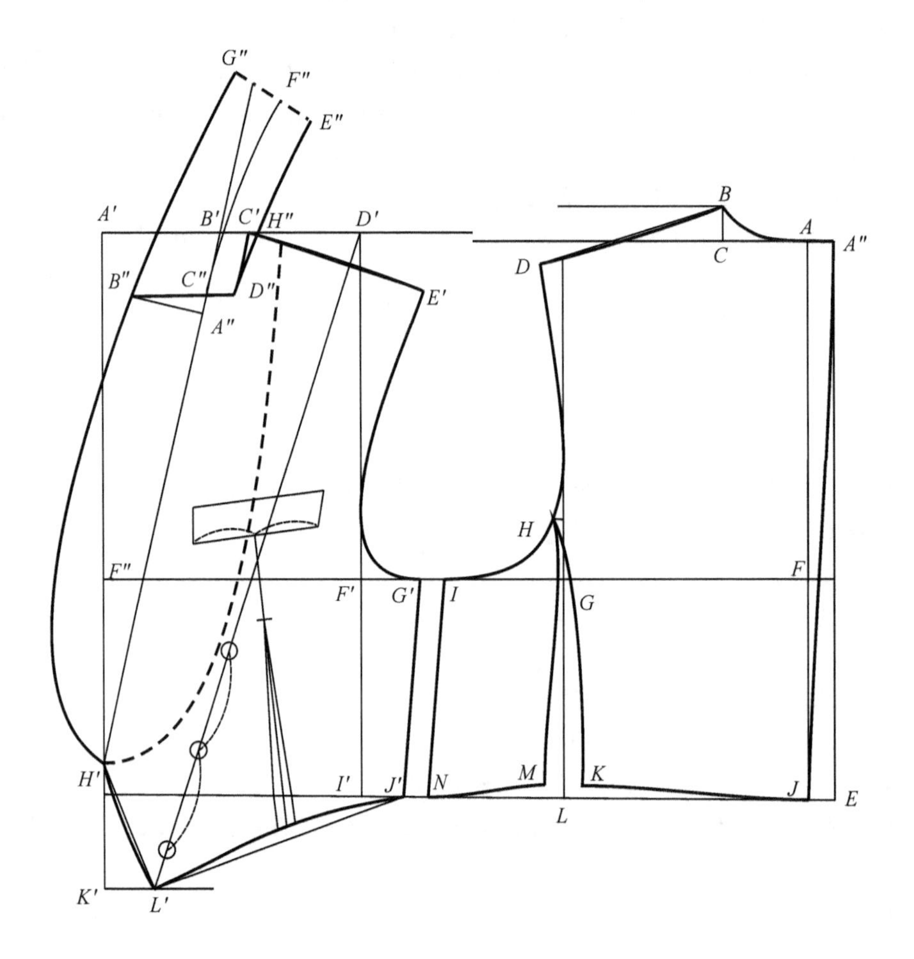

图 10.6

1. 后片制图方法与步骤（参见图 10.6，单位：厘米）

(1)作上平线和后中线。

(2)定衣长：AJ＝衣长 45，作下摆线。

(3)定背中线：AA''＝2。弧线连接 $A''J$。

(4)定腰节线 AE：AE＝号 2/10＋9。

(5)后横开领 $A''C$＝胸围 1/20＋4。

(6)后直开领 BC：胸围 1/80＋1.1。

(7)后肩斜为 18°。

(8)后肩宽:D 点至后中线的水平距离=肩宽 1/2+吃势量。

(9)后肩线 BD:连接 BD,并在 1/2 处向内凹 0.3。

(10)胸围线:D 点至胸围线垂直距离=胸围 1.5/10+7

(11)后背宽:胸围 1/6+4。

(12)定前中心线:FF''=胸围 1/2+3.7。

(13)前横开领:$A'C'$=后横开领+1。

(14)前肩斜:20°。

(15)前肩宽:$E'C'=BD$-吃势量,并在 1/2 处向外凸 0.3。

(16)前胸宽:胸围 1/6+1.5。

(17)绘制袖窿弧线。

(18)确定 H 点位置:H 点距胸围线 5.5,距背宽延长线 0.7。

(19)确定 K 点:从背宽线的延长线与下摆线的交点 L 点,向上抬高 0.5,收腰 1.5,为 K 点。

(20)弧线连接 HK、KJ。

2. 前片制图方法与步骤(单位:厘米)

(1)前上平线 $A'B'$至后领圈 D 点垂直距离 1。

(2)确定 H'点:从腰节线和前中心线的交点向上抬高 2.5,为 H'点,即翻驳点。

(3)确定 K'点:$H'K'$=9.5。

(4)确定 L'点:$K'L'$=4.5。

(5)胸宽延长线与腰节线、下摆线分别交于 F'点、I'点。$F'G'$=4,$I'J'$=3,连接 $G'J'$。

(6)弧线连接 $L'J'$。

(7)手巾袋:与晨礼服制图方法相同。

(8)作腰省:取 $L'J'$的 1/2 点,与手巾袋的 1/2 点相连接。省尖距手巾袋 6,省量 1。

(9)定纽扣位置:连接 $L'D'$,末粒扣距 L'点 3,其余纽扣间距为 11。

3. 侧片制图方法与步骤(单位:厘米)

(1)I 点与 G'点间距为 2,N 点与 J'点间距为 3。

(2)确定 M 点:从背宽延长线与下摆线的交点 L 点,向上抬高 0.5,收腰 1.5,为 M 点。

(3)弧线连接 HM,MN。

4. 领子制图方法与步骤(单位:厘米)

设定领后中宽=6.5,领座宽=2.7。

(1)定翻驳线:$C'B'$=2,连接 $B'H'$。

(2)确定 A''点:$B'A''$=10。

(3)确定 B''点:过 A''点作垂线,$A''B''$=8。连接 $B''H'$。

(4)确定串口线:A''点向上抬高 3,为 C''点,连接 $B''C''$,并延长 2.5,为 D''点。

(5)设置翻领松度:F''与 $A''H''$延长线的间距为 2.5。

按照图示,连接 $D''E''$,$C''F''$,$B''G''$,$H''E''$=后领弧长。

5. 袖片制图请参考 H 型西服袖片绘图方法。

第十一章　里、衬配置的方法与要求

里、衬配置是服装纸样设计不可或缺的环节。特别是在成衣生产场合，里衬纸样设计与表面衣片的纸样设计同样重要。在批量生产过程中，里、衬不可能像量身定制场合那样，用表面衣片粗略地单件复制。那样做的话，不但效率低得不可想象，而且里、衬利用率、配置质量都无法得到保证。现在市场上越是知名品牌越是表里如一。精良的内里设计能为产品平添几分档次。尤其是讲究功能与品位的男装，里、衬设计绝对不容忽视。

说到里、衬配置，很多人可能会仅仅局限于考虑衣服里布与衬布纸样的设计问题。其实不然，面与里是可以相互转换的，最典型的例子就是两面可穿衣服的衣片设计。还有表面衣片中的诸如领子之类的两层以上缝合部件，也涉及面、里转换的问题。此外有内胆设计的衣服，对于表面衣片而言，内胆整体都可以被视作是里衬，但内胆本身又有面、里之分，中间还有填充物。因此里、衬配置的概念不应局限在衣服里布与衬布纸样设计上。

里、衬配置环节所要解决的主要问题是里层与表层的配合问题。在表面衣片的设计已经符合造型美学和人体工学的设计要求情况下，在此基础上进行的里、衬配置重点要解决的是面、里层的内外径匹配问题。

第一节　上衣的面、里配置

大凡秋冬季穿着的服装以及高档的夏季衣服都会有里布设计，里布设计的目的因产品而异，其主要作用归纳起来不外乎以下几点：

(1)遮掩表面衣片的缝份、衬布、袋布、填充物等，使产品整洁美观。

(2)改善表面衣片的服用性能，使衣服穿着舒适、增强保暖性。

(3)改善表面衣片的质地风格，使衣服挺括厚重、提高产品档次。

(4)作为保型衣片，维护表面衣片的造型形态安定。

(5)防止透漏(主要指薄型面料)。

一、上衣面、里的配合关系

服装行业传统的里布配置要求是“宁大勿小”。这种观点虽说不科学，但也不无一定道理。因为从前使用的里布多为羽纱、美丽绸等人造丝或人造丝与棉纱交织材料，这类材料缩水率大，而且耐磨性差。“宁大勿小”是基于防止水洗后里布收缩影响衣服表面平整，同时考虑人体运动时，要防止里布受力破损而提出的。现在的情况已大不同于从前了。首先，人们对衣服的外观质量与内在品质的要求提高了，内里部位粗糙的产品已很难在市场上销售；其次，现在一般里布大都是化纤质地的，中高档里布则以涤纶为经、人丝或真丝为纬，其牢度大大增强，其缩水率则大大降低。鉴于上述情况，里布已经完全有必要，同时完全有条件做到与表面衣片精确配置。

为了透彻了解里布衣片与面布衣片的结构关系，我们不妨先来看一下衣服面、里结构的剖面图。

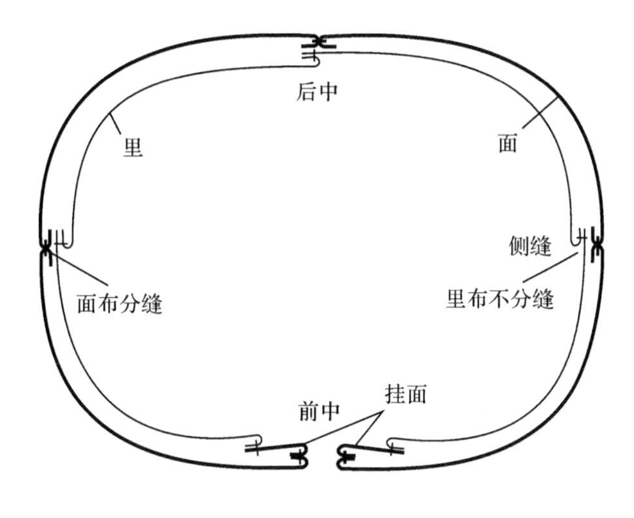

图 11.1

图 11.1 所示是衣服面、里结构横向剖面图。就围度而言，表面衣片是里布衣片的外径。里布衣片的围度尺寸按理应该小于表面衣片。但从工艺上分析，由于里布材料通常比较柔软轻薄，缝头一般不分缝，缝份上需要一定重叠量（行业俗称坐缝）；又因里布柔薄，与表面衣片的内外径差实际很小，所以行业中的习惯做法是，里布衣片的纬向按表面衣片均匀加放一定的坐缝重叠量，一般为 0.2 厘米。

图 11.2 所示是衣服面、里结构的纵向剖面图。面与里的纵向结构关系相对要复杂些。

先看袖中线与袖底线部位的面、里关系。表面衣片的 abc 连线是里布 $a'b'c'$ 连线的外径，因此 $a'b'c'$ 应短于 abc。如果里布的肩线与面布的肩线等长的话，那么里布的袖中线应略短于面布；表面衣片的 def 连线则是里布 $d'e'f'$ 连线的内径，$d'e'f'$ 要绕过 e 点向上竖立的 1 厘米缝头，因此 $d'e'f'$ 应长于 def。如果里布的侧缝与面布的侧缝等长，那么里布的袖底线至少应长于面布：袖窿缝份的 2 倍＋袖窿缝份的厚度。

再看衣身下摆和袖口部位。从示意图可知，当下摆与袖口贴边宽为 4 厘米、坐缝重叠宽为 1 厘米，贴边露出宽度为 2 厘米时，下摆与袖口处，里布应短于面布 1 厘米。下摆与袖口处的面、里衣片长短差，取决于贴边露出宽度，面、里长短毛长的差为贴边露出宽度的 2 倍。

图 11.3 所示是袖山局部面、里配合关系示意图。

根据前面的分析，袖山局部面、里的正确配合关系应如图 11.3 所示，里布袖山顶部低于面布，里布袖山底部高于面布，同时里布袖肥适当放大。

里布袖山顶部低于面布的差异量主要取决于肩垫的厚度。但目前服装企业的普遍做法是仍然取同样高，有的甚至还是里布高于面布。之所以这样做，原因有两个方面。一方面恐

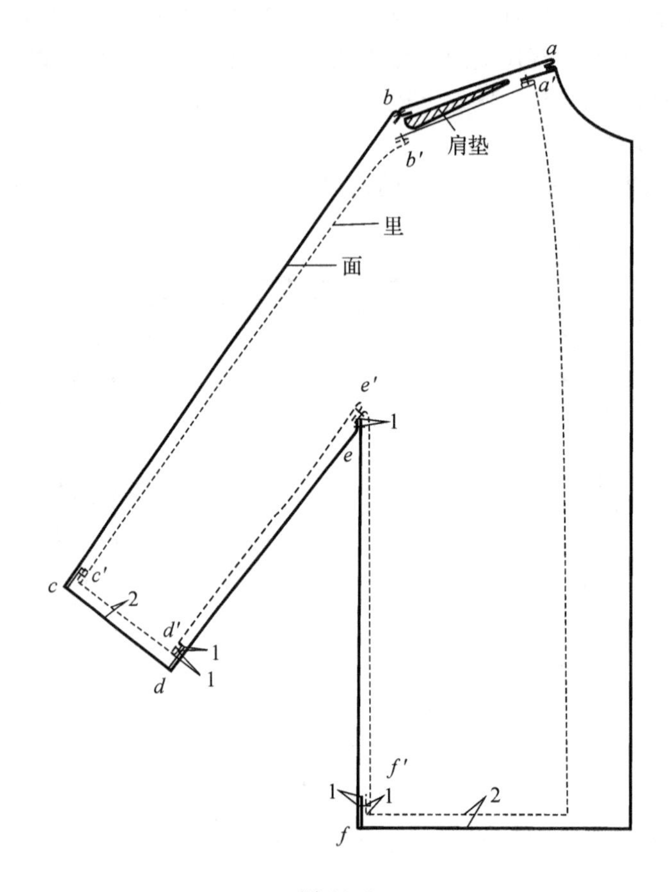

图 11.2

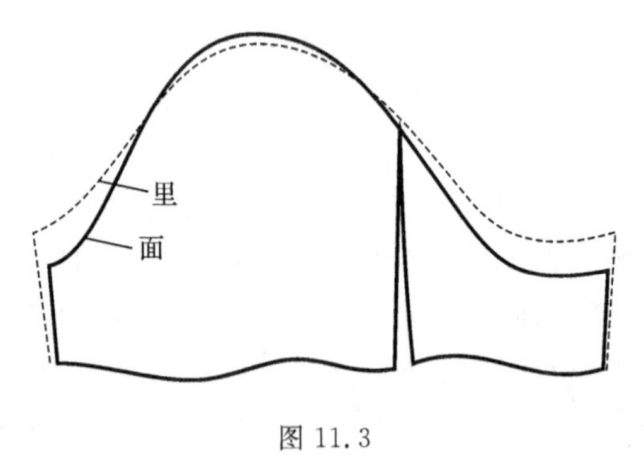

图 11.3

怕是对该部位面、里关系研究不够深入，另一方面可能是出于增加缝制误差保险系数的考虑，因为纸样精确的话，裁剪、缝纫也必须精确，否则会适得其反。

里布袖山底部高于面布的差异量前面已经有过分析，至少 2 厘米，通常为 2.5～3 厘米。

图 11.2 所要求的 $d'e'f'$ 长于 def，在两片袖的场合为什么不采取加长里布侧缝线或既加长里布侧缝又同时加长里布袖底线的办法呢？那是因为西装袖这一类袖窿是圆袖窿，袖窿深度本身开得比较合体，如果袖窿底部侧缝线提高，会使袖窿孔径过小；同时因为西装袖这一类两片袖装袖的吃势量通常较大，而里布薄而紧密，融不进这么多吃势。因此图 11.3 所示的袖山面、里配合形式可谓一举三得，既不影响袖窿孔径，又可使 $d'e'f'$ 长于 def，还可使装袖里工艺变得容易。

按上述做法里布与面布袖底线配合问题解决了，但新的问题又产生了。如果里布袖山既降低顶部又提高底部，会使里布袖山弧长短于里布袖窿弧长。解决的办法是里布袖肥适当增大。

二、西装里布配置实例

图 11.4 所示是西装衣片的面、里(净样)配合关系示意图。

图中实线表示面布,虚线表示里布。除有尺寸标注外,没有标注的虚线与实线的间距均为 0.2 厘米。

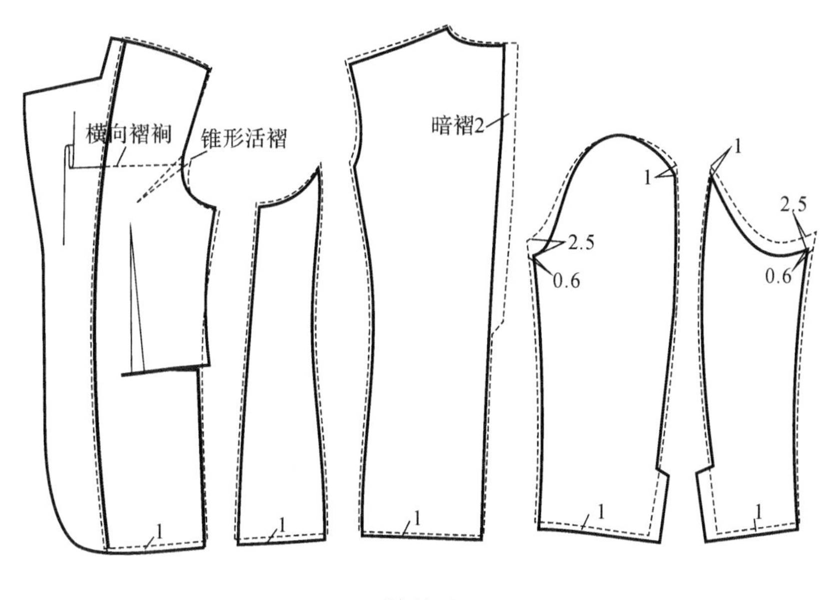

图 11.4

前片里布一般不像面布一样收胸省,但为了面里贴合,里布上的胸省量可如图所示,转移作省型活褶或作横向褶裥处理;后片背缝上作暗褶,暗褶量 2 厘米左右为宜;大小袖片袖山前侧缝处,袖里分别提高 2.5～3 厘米左右,后侧缝处分别提高约 1 厘米,大袖片、袖山顶部、袖里可不降不升;大、小袖片在前侧缝处分别增大袖肥 0.6 厘米左右。因为是假袖衩,所以袖衩里布不用加放。

三、夹克里布配置实例

图 11.5 所示是袖口与下摆有克夫设计的夹克衣衫面、里关系示意图。图中实线表示面布,虚线表示里布。除有尺寸标注外,没有标注的虚线与实线的间距均为 0.2 厘米。

单片袖夹克类与两片袖西装类里布配置的不同之处在于袖窿与袖山部位。因为单片袖通常没有吃势,所以不能像西装袖那样光靠提高袖山底部来加长袖底线,否则里布袖山弧线会大大短于里布袖窿弧线;又因夹克是尖袖窿,袖窿开得较深,适当提高里布袖窿底部不会影响穿着。所以单片袖衣片一般采取如图 11.5 所示那样,既加长里布侧缝又同时加长里布袖底线的办法,来实现里布袖底与侧缝连线长于面布的配合要求。

四、开衩部位里布配置实例

开衩部位里布配置的形式有如图 11.6 所示两种。一种是像后衩那样,里布按面布纸样的形状直接配置,另一种是像侧衩那样按面布纸样互补配置(无衩也可以按侧衩形成配置)。

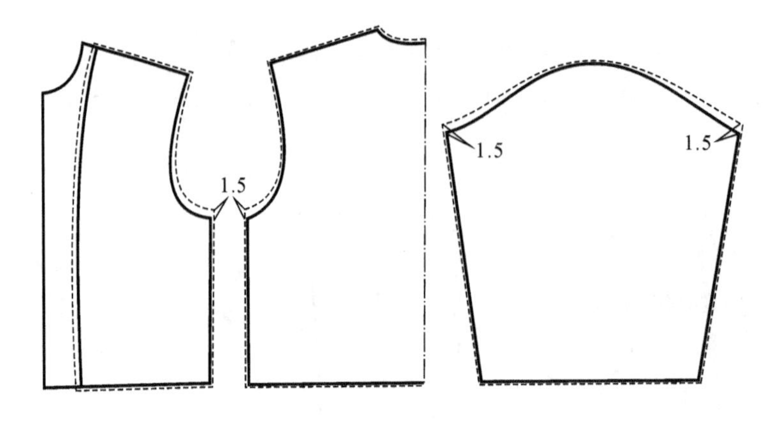

图 11.5

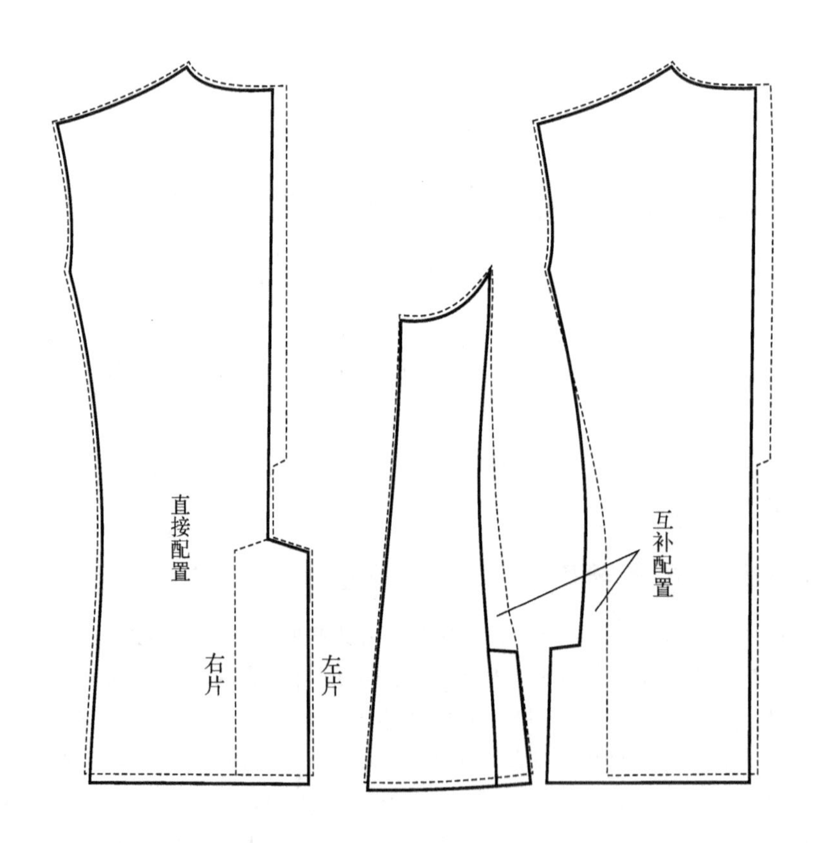

图 11.6

直接配置的优点是里布纸样无需变形，里布纸样配置方便，又因里布后中缝形状不变，后中缝上可设暗褶，以增强里布后片的机能性；缺点是缝制工艺比较繁琐。（若将后中衩里布改为互补配置，因为里布后中缝变形比较强烈，不宜作暗褶设计。为了保持后片里布的机能性，可在里布后片肩线或袖窿线上设锥型活褶。）

互补配置的优缺点正好与直接配置相反。目前市场上的西服开衩多采用互补式里布配置。

第二节　裤子的里布配置

裤子一般不用里布(有里布的棉裤、羽绒裤,其配置原理与上衣同)。裤子中两层以上缝合部件如裤腰、里襟等其表层与里层大都使用相同的面布。只有高档毛料西裤,为了追求产品豪华感,才改用里布作裤腰、里襟等的里层,同时在前裤片上局部配置里布。

目前市场上高档男西裤的腰里布,一般都采用专用腰里布,并使用专门的机器生产。最常见的专用腰里布其结构如图 11.7 所示,由压条、嵌条、裙边和腰衬四层组合,总净宽 5.5 厘米,其中压条净宽 2 厘米、嵌条净宽 0.3 厘米、裙边净宽 3.2 厘米,嵌条和裙边是双层折叠的。

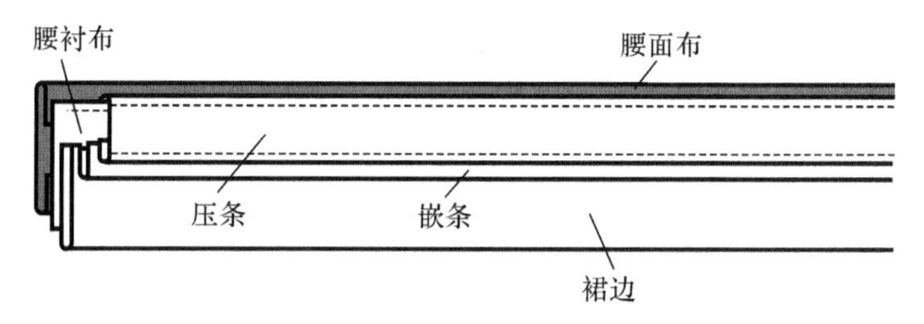

图 11.7

日常西裤的里布配置通常只局限在前裤片的局部。前裤片的里布功用大体可以表述为使裤子内侧外观整洁豪华,使裤子穿脱滑爽和保护膝盖部位表面裤片等三个方面。图 11.8 所示是前裤片里布配置最常见的形式。里布覆盖整个前裤片大半部分,长至中档线下约 15 厘米处。里布纸样可按裤片等形等大局部复制,但在膝盖附近部位,最好是里布的宽度略窄于裤片,两侧各窄0.5 厘米。这样在人体蹲、坐状态下,可使里布代替表面裤片受力,避免或缓解表面裤片膝盖部位鼓起现象的产生。

图 11.9 所示是高档男西裤内侧的成品形态示意图。

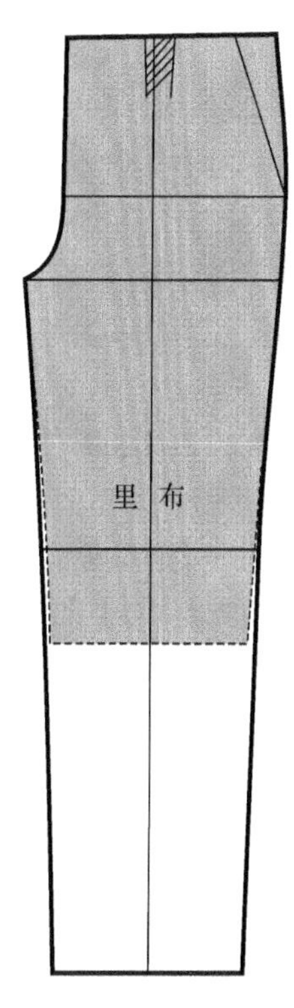

图 11.8

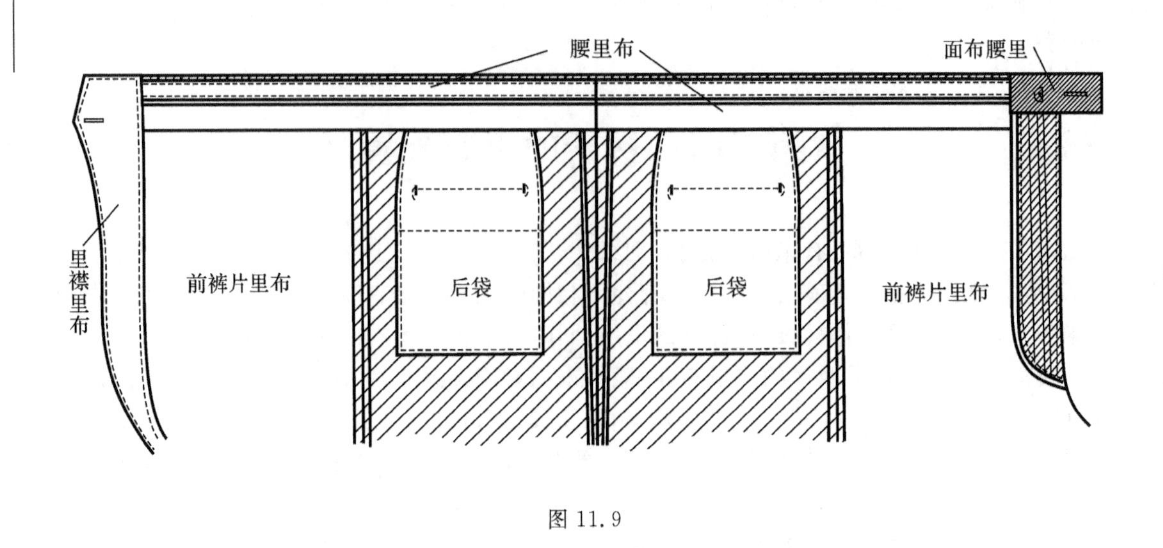

图 11.9

第三节　两层以上缝合部件面、里的配合关系

所谓两层以上的缝合部件是指衣服中的领子、驳头、袋盖等通常是由两层面布缝合而成的零部件。这些部件同样存在面、里配合关系。但很多人对这些部位的面、里关系缺乏足够的重视，未对上述部件的面与里纸样进行差异匹配设计。这种做法在产品档次较低的场合不会有什么问题，但在产品档次较高的场合是不足取的。

我们这样说并不是主张所有两层以上缝合部件的面、里纸样都要分别设计，而是想强调对两层以上缝合部件的面、里内外径层叠所形成的差异的认识。有了这种差异匹配思想对缝制工艺的指导，哪怕纸样仍是同一片的，照样能做出令人满意的成品效果。

本书把两层以上缝合部件的面、里配合关系单独作为一节论述，目的是想引起大家的足够重视。

两层以上缝合部件的面、里纸样是否分别设计，应视部件造型要求、材料性能和缝制工艺的具体情况而定。对于面、里内外径差异较大，外观质量要求较高的两层以上的缝合部件，面、里的纸样最好分别设计。例如领面与领里、衣片门襟与挂面、背心的衣身袖窿与袖窿贴边等。领子面、里配合关系请参看第四章纸样差异匹配设计中的相关内容。

图 11.10 所示是衣身门襟与挂面配置示意图。以西装领的翻折线为界，翻折线右侧的挂面层叠在衣身的下面，相对于衣身是里布，左侧经翻折后层叠在衣身的上面，相对于衣身是面布。

又因门襟下摆的造型需要，为了使门襟 de 段微微向内呈弧形状，一般要求挂面的 $d'e'$ 段略短于衣身的 de 段。但同时又要保持衣身 f 点处平整，不能因此使挂面在 f 点处绷紧起吊。

因此挂面与衣身门襟需要差异匹配。

具体方法为：将依据衣身门襟局部复制的挂面纸样，如图所示沿翻折线剪切拉开，使 a'

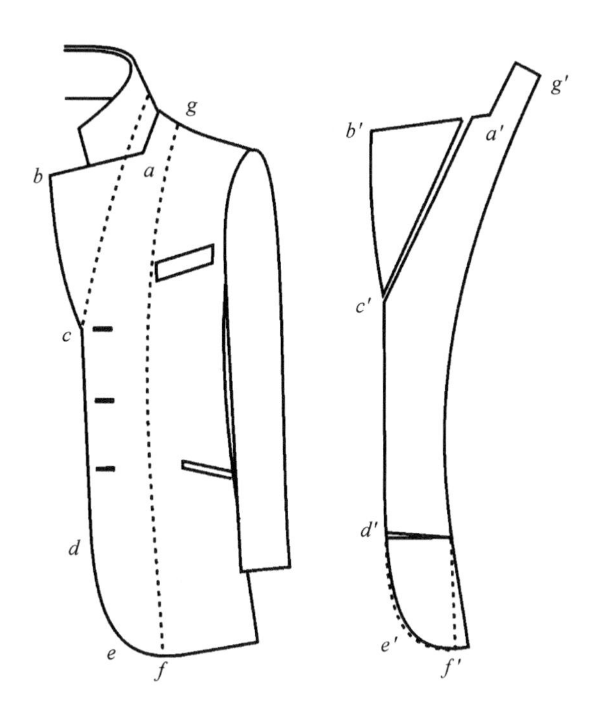

图 11.10

b'和$b'c'$适当长于ab和bc。

在挂面纸样d'点处剪切重叠，使$d'e'$适当短于de，且使$g'f'$与gf保持等长不变。虚线表示剪切重叠后的形状。

图 11.11 所示是背心的衣身袖窿与袖窿贴边配置示意图。

贴边部位差异匹配的作用，是为“外松内紧”的造型效果提供工艺条件。其纸样变形方法与挂面的处理方法基本相同。这里仅以背心袖窿部位贴边的处理为例，简要提示如下：背心（尤其是女装背心），如果款式规定不允许有胸省或收省不充分，常常会出现袖窿处或V字形领口处起空的毛病。这是因为这些部位存在的省量没有收掉的缘故。为消除上述问题，最巧妙的办法便是利用贴边与衣片差异匹配设计，将省量分散转化为袖窿缝边上的吃势。以吃势替代收省，达到袖窿部位造型合体的目的。

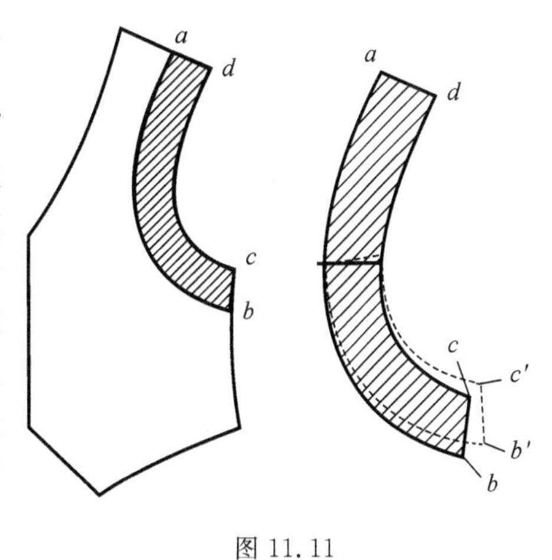

图 11.11

图 11.11 中的阴影部分表示贴边部位或者说是贴边的原始纸样。通过如图所示在袖窿贴边中部的剪切重叠，使贴边纸样的dc'的弧长小于dc，ab'的弧长仍保持与ab等长不变。虚线表示变形后的贴边形状。

第四节　衬布的配置

使用衬布不仅能增强服装的弹性和挺括性，使服装形态安定，防止变形，还可对衣片局部补强，改善衣片的可缝制性。

自从粘合衬问世以来，服装衬布几乎成了粘合衬的天下。粘合衬的种类非常之多，使用非常简便，用途非常广泛。无论是领子、胸部、挂面、袖口、袋盖、袋位，只要造型、工艺需要都可以使用。目前市场上只有高档西服除了粘合衬外还使用非粘合的(也有粘合型的)由黑炭衬、马尾衬、针刺棉等组成的增胸衬。这种增胸衬大多由专业西装企业自行制造，市场上也有半成品供应。

选用衬布必须考虑衬布与面布的配伍性。配伍性的要求包括两个方面，一是要求衬布与面布的质地风格吻合；二是要求热缩率、水缩率等物性指标吻合，尤其是后者与衬布纸样设计直接有关。衬布缩率应尽量与面布相同或相近，若是差异较大，面布须经预缩处理。为了规格、形状准确，也可以采用加放缩率先粗裁，待压烫粘合衬后再进行修片。

图 11.12 所示是西装粘合衬纸样与面布纸样配置关系示意图。图中阴影部分表示衬布形状及与面布衣片的关系。衬布纸样可按面布纸样(毛样)的用衬部位局部复制，但应注意，衬布宜比面布纸样四周均匀缩小 0.3 厘米，这样不仅是为了用衬节省，更重要的是避免因衬布大于面布造成对粘合机的污染。如果粘合衬大于面布，压烫时粘胶就会沾到粘合机的皮带上，又会从粘合机的皮带沾到面布衣片的正面。

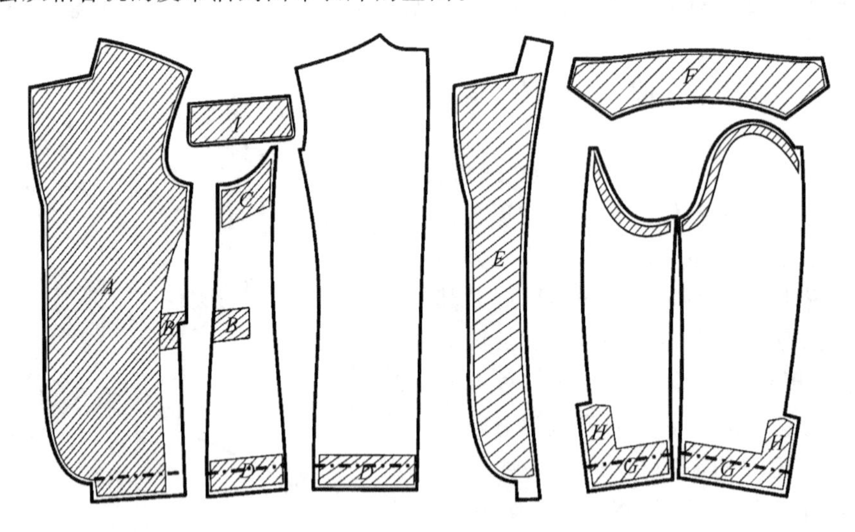

图 11.12

在图 11.12 与图 11.13 中：

A：胸衬，靠近侧片分割线处不粘衬，是为了与侧片过渡协调。

B：袋口衬，为了防止挖袋剪口纱线松脱的局部加固用衬。

C：腋下衬，为了与前片过渡协调。

D：贴边衬，为了使贴边折烫形态安定。

E:挂面衬,侧颈点处不粘衬是为了领圈缝头不至于太厚。挂面下半截可粘可不粘。

F:领面衬,为了领面平挺。

G:贴边衬,为了使贴边折烫形态安定。

H:袖衩衬,为了袖衩折烫形态安定。

I:袋盖衬,为了与衣身协调。

J:袖山衬,薄型材料加衬可改善袖山吃势容量。

K:增胸衬,为了肩、胸部位饱满,只有在工艺讲究的西装中使用。一般的增胸衬由一层半黑炭衬和一层针刺棉组成,高档的增胸衬由黑炭衬、针刺棉与马尾衬组成,服装辅料店半成品有售。

衣片上用衬部位与用衬面积主要取决于产品造型要求及制造成本。各类衣服的用衬部位大同小异,但用衬面积差异较大。限于篇幅,不再赘述。

内胆设计请参照第八章的相关内容介绍。

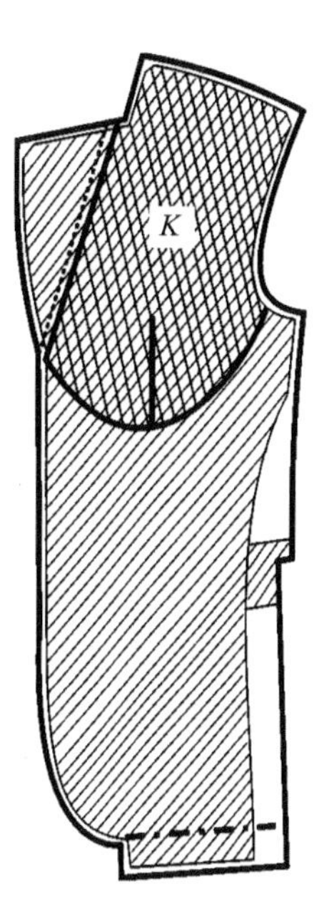

图 11.13

第十二章　服装样板确认

本章我们将密切结合服装企业的生产实际，介绍服装样板投产前的确认内容与确认方法。前面的章节我们只是对男装原始纸样的设计原理与方法进行了讨论。原始纸样一般只能作为样衣试制样板，只有经过规格、形态、标记等确认才能成为用于批量生产的工业样板。服装工业样板作为服装制造的工业设计图纸，要求有很强的科学性、规范性，它是决定产品质量、生产效率与制造成本的重要因素。

服装企业样板设计的一般流程如图12.1所示。

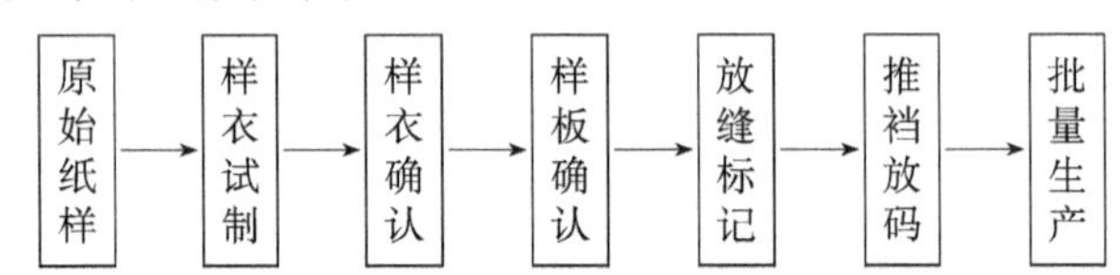

图12.1　服装企业样板设计的一般流程

工业样板是在原始纸样的基础上经过确认完善形成的。有经验的打板师在原始纸样制作过程中，一边设计一边确认，始终带着确认的眼光，审视纸样的尺寸与形态。但再有经验的打板师，面对款式与面料的多样性，也很难一次到位地将原始纸样直接用于工业样板。如果说原始纸样设计阶段要解决的主要是衣服造型与体形的关系问题的话，那么纸样确认阶段要解决的则主要是造型与工艺、材料的关系问题。服装纸样不仅要体现款式设计的意图，还必须考虑成衣工艺的要求。一名优秀的打板师必须具备丰富的知识与经验，在完成纸样结构设计、考虑造型美的同时，还应当充分考虑纸样对产品的机能性、缝制质量、缝制效率及成本的影响。下面我们就纸样确认的内容、方法与要求逐项进行讨论。

第一节　服装纸样的评价标准

要进行纸样确认，首先应了解纸样评价的标准。好的服装纸样应当符合以下七条标准。

1. 尺寸满足规格要求

这里尺寸的概念主要是指内销成衣生产中上衣的衣长、肩宽、胸围、袖长、领围，下装的腰围、臀围、裤长、直裆、脚口等大规格。因为这些大规格通常要在产品中标明，倘若不符，将被视作违约，会引起索赔。在外销来样加工、内销定制加工等场合，客户提供的规格单或双方在合同中有约定的，则无论是大规格还是细部规格都必须满足。

2. 造型体现设计要求

结构设计要体现款式设计的意图，这是服装样板设计的起码要求。首先是“形似”，即衣片的风格形态要与款式要求相一致，成衣后要与设计图“像”；更要紧的是“神似”，即要求纸样线条流畅、比例得当、形态优美，成衣后要与设计图一样甚至更加生动优美。

3. 穿着舒适便于运动

服装的质量有外在与内在之分，规格精确、缝制精细、造型美观等都是外在的、显性的品质指标，而机能性、舒适性、保健性等则是内在的、隐性的品质指标。上品的服装一定是既好看又好穿的，因此作为结构设计高手在考虑好看的同时一定要考虑好穿。服装的机能性主要指衣片结构中含有的运动量，使衣服在动态穿着时便于运动、具有舒适感。服装舒适性、保健性一般所指的透气、吸湿、除菌等功能指标，主要是由服装材料决定。虽然材料是否有弹性也会影响服装穿着的机能性，但对于一般梭织非弹性面料制成的服装而言，其机能性可以说是在结构设计中形成并决定的，因此服装纸样的机能性设计是非常重要的。

4. 缝合部位匹配精当

衣服是由衣身、领子、袖子三大部件组合而成的。领子与领圈、袖子与袖窿要匹配；组成衣身的前片、后片、侧片等，组成袖子的大袖片、小袖片、克夫等，组成领子的领面、领里、上领、下领等相互也要匹配。这些部位的缝边为了符合造型及材料特性要求，往往很少是等形、等长的，而必须作差异匹配。差异设计的合理、精当与否正是打板师水平高低和纸样优劣的区别所在。差异设计是服装结构设计的精髓所在。这一点在第四章中已经有过充分论述。

5. 符合材料要求

服装纸样设计与材料性能的关系极为密切，一方面是不同材料的质地与特性不同，另一方面是同一材料的经纬方向不同，以及用衬与否等工艺条件不同，都对衣片设计提出特殊的要求，特别是上面提到的差异设计，与材料的关系更是密不可分。材料的厚薄、刚柔性、悬垂性不同，缝边的差异量、衣服的放松量、裙摆的剪切展开量等也会不尽相同。由此可见材料特性在衣片结构设计中是必须加以考虑的重要因素。

6. 符合提高效率降低成本要求

因为结构设计承上启下，因此对后续的裁剪缝制具有严格的规定性。比如缝份处理、贴边处理等都有严格的缝合次序性和折烫方向性，而且对缝制效率、成品的均质性有很大影响。有些部位的衣片结构甚至对缝制设备也作出明确的规定，如西装领底采用净样，要求用三角针专用缝纫机加工等。服装企业产品成本的构成主要是材料费与加工费，如果衣片结构设计得不合理，不但会因增加用料而直接影响成本，还会因均质性低、返修率高而间接影响成本。

7. 对位准确，标记规范

纸样标记指纸样的对位记号、定位记号、丝缕记号、正反面、面里指示及品名、款号、规格、衣片名称等说明。规范纸样标记是为了提高效率、避免差错，同时还有利于降低对一般操作工人的技能要求。比如袖窿、领圈部位对位标记设定精当与否，对该等部位的缝纫难易影响极大。服装企业普遍采用流水作业的缝制方式，一件服装从衣片裁剪到成品出厂，要经过排料、裁剪、编号、分包、粘衬、缝制、整烫、锁钉、包装等许多流程、许多人手，规范标记是这种分工合作生产方式的客观要求。尤其是在实施多品种、小批量、柔性生产的企业，一条流水线或一个生产车间同时有几个产品在线生产，规范标记的作用就更为突出。

第二节　服装纸样确认内容、方法与要求

一、规格确认

规格确认的目的是为了避免纸样的尺寸差错，确保产品符合规格标准或符合造型要求。成品大规格以及客户特别约定的细部规格的重要性，无需赘言，相信大家一定都理解。

现行的服装结构设计教材包括本书在内，几乎无一例外都是直接以成品净规格进行结构制图的。作为教材采用这种形式有其合理性，因为净尺寸是绝对的，不受千差万别的材料性能干扰，便于说明讲解，便于大家对衣片结构本身配合要求的理解。但在服装生产实际中，纸样设计的尺寸依据不能只是成品净规格，还必须加放缩率。

事实上完全的净尺寸纸样在实际生产中是很少能用的，这是因为几乎所有的材料都存在着缩率与厚度，而且服装缝制过程也会产生缝缩等情况，这些都会影响成品规格。在生产实际中，如果纸样不考虑材料缩率等因素，只是100%满足规格净值的话，其最终成品大都会小于规格，因此衣片纸样中必须加放一定的缩率。

缩率加放量是指为满足最终成品规格，根据材料经纬向的不同缩率以及因材料厚度、紧密度、衣片分割片数等在成衣过程中可能导致衣片收缩或伸展的情况，在衣片纸样的各经纬方向中预先加减的长度或宽度的伸缩量。

衣片的缩率加放非常复杂，确切地说是非常的繁杂。缩率微小的材料可以简单处理，但如果是缩率很大的材料，则必须正确把握衣片各部位的缩率加放要求。

比如先成衣后水洗的全棉服装，由于全棉材料缩水率大，且因水洗工艺的特殊要求，衣片水洗前后尺寸变化巨大。这一类服装的纸样缩率加放是服装行业中公认的难点。有些人认为先成衣后水洗服装纸样的缩率加放，只要把测得的经纬向缩率加放在成品规格中，然后按含有缩率的打板规格照常打板就可以了。这样的做法究竟有没有问题，我们以衬衫为例来讨论一下。假设测定材料缩率经向为5%、纬向1%，按上述观点则成衣规格与打板规格可列入表12.1中。

表 12.1　　（单位：厘米）

	成品规格	含有缩率的打板规格
衣长	74	74÷(1－5%)＝77.9
胸围	106	106÷(1－1%)＝107.1
肩宽	47.6	47.6÷(1－1%)＝48.1
袖长	60	60÷(1－5%)＝63.2
领围	40	40÷(1－1%)＝40.4

这时打板规格中所有的长度加放了5%，所有的围度加放了1%。是不是按打板规格照常打板就可以了？回答是：否。理由如下：

首先，这是出于衣片的长度部位一定是经向、宽度与围度部位一定是纬向的想当然考虑。衬衣的衣身丝缕通常是经向的但也不排除因款式要求而采用纬向或斜向的；肩宽虽然

是宽度部位，但很多衬衣的育克采用经向衣片设计，这就有可能违反了育克经纬与缩率加放经纬的一致性。

上面说的这个问题还是比较容易理解的，对于初学者而言比较难的是接下来要说的第二个问题，即衣片结构部位中的缩率匹配问题。

比如袖窿和袖山的设定与匹配问题。这个问题又涉及两个方面，首先是衣片袖窿深的设定，再是袖窿和袖山的匹配。

先讨论袖窿深设定的问题。通常袖窿深依据胸围确定，因此本书主张男衬衫的袖窿深按胸围 1.5/10＋7 厘米的经验公式确定。这样问题就产生了：若衣身采用经向设计，而袖窿深只按加放了纬向缩率的胸围推算，将使得整个衣长按经向缩率加放了 5%，而占整个衣长约三分之一的袖窿深加放的缩率不足衣长加放量的十分之一。这显然会有问题。

接着再讨论袖窿和袖山匹配的问题。如果用表 12.1 所列含有缩率的打板规格仍按常规打板，衬衫的袖山弧长按袖窿弧长确定。衬衫袖一般为平装袖，要求视材料厚薄，纸样的袖山弧线等于或略短于袖窿弧线。这时我们不难发现衣片袖窿的形状是纵向狭长形的，而袖山的形状是横向扁平形的，换句话说袖窿弧线的丝缕以经向为主，而袖山弧线的丝缕则是以纬向为主，若是按常规要求匹配，由于经纬向缩率不一，成衣水洗后，袖窿收缩大于袖山必然导致袖山起皱，影响外观质量。

先成衣后水洗服装正确的缩率加放方法是：衣片上所有部位（至少是所有主要部位）的经向部位对应经向缩率、纬向部位对应纬向缩率。具体的办法可以是，先不考虑缩率，按常规制板，然后根据衣片经纬丝缕的方向分别加放对应的缩率。

要注意的是，按上述方法做出来的纸样本身，如袖山与袖窿的弧长不是标准匹配的，因为经纬向缩率不一样的缘故，袖窿的弧线会长于袖山，装袖的时候袖窿必须做吃势，成衣水洗以前，袖山绷紧，使袖窿均匀起皱。不用担心，水洗以后，袖窿与袖山会在很大程度上复原为标准状态。

用手工的方法加放缩率很麻烦，对于领子与领圈、袖子与袖窿、覆司与后背等凡是经向与纬向缝合的部位都必须按不同的丝缕加放对应的缩率，既费力又费时，一不当心就会出差错。若是用计算机处理则既方便又准确。一般的服装 CAD 系统都有缩率加放功能，只要分别键入经向与纬向的缩率，一敲回车键，所有衣片的所有经纬向部位的缩率加放全都会自动调整到位，因此建议尽量采用服装 CAD 系统调整纸样缩率。

综上所述，在服装纸样设计中，根据材料性能等放缩率是服装生产实际的客观要求。

那么纸样中要考虑加放的缩率主要有哪几种呢？

1. 材料自然缩率

自然缩率是指织物在没有人为作用下，受自然的空气、湿度、温度及织物内应力的影响所产生的伸缩变化的程度。梭织物这种伸缩变化的情况比较少，针织物由于是由屈曲的纱线缠绕而成的，经裁剪后常因失去线圈的相互牵引而导致经向伸长纬向缩短。

材料自然缩率可按如下方法测试：取测试材料一匹，拆散抖松，静置 4 小时后，量取 1 米，并测幅宽；然后按经向对折悬挂在竹竿上，24 小时后再测长度与宽度，即可计算材料自然缩率。

2. 材料湿烫缩率

服装材料中的纤维大分子在湿热状态下，其相互间的作用力减弱，刚度降低，容易使纤维的分子链变形并重建定形。根据上述特性，现代服装工艺中，无论是缝制过程中衣片折烫等中间熨烫，还是最终工序的成品整烫通常都采用喷汽熨烫工艺。很多天然纤维的服装材料，在湿热作用下会产生收缩现象，因此纸样设计也应考虑湿烫缩率。不同材料的湿烫缩率可模拟湿烫工艺条件测定。

3. 材料水洗缩率

全棉等材料缩水率大是尽人皆知的现状。过去都是采用将面料在水中完全浸泡，使纤维充分吸湿收缩的缩水方法，现在也有一些大型服装企业采用面料预缩机对服装面料进行预缩处理，即“先缩水后成衣”的方法。如果缩水充分，那么在纸样设计中就无需考虑缩水率的问题。近年来比较流行“先成衣后水洗”工艺，采用“先成衣后水洗”工艺加工的衣服能在缝线部位营造出看上去十分自然的起皱泛白的装饰效果。“先成衣后水洗”工艺的最大难度就在于准确控制材料的缩水率，因为一旦缩水率控制不好，不单会影响缝制外观效果，更为严重的是产品规格无法保证，甚至会因规格超标造成退货或索赔。水洗工艺复杂，涉及洗涤时间、容量、水温以及洗涤剂等工艺条件，自己很难准确测试，一般可委托专业的水洗加工厂代为测定。

4. 材料干烫缩率

干烫缩率是指织物在干燥情况下，在电熨斗、粘合机的作用下受热收缩的程度。化纤织物一般不会缩水，但热缩率相对明显，热缩率的大小与织物的质地也有关，疏松的织物热缩率相对要大。

测试可按如下方法：取材料 50×50 厘米^2，注意不要在布匹的头梢部位取，并去除布边。按常规熨烫或粘合的温度、时间与压力进行干烫或粘烫，凉透后测量样布的长度和宽度，分别计算经向和纬向的干烫缩率。

5. 材料缝纫缩率

材料缝纫缩率是指织物经过缝纫，受缝纫机面线与底线的张力作用，产生收缩的程度。质地特别薄而柔软的材料，密集缝线装饰部位的衣片，及有填充物的羽绒服等蓬松形态的衣片受缝纫缩率影响明显。材料缝纫缩率一般不在衣服所有部位加放，主要是对缝线比较密集的部件有针对性地加放。

材料缝纫缩率的测试方法为：取去除布边的经向长 60 厘米、纬向宽 10 厘米的布样，在布样中间与经向丝缕平行，用铅笔画上长度为 50 厘米的线段，模拟缝纫工艺条件（如底面线张力、压脚压力、针迹密度、单层、双层、加衬与否、加填充物与否等）沿铅笔线缝线，再测量铅笔线的长度，即可求得经向缝纫缩率。若要知道纬向缝纫缩率，只要将布样的丝缕换个方向测试即可。

羽绒服之类蓬松衣片的缩率大小取决于填充物的蓬松程度和衣片上的缝线多寡。其缩率可通过对缝线前后的充绒衣片长度测量获知。

6. 材料的厚度缩率

材料的厚度缩率其实不是真正意义上的收缩率，而是指因为材料自身的厚度，经过缝纫，在分缝、折烫过程中由于产生转折厚度，而使衣片长宽变小的程度。例如用厚的材料缝一个长方形的口袋盖，规定成品袋盖尺寸为 11×4，如果你使用的净样板也正好是 11×4，那么缝合翻出后，因为材料厚度的关系，成品袋盖一定会小于净样板。这种情况很常见。衣身上的门襟部位、纵横向的剪接线等同样会产生厚度缩率，因此材料越厚、剪切分割越多就越是要注意厚度缩率加放。

二、形态确认

纸样形态确认应该着眼于把握造型风格和满足工艺要求两个方面，前者为中观确认，后者为微观确认。把握造型风格要求打板师关注的是特定款式造型的特殊性表现；满足工艺要求考虑的重点则是成衣工艺环节中的共性要求。

造型风格与规格配置密切相关，比如西服廓型有H、X、T型之分，首先是三种廓型胸围规格配置要求不同，其次是胸腰差、胸臀差的配置要求也不同，只有这样才能体现因廓型而异的造型风格。如果T型风格西装，其肩宽与胸围规格的配置与H型并无二致的话，要么是无论如何也做不出上宽下窄的T型效果来，要么是做出来的西服无论如何不能穿。造型风格还与纸样线条、角度以及由点、线、面所形成的纸样综合形态关系密切。比如线条的刚柔、角度的大小、整体的比例等。对于纸样造型风格方面的确认，由于必须是针对具体款式具体而言的，在此很难面面俱到，因此只能提出以下三点总括性要求：

(1)重视款式分析，理解设计意图，忠实妥善表现。

(2)关注流行，增强对流行变化的观察与把握能力，加强规格调研与资料积累。

(3)要遵循形式美学法则，协调点、线、面的配合原则。

纸样形态确认中有关工艺环节的共性要求是明确的、具体的、恒定的。下面以西服纸样为例，具体介绍纸样形态确认的共性内容与要求。

1. 领子部位

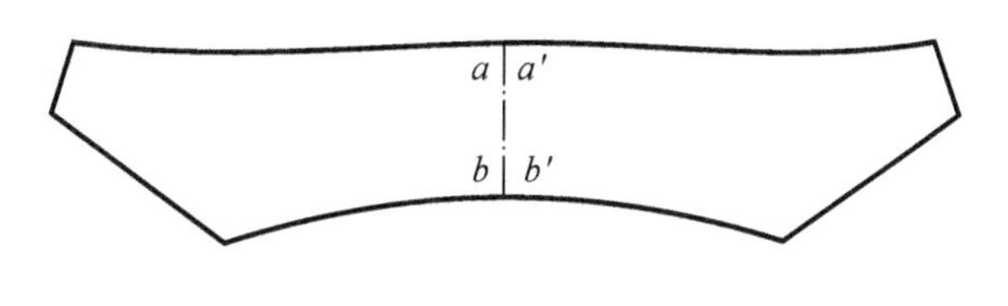

图12.2

如图12.2所示，领子依后中点划线左右展开后，外围线与领底线要顺畅，领外围线后中$\angle a=\angle a'$，$\angle a+\angle a'$要求等于或略小于180°，领底线后中$\angle b=\angle b'$，$\angle b+\angle b'$要求等于或略大于180°。

2. 领圈部位

如图12.3所示，左右后片沿背缝合并，后领圈弧线要顺畅，后领圈$\angle a=\angle a'$，$\angle a+\angle a'$要求等于或略大于180°。

前后领圈沿肩缝并齐后，要注意侧颈点处领圈弧线连接一定要顺畅，不能出现凹凸起角现象。后领圈$\angle b$与前领圈$\angle c$为互补关系，$\angle b+\angle c$应等于或略大于180°。

3. 肩线部位

参见图12.4，前后肩线形态要一致，若是直线，前后肩线都要直，若是弧线，前后肩线曲率要相近，前后肩线并合在一起要弥缝。另外吃势量要适宜。

4. 袖窿部位

确认袖窿形态时，可先按图右12.4所示叠放前片、侧片与后片，看弧线连接是否顺畅，

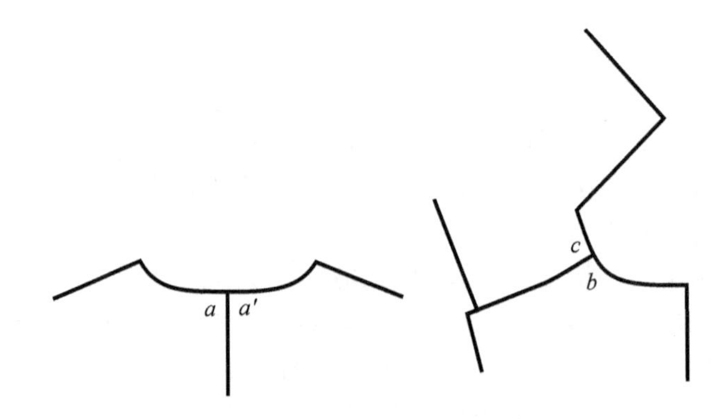

图 12.3

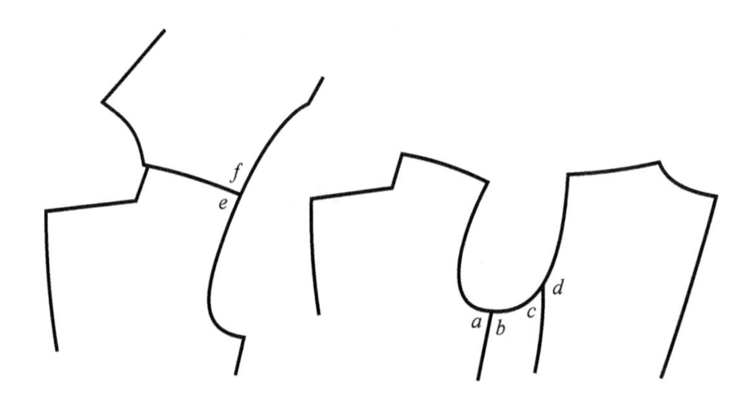

图 12.4

前腋窝处曲率要大于后腋窝处，$\angle a$ 与 $\angle b$，$\angle c$ 与 $\angle d$ 为互补关系，$\angle a+\angle b$，$\angle c+\angle d$ 均应等于或略大于 180°。

再按图左所示将前后片按肩线叠齐确认肩线处袖窿连线是否顺畅，$\angle e+\angle f$ 应等于或略大于 180°，一般不允许小于 180°。

5. 袖山部位

确认袖山形态，可如图 12.5 所示，将大袖片与小袖片分别依内侧缝与外侧缝并齐，查看袖山弧线连接是否顺畅。$\angle a$ 与 $\angle c$、$\angle b$ 与 $\angle d$ 为互补关系，$\angle a+\angle c$ 应略大于 180°，$\angle b+\angle d$ 应等于或略小于 180°。

6. 袖口部位

按图 12.6 所示，叠放大小袖片，确认袖口连线是否顺畅。$\angle b+\angle c$ 应等于或略大于 180°，$\angle a=\angle d$，一般应等于 90°。

7. 底边部位

如图 12.7 所示叠放前片、侧片与后片，确认底边连线是否顺畅。$\angle a$ 与 $\angle b$，$\angle c$ 与 $\angle d$ 为互补关系，$\angle a+\angle b=\angle c+\angle d=180°$。后片背缝与底边的夹角 $\angle e$ 要求保持 90°，使后片背缝缝合后，左右后片底边连线也保持平直。

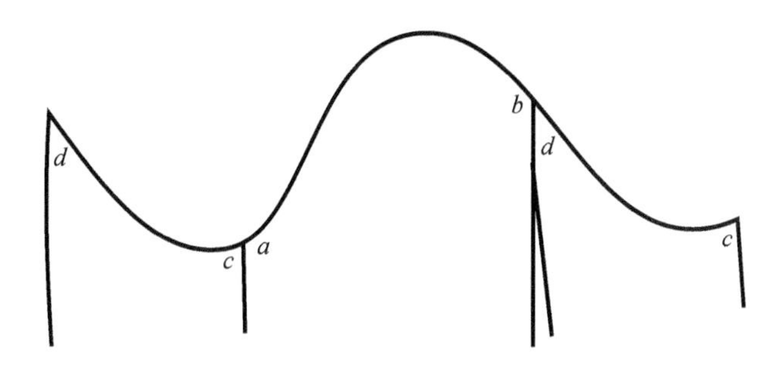

图 12.5

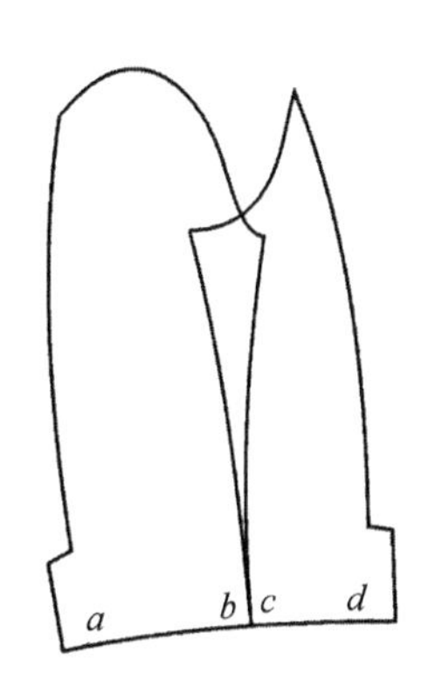

图 12.6

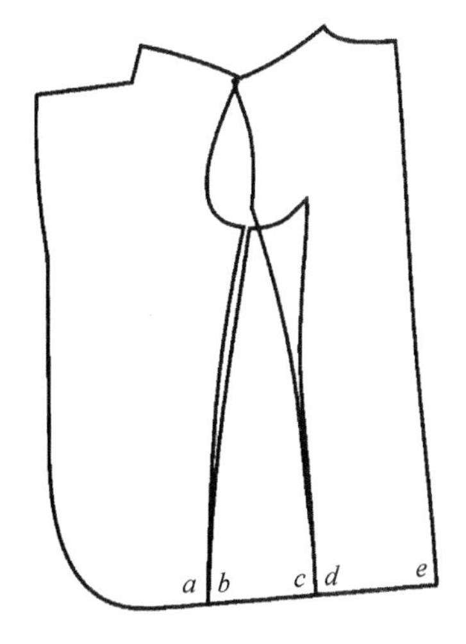

图 12.7

三、匹配确认

1. 领子与领圈

领子与领圈应确认两个方面的匹配。一是形的匹配,可如图 12.8 所示,分段叠放领子与领圈纸样,查看领底弧线的形态与领圈弧线的形态是否相宜,领后中处领底弧线在施加归拔工艺前,其曲率宜与后领圈对应部位相一致;二是量的匹配,凡是合体设计的翻领、驳领类型的领子领底弧线长度都应短于领圈弧线长度,短去部分的量,就是将来领底的拔开量。拔开量大小应视领子造型要求、材料特性及工艺条件而定。其原理与详细要求请参见第四章相关内容。

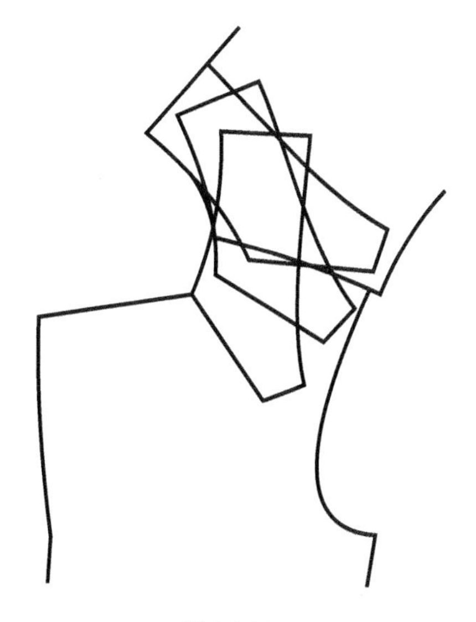

图 12.8

2. 袖山与袖窿

袖山与袖窿的匹配确认也应是形与量两个方面。

一是形的匹配确认:如图 12.9 所示,分别叠放衣片袖窿和大小袖片,查看袖窿底部与袖山底部的形态是否匹配,从改善机能性角度考虑,小袖片的袖山弧线可略满过袖窿后腋窝处弧线；从改善合体性角度考虑，小袖片的袖山弧线可与袖窿后腋窝处弧线吻合。

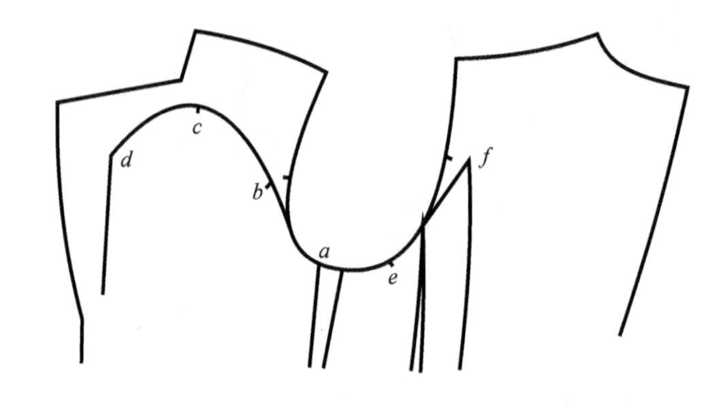

图 12.9

二是量的匹配确认：首先是袖子吃势总量的确认，吃势量大小与袖山造型、材料特性及工艺条件等有关(请参看第五章 H 型西服制图说明)。作为纸样确认时吃势量的参考标准，一般西装面料两片袖吃势量约为袖窿弧长的 4.5%。若袖窿弧长为 55 厘米，需要吃势量约 2.5；上述吃势量在袖山上的具体分布并非是平均的，而是如图 12.9 所示，大袖片 *ab* 段约 0.15 厘米；*bc* 段约 0.9 厘米；*cd* 约 1 厘米，*ae* 段 0.15 厘米左右，*ef* 段 0.3 厘米左右。吃势总量与分段量都是指在纸样匹配确认时的控制量。实际装袖时，男西服袖窿通常要用牵条或纱绳归拢，整个袖窿的归拢量约为 0.8 厘米，所以装袖时的实际吃势总量将达到约 3.3 厘米，这说明纸样吃势量控制与工艺条件密切相关。

四、对刀确认

刀眼是服装缝制时必不可少的对位记号，刀眼的作用一是便于核对缝边，便于吃势部位与吃势量控制，提高缝制效率；二是便于半成品检验、补正，保障缝制质量。没有对位记号就会影响缝制效率，衣片差异匹配的吃势量、吃势位置就难以准确到位。没有对位记号，半成品的检验就会非常困难，比如检验领子是否装正，最便捷的办法就是核对领圈上的肩缝位置是否对称，肩缝此时的作用就相当于对位记号。再比如袖子装上以后，发现左右有偏差，若左袖是符合标准的则需调整右袖，这时调整的重要依据就是对位记号，要分别确认左右袖片上的刀眼与袖窿上刀眼的对合情况，一般情况下两个袖子有偏差，往往是刀眼对位有偏差，通常只要将刀眼对位偏差调整过来就好了。

不设刀眼会影响加工效率，刀眼过多也会影响加工效率。因此刀眼设置应遵循必要与适量的原则。图 12.10 所示为纸样对位记号设置示意图，供大家参考。

肩缝上的刀眼是为了控制肩缝吃势的位置；袖窿与袖山上的刀眼是为了控制装袖吃势、装袖前后及袖子左右对称；袖子前后侧缝上的刀眼是为了控制拔开与归拢位置；衣片侧缝上的刀眼是为了防止缝合时上下层松紧错位；领底线的刀眼是主要为了装领左右对称；领子外围线的刀眼是为了控制领子面、里缝合时的吃势位置与吃势量。

纸样的对位标记上除了刀眼，还有钻孔、铅笔点位等，这些也都应确认检查。

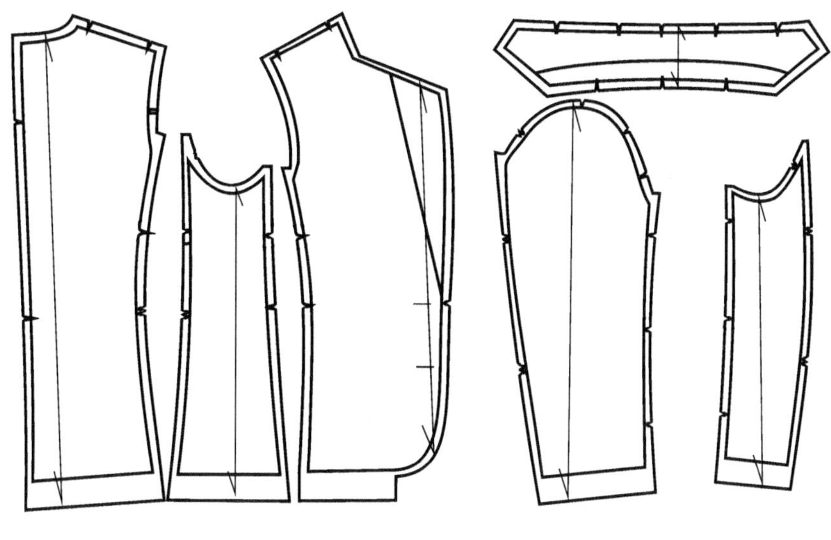

图 12.10

五、标记确认

样板标记的作用与意义我们在前面服装纸样评价标准一节中已有论述，这里只就样板标记内容、形式与要求作一提示。

样板标记包括以下内容。

(1)经向丝缕标记：丝缕线的方向角度必须准确，丝缕线标记应当如图 12.11 所示在纸样的两头都通到头。这样有两个好处，一是便于使用，二是有利于准确使用。

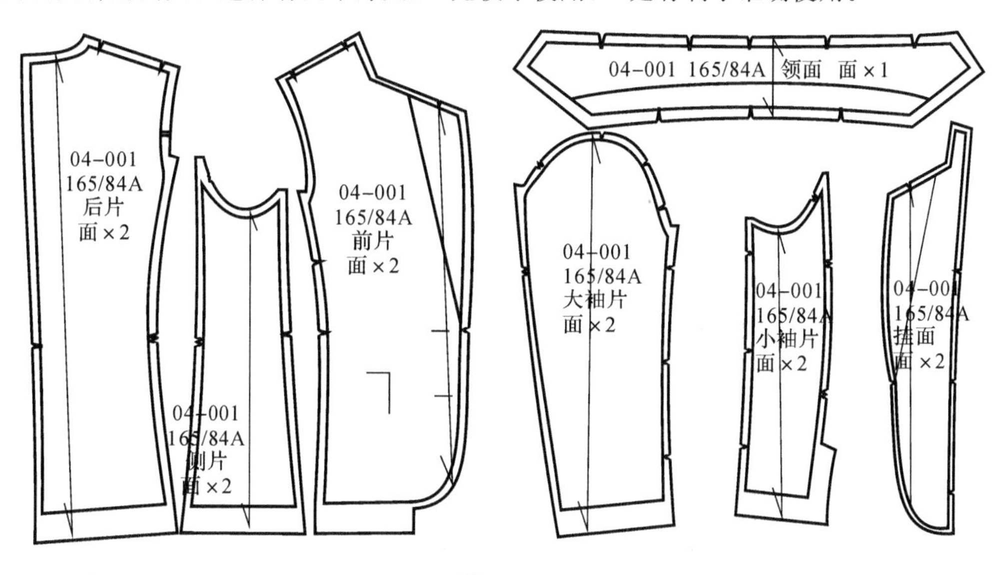

图 12.11

(2)款号：纸样上标明服装款式编号，是为了便于同一时间的多品种生产以及同一产品日后的翻单生产。服装生产品种多，批量小，一年下来纸样库里就会堆满投过产的纸样。另外很多企业为了减少风险，严格控制新产品投产批量，先小批量生产一点，试探市场反应，若是适销，立即翻单再生产，在上述情形下只有在样板上标明款号才能避免差错。

(3)货号(合约号/批次号)：同样的款式有时因为不同合约与生产批次，会因原辅材料不同、规格要求不同而对纸样要求不同，因此在纸样上除了要注明款式编号外，还需加注货号，这样才能更准确规定该纸样的用途。这一点在一些专门生产职业装的企业表现得尤为突出。一个单位职业装款式确定后一般至少几年内不会变，也就是说同一个款式会在若干年内不断地委托厂家生产。而生产厂不可能一次性储备若干年生产所需的服装面辅料，只能根据委托合同分批采购，这样就很难保证材质性能一成不变。即便是同样品种、同样规格的面料，比如全棉布，也会因生产厂家不同、工艺设备不同、生产批次不同，其缩率有很大差异，因此只有在样板上加注货号(合约号/批次号)才能真正反映该样板的确切用途。

(4)尺码：在纸样上标注尺码，可以避免同产品多规格生产中的差错。内销服装以国家规定的号型为尺码标志，外销服装必须按合同规定的尺码标志。

(5)衣片名称：常见样式衣片纸样不标明名称问题不大，但一些特殊造型、衣片分割特殊或分割较多的款式，若不表明衣片名称光看衣片的形状就不知道它是哪个部位的，这时则须标明衣片名称。

(6)裁片数量指示：对称造型的服装衣片一般都是成双的，但有些部件只需一片，如不对称的胸部贴袋、男西服的手巾袋口布、裤子的门襟贴边等；还有些部件如男衬衣、夹克衫的克夫，由于克夫的面、里都采用同样的面料，所以需要四片。可见在纸样上有标注裁片数量的必要。

(7)正反面指示：正反面标记与裁片数量有关，对称造型服装的成双衣片无需标注正反面，成单的衣片因为有方向性必须标明正反面。如前面提到的不对称的胸部贴袋、男西装的手巾袋口布、裤子的门襟贴边等，因为存在衣服左右方向性，如果裁反了是装不上去的。

(8)倒顺向指示：许多服装材料有方向性，如倒顺毛、倒顺花、倒顺格等，设计时大都有要求，一般来说一件衣服上的各部位衣片的毛向是不允许有倒顺的，要么绒毛一致向下(一致向下称顺毛)，要么一致向上(一致向上称倒毛)。例如长毛绒大都要求衣片全部顺向裁剪；绒毛织物因绒毛倒向不同而对光线的反射与吸收不同，顺向对光线反射强，织物色泽效果会差些，逆向对光线吸收强，织物色泽效果要好些。灯芯绒裤子为了色泽好，经常采用倒毛裁剪(有时为了省料，也采用一条倒毛一条顺毛套排)。

(9)对条对格指示：条纹、格纹材料的场合，特别是粗条纹、大格纹材料通常要求对格对条。所谓对格对条就是要求将衣片拼接缝合部位(如袖子与袖窿、前片与后片侧缝等)、重叠缝合部位(如贴袋盖与贴袋布、贴袋布与衣身等)上下或左右条格纹能严格对齐的严格对齐，不能完全对齐的(如袖子与袖窿)则应保证主要视觉部位严格对齐。纸样上的对条对格标记是排料或修剪裁片时确定衣片上条格、花纹位置的依据。

(10)面、里衬指示：很多服装既有面子又有里子，还有内胆、衬布，甚至还有填充物，这些都要分别制作相应的纸样，纸样多了容易混淆，因此在纸样上必须标明是面子、是里子还是衬布或是填充物。一些企业为了避免差错，规定用不同颜色或材质的纸板分别制作面、里、衬的纸样。此外有些镶拼的服装，虽然都是面子纸样，还必须标注镶拼部位的色号。

以上是样板标记的基本内容与基本要求，在服装企业生产实际中，依据不同产品和不同企业的实际情况，样板标记的内容与形式不尽相同。但不管怎样上述基本内容与基本要求是必不可少的。

第三节　纸样缝份处理

纸样放缝主要是确定缝份大小和缝份凸角。放缝恰当与否会给缝制效果带来很大影响。因此放缝时充分考虑缝制要求是十分必要的。纸样放缝时必须考虑的主要因素有以下五点：

(1)缝制顺序；

(2)材料质地；

(3)放缝部位；

(4)制造成本；

(5)缝制设备。

一、缝份大小

缝份大小的确定与材料质地、缝份部位和制造成本有关。

一般来说材料疏松，缝份宜大，材料厚，缝份也应适当宽。这是因为疏松织物的裁片，在缝制过程中经纬纱线很容易脱落而使缝份变得过窄，再者疏松织物缝份略宽也是为了缝制牢度考虑；厚织物因为材料的厚度会使缝份分缝或折烫后变窄，影响缝边定型的安定程度，因此也应适当加宽。

弧形部位的缝份宜小，因为弧形部位的缝份折倒后存在内外径关系，内径倒向外径时缝份越宽缝份边缘越不够长，同样道理外径倒向内径时缝份越宽缝份边缘越是太长，弧形的曲率越大上述情况越明显，因此弧形部位的缝份宜窄不宜宽。

缝份包括上衣的下摆贴边、袖口贴边、裤子的脚口贴边等，这些部位的宽窄会影响用料，因此会影响制造成本。

缝份大小还与缝制设备关系密切。比如衬衫曲摆卷边，若用卷边器卷边，曲摆底边的放缝就一定要符合卷边器对缝边宽度的设计要求。

二、缝份凸角

我国服装业原先对缝份凸角的处理不是非常重视，不论钝角与锐角均平行放缝，自然顺延，这样使得缝制人员上手时必须先核对对位记号，否则就会错位。自从有了计算机辅助设计，缝份凸角的处理开始规范。有了缝份凸角设计，缝纫工只要对齐缝份凸角即可开始缝制，缝制效率与质量大大提高。缝份凸角的处理与缝制顺序直接有关，因此缝份凸角必须按照缝制顺序设计。缝份凸角主要应用于两侧角度不对称的缝合部位。图 12.12 和图 12.13 是纸样凸角处理的几种实例，供大家参考。

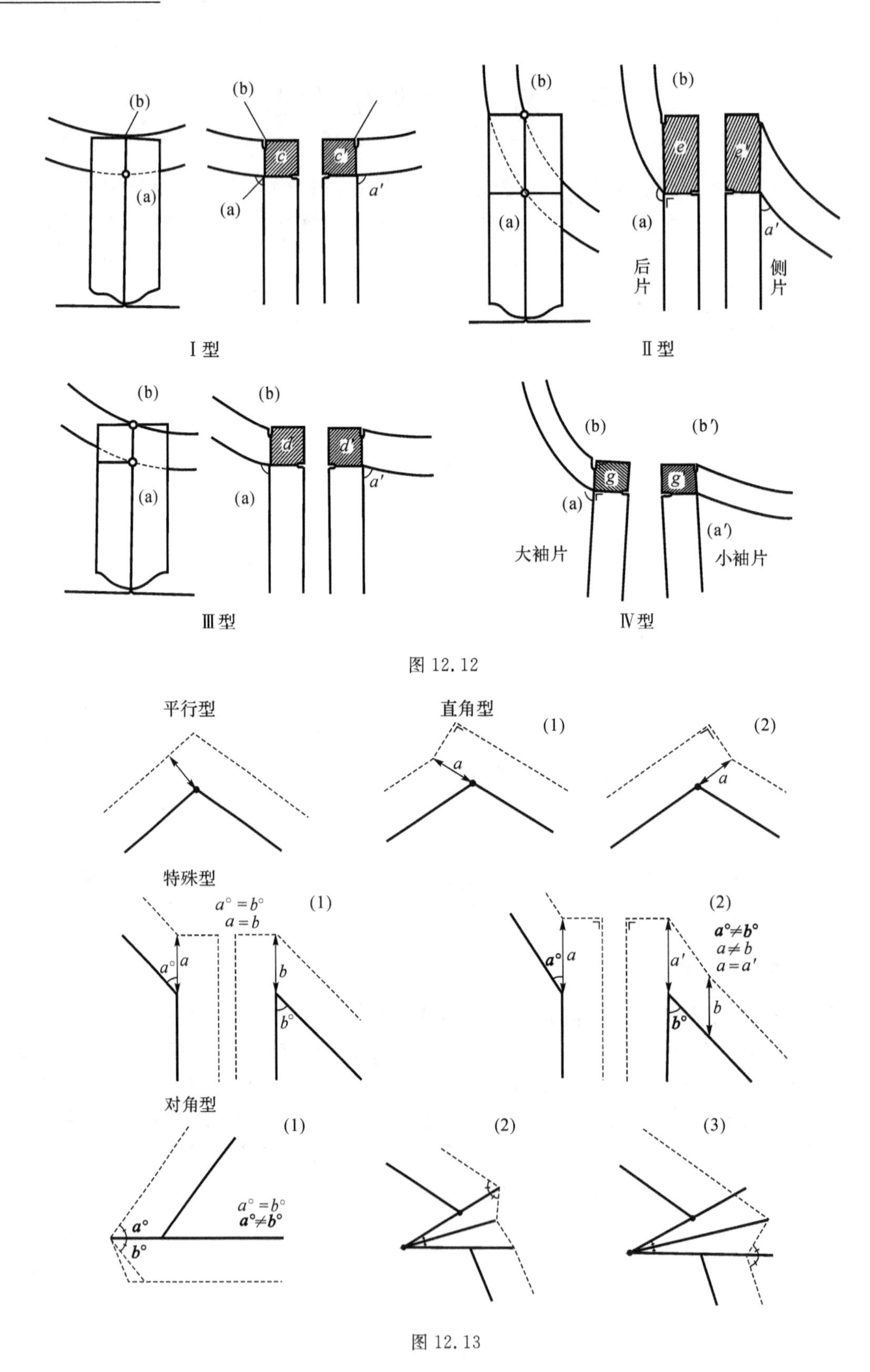
(b)
(a)
c
c'
a'
Ⅰ型
e
e'
后片
侧片
Ⅱ型
d
d'
Ⅲ型
(b')
g
g'
(a')
大袖片
小袖片
Ⅳ型

图 12.12

平行型
直角型
(1)
(2)
a
特殊型
a°=b°
a=b
a°
b
b°
a°≠b°
a≠b
a=a'
a'
对角型
(3)

图 12.13

附录1 中山装纸样设计

号型175/92A,制图规格见表附1.1,款式如图附1.1所示。

表附1.1 （单位:厘米）

衣长(后中长)	胸围	肩宽	袖长	领围
75	110	48	61	42.5

图附1.1

1.后衣片制图方法与步骤(参见图附1.2,单位:厘米)

(1)上平线 AC 与后中心线 AL。

(2)后横开领大:领围2/10。

(3)后直开领深:领围1/20+0.3。

(4)后肩斜:18°。

(5)后肩宽:从后中线水平量至肩点,F=肩宽1/2+1/2吃势量,直线连接肩线。

(6)后背宽:背宽线 EI 距后中线胸围1/6+4左右,延长背宽线至底边。

(7)袖窿深:从后肩点 F 垂直量至胸围线=胸围1.5/10+7。

(8)后袖窿深:G 点距胸围线=胸围1/20,G 点距背宽线0.6~0.7。

(9)后胸围大:IH=背宽=胸围1/6+4左右。

(10)连接后领圈弧线,弧线形态参照图示。

(11)连接后袖窿弧线,弧线形态参照图示,注意与肩线的夹角等于或略大于90°。

(12)衣长:从后领圈中点垂直向下量至底边,DL=衣长,后底边 LM 无起翘。

(13)连接侧缝:K 点、M 点分别距背宽延长线2.2,1左右。

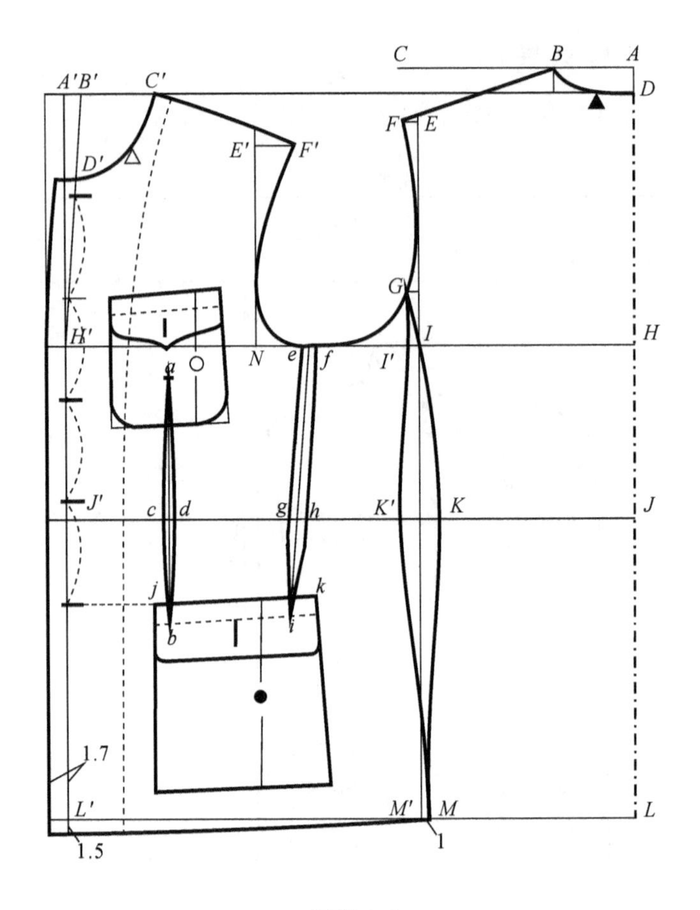

图附 1.2

2. 前衣片制图方法与步骤(参见图附 1.2,单位:厘米)

(1)作上平线 $A'C'$ 与前中心线 $A'L'$,上平线 $A'C'$ 后领圈中点齐。

(2)劈胸:$A'B'$=1.7。

(3)前横开领大:$B'C'$=后横开领大−0.5=领围 2/10−0.5。

(4)前直开领深:$B'D'$=略大于后横开领,可适当调节以满足领围规格和领子等造型要求。

(5)前肩斜:19°。

(6)前肩宽:$C'F'$=BF−吃势量。

(7)前胸宽:胸宽线 $E'N$ 距前中线,胸围 1/6+2 左右。

(8)前胸围大:$H'I'$=胸围$\frac{1}{3}$−2.5。

(9)叠门宽:1.7。

(10)连接前领圈弧线,弧线形态参照图示。

(11)连接前袖窿弧线,弧线形态参照图示。

(12)前衣片长:$A'L'$=衣长,前底边起翘 1.5,与后片连接顺畅。

(13)定纽扣位:第一粒扣距 D 点 1.7,第五粒扣距底边=衣长 2.5/10+5,其余三粒距离均分。

(14)胸袋:胸袋高与第一粒扣齐,胸袋起翘为 0.8,胸袋距胸宽线为胸围 1/40+1,胸袋大为胸围 1/20+5.5,胸袋长为 14,胸袋盖宽参见图附 1.4 所示。

(15)胸省位:省尖 ab 垂直,a 点过胸袋 1/2 处,cd 间距 1 左右,b 点腰节线下 10 左右。

(16)大袋:大袋高与第五粒扣齐,大袋起翘与底边平行,大袋口 j 点距胸省为 1.7 左右,大袋口=胸围 1/20+11.5,袋底=袋口+1.5 左右,大袋长为衣长 2.5/10+1,大袋盖宽参见图附 1.4 所示。

(17)腋下省:e 点距 N 点 5 左右,ef 间距 1.5,gh 间距 2,i 点距大袋 k 点 2.5 左右、距袋口 2 左右。

(18)参照图示,连接前袖窿弧线,注意与肩线的夹角等于或略大于 90 度,前腋窝处弧线的曲率大于后腋窝。

(19)弧线连接侧缝线,参照图示 K'、M' 点分别距背宽线 1.7、1 左右。

(20)连接底边:前片起翘 1.5,弧线连接底边,注意确认侧缝拼合后,前后片底边是否顺畅。

3. 袖片制图方法与步骤

袖片制图请参照 H 型西服袖的方法与步骤。

4. 零部件制图说明(参见图附 1.3,单位:厘米)

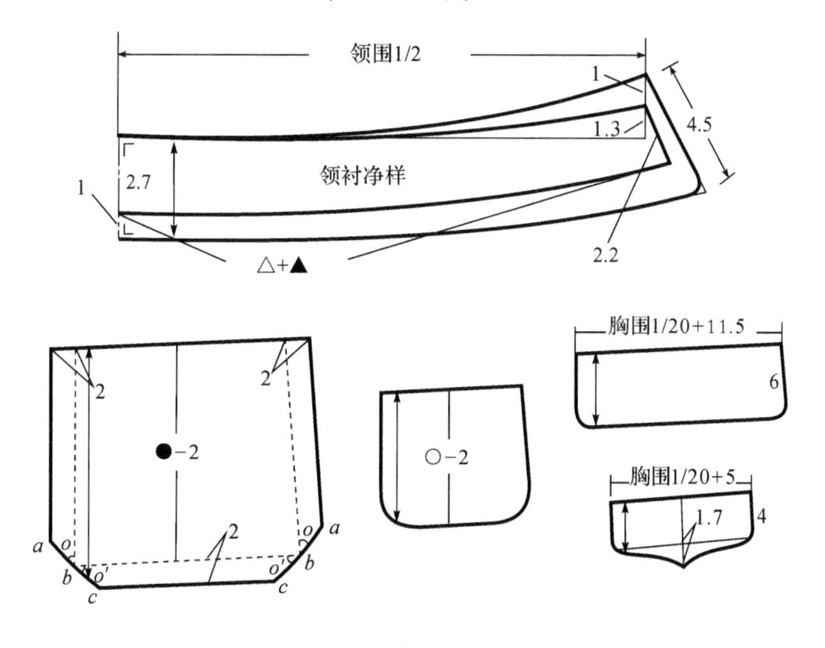

图附 1.3

(1)领子:中山装领子,通常采用净衬工艺,下领面、里纸样按下领净样四周加放 1.2 缝份,上领上口加放 1.8,其余三边加放 1.2 即可。上、下领的面、里丝缕一般采用纬向。下领口装风纪扣,风纪扣下还装有三角形或半圆形的领舌。

(2)图附 1.4 中胸袋与大袋上的虚线表示袋布口的位置,袋盖与袋布的间距 2。

(3)中山装的大袋是手风琴式折边贴袋,折边宽一般为 2,因为袋底两个角不是直角,所

以折边去角 abc 连线不是直线。正确的折边去角方法如图附 1.4 所示：$ab=bc$，角 $O+$角 O' $=$袋底（虚线）夹角。

（4）中山装的贴袋因为有起翘，所以有方向性，无论胸袋盖、胸袋布还是大袋盖、大袋布，前侧应保持与经向丝缕平行。

附录 2　中式上衣（唐装）纸样设计

号型 175/92A，制图规格见附表 2.1，款式如图附 2.1 所示。

附表 2.1　（单位：厘米）

衣长（后中长）	胸围	肩袖长	领围	袖口
77	112	85.5	43	16

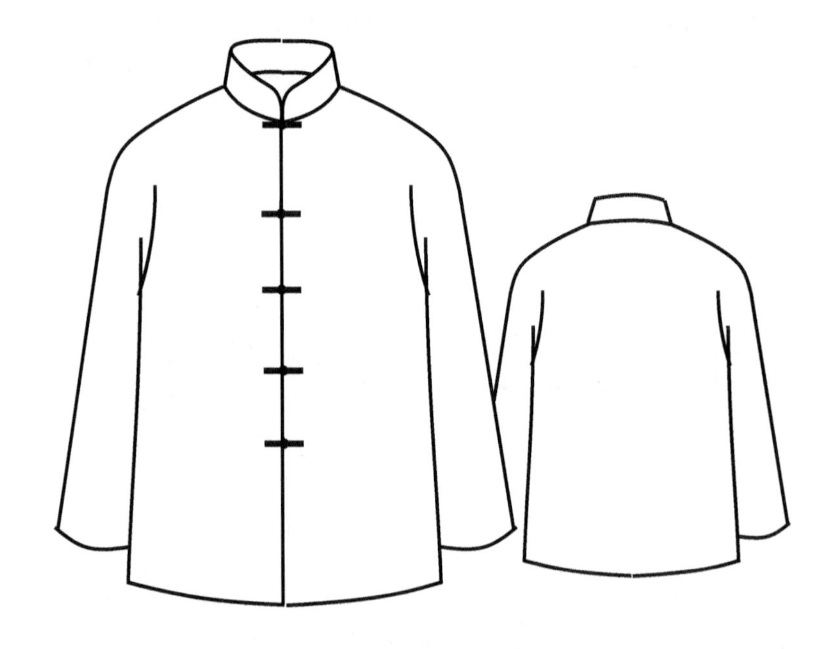

附图 2.1

传统的中装，连肩连袖，肩线水平延伸至袖口，袖管中间拼接是因为从前的布幅较窄，剪接处正好是幅宽处。因为中装的前后片相连，且前后片除了领圈与前中线以外完全一致，所以前后片制图可合在一起（参见附图 2.2）。

（1）作上平线与后中线：上平线 $AE=$肩袖长，后中线 $AI=$衣长。上平线与后中线成直角。

（2）后横开领宽：$AB=$领围 1.5/10。

（3）后直开领深：$AD=1.3$。

（4）前横开领宽：$AC=$领围 2/10-1。

（5）前直开领深：$AF=$领围 2/10$+1.7$。

（6）弧线连接领圈：参照领圈局部图示，注意前后领圈肩线处连接顺畅。

（7）前后胸围大：$G'H=$胸围 1/4，过 H 点作铅垂线 OJ 。

（8）前后袖窿深：$OL=$胸围 2/10$+2.5$。

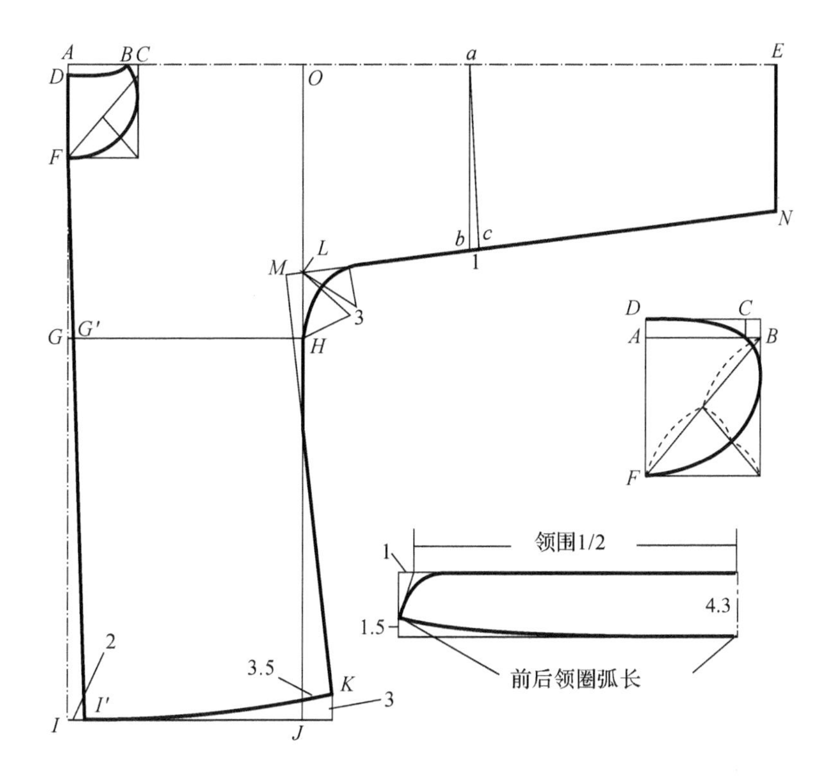

附图 2.2

(9)前后袖口大：EN＝袖口大，且与上平线成直角。

(10)作袖底线：直线连接 NL，且延长 2，确定 M 点。

(11)作侧缝辅助线：K 点如图所示距 OJ 铅垂线 3.5，至 J 点垂直距离 3，直线连接 MK。

(12)画侧缝线：参照图示，弧线连接袖底线与侧缝线。

(13)定前中线：I'点距 I 点 2，直线连接 FI'。

(14)参照图示，弧线连接底边。

(15)袖管拼接线位置：根据幅宽自由，布幅够宽的话也可不拼接。拼接缝可如图所示，作省型拼接，bc 收掉 1 左右，可改善袖管的合体程度。

(16)领子制图参照图示。

主要参考文献

[1] [日]中泽愈著,袁观洛译.人体与服装.北京:中国纺织出版社,2000
[2] 刘瑞璞著.礼服.北京:中国纺织出版社,2002
[3] 服装号型标准
[4] 蔡黎明主编.纺织品大全.北京:中国纺织出版社,1992
[5] www.nobility.con.tw.名仕馆